Springer-Lehrbuch

Klaus Jänich

Lineare Algebra

Elfte Auflage

Mit zahlreichen Abbildungen

Springer

Prof. em. Dr. Klaus Jänich
Fakultät für Mathematik
Universität Regensburg
93040 Regensburg
Deutschland
klaus.jaenich@mathematik.uni-regensburg.de

1. korrigierter Nachdruck 2011
2. korrigierter Nachdruck 2013
ISSN 0937-7433
ISBN 978-3-540-75501-2   ISBN 978-3-540-75502-9 (eBook)
DOI 10.1007/978-3-540-75502-9
Springer Heidelberg Dordrecht London New York

Bibliografische Information der Deutschen Nationalbibliothek
Die Deutsche Nationalbibliothek verzeichnet diese Publikation in der Deutschen Nationalbibliografie; detaillierte bibliografische Daten sind im Internet über http://dnb.d-nb.de abrufbar.

Mathematics Subject Classification (2000): 15-01

Einbandentwurf: WMXDesign GmbH, Heidelberg

Gedruckt auf säurefreiem Papier

Springer ist Teil der Fachverlagsgruppe Springer Science+Business Media (www.springer.com)

Vorwort zur elften Auflage

Früher, als Briefe noch vom Briefträger gebracht wurden, erfuhr man meist, wer der Absender ist. Heute weiß ich von einem Leser zum Beispiel nur, dass er "mark w" heißt, eine Adresse bei yahoo hat, das Buch sorgfältig studiert haben muss, weil er bemerkte, dass statt *Spalte* in Zeile 6 Seite 140 eigentlich *Zeile* stehen sollte, und dass er übrigens ein netter Mensch ist, sonst hätte er sich nicht die Mühe gemacht, mir das mitzuteilen.

Eine e-mail von M.Kratzsch hat bewirkt, dass mir meine Testfrage (3) auf S.192 nicht mehr gefiel und ich sie deshalb geändert habe, Johannes Bosman hat einen von mir fehlgeleiteten Rückverweis berichtigt und mir nebenbei eine handvoll Kommas geschickt, nebst Vorschlägen wo sie hingesetzt werden sollten, und Marc Spoor meinte, ich solle in Testfrage (5) auf S.205 besser n-dimensional statt endlichdimensional schreiben. Recht hat er.

Für diese und einige weitere Hinweise sage ich Dank. Große Änderungen habe ich nicht vorgenommen, was Sie also — hoffentlich Gutes — über die zehnte Auflage gehört haben mögen, gilt auch für die jetzige elfte.

Langquaid, im Juli 2007   Klaus Jänich

Vorwort zur zehnten Auflage

Die zehnte Auflage habe ich zum Anlass genommen, dem Buch ein neues Layout zu geben: Haupt- und Nebentext, von denen das Vorwort zur ersten Auflage spricht, unterscheiden sich jetzt nicht mehr durch die Schriftgröße, sondern der Haupttext ist eingerahmt, was mir übersichtlicher vorkommt. Hie und da habe ich auch kleine textliche Verbesserungen vorgenommen, an Inhalt und Charakter des Buches aber nichts geändert.

Langquaid, im April 2003   Klaus Jänich

Vorwort zur vierten Auflage

Die Urfassung dieses Skriptums entstand für die Vorlesung, die ich im WS 1970/71 in Regensburg gehalten habe, im Spätsommer 1970 habe ich damit angefangen. Ich war damals dreißig Jahre alt, noch kein Jahr Professor, die Lineare Algebra war meine erste Vorlesung vor einem großen Publikum, und voller Begeisterung für die Aufgabe, den Stoff *jedem* Hörer verständlich zu machen, ging ich an die Arbeit. Die Universität war neu, das Wetter war herrlich — na, Sie sehen schon. Sollte ich wohl jetzt, nur weil es im feinen TₑX-Frack auftreten muß, über mein Jugendskriptum einen Grauschleier pedantischer Fünfzigjährigkeit werfen? Fällt mir doch gar nicht ein.

Trotzdem konnte ich es natürlich nicht unterlassen, einiges zu verbessern. Der alte § 10 ist, wie mehrfach gewünscht, jetzt am Schluß, den alten § 8 habe ich herausgenommen, die Tests ergänzt, einige Abschnitte neu geschrieben und alle jedenfalls durchgesehen und im Einzelnen korrigiert, immer aber darauf bedacht, nicht die Seele aus dem Buch hinauszuverbessern.

Dieses Skriptum sollte wohl geeignet sein, auch in den langen Monaten zwischen Abitur und Vorlesungsbeginn schon studiert zu werden, und einem solchen Leser möchte ich den Hinweis geben, daß in jedem Paragraphen die Abschnitte *vor* dem Test den Grundkurs darstellen, die Abschnitte danach die Ergänzungen. Es geht durchaus an, nach "bestandenem" Test mit dem nächsten Paragraphen zu beginnen.

Mancherlei Dank habe ich abzustatten. Die ursprüngliche Stoffauswahl für das Skriptum ist von einer Vorlesung meines Kollegen Otto Forster beeinflußt. In jenem WS 1970/71 las Herr Forster in Regensburg die Analysis I, aus deren Skriptum das berühmte Analysisbuch von Forster geworden ist. Im Jahr zuvor hatte er aber die Lineare Algebra gehalten, und an dieser Vorlesung habe ich mich damals orientiert.

Herr Kollege Artmann in Darmstadt, der im WS 1983/84 mein Buch seiner Vorlesung zugrunde gelegt hatte, war so freundlich gewesen, mir danach aus der gewonnenen Erfahrung eine Reihe konkreter Änderungsvorschläge zu machen, die mir jetzt bei der Vorbereitung der Neuauflage sehr hilfreich waren.

Hier im Hause habe ich vor allem Frau Hertl zu danken, die das TₑX-Skript geschrieben hat und Herrn Michael Prechtel, der zur Lösung schwieriger TₑX-Probleme so manche Stunde für uns abgezweigt hat. Auch Frau Zirngibl danke ich für Ihre Mithilfe bei der Vorbereitung des Manuskripts. Kurz vor Ablauf des Termins schließlich, wenn sich der Fleiß zur Hektik steigert, hätte ich ohne den Einsatz meiner Mitarbeiter Martin Lercher und Robert Mandl wie ein Formel-1-Fahrer dagestanden, der während des Rennens seine Reifen selber wechseln soll. Ihnen allen sei herzlich gedankt.

Regensburg, im August 1991   Klaus Jänich

Vorwort zur ersten Auflage

Ich will über die wirklichen oder vermeintlichen Vorzüge meines eigenartigen Skriptums nicht reden, auch mich für seine wirklichen oder vermeintlichen Mängel nicht entschuldigen, sondern einfach nur zwei technische Hinweise geben, nämlich

1.) Der mit größerer Type geschriebene, etwas eingerückte "Haupttext" gibt lakonisch aber vollständig den Stoff, den ich vermitteln will, er ist im Prinzip auch für sich allein lesbar und verständlich. Der mit kleinerer Type bis an den linken Rand geschriebene "Nebentext" besteht aus Erläuterung, Motivation und Gutem Zureden. Zuweilen habe ich geschwankt und dann mit kleiner Type aber eingerückt geschrieben.

2.) Einige Abschnitte sind "für Mathematiker" oder "für Physiker" überschrieben. Läßt man jeweils die eine Art dieser Abschnitte aus, so bildet der Rest ein sinnvolles, lesbares Ganze.

Ich hoffe, daß jeder Benutzer dieses Skriptums etwas für ihn Brauchbares darin finden wird, es sei nun Mathematik, Unterhaltung oder Trost.

Regensburg, im März 1979   Klaus Jänich

Inhaltsverzeichnis

4. Lineare Abbildungen

5. Matrizenrechnung

6. Die Determinante

7. Lineare Gleichungssysteme

8. Euklidische Vektorräume

9. Eigenwerte

10. Die Hauptachsen-Transformation

11. Klassifikation von Matrizen

1. Mengen und Abbildungen

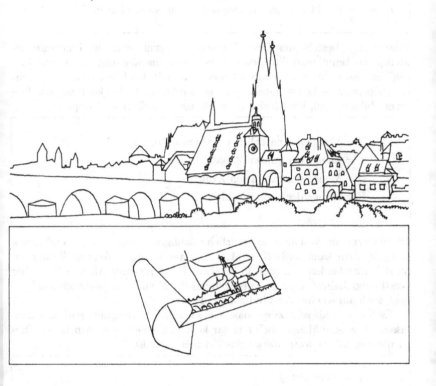

1.1 MENGEN

Während Ihres ganzen mathematischen Studiums und insbesondere in diesem Skriptum werden Sie ständig mit *Mengen* und *Abbildungen* zu tun haben. In einem gewöhnlichen mathematischen Lehrbuch kommen diese Begriffe buchstäblich tausende Male im Text vor. Die Begriffe selber sind ganz einfach zu verstehen; schwieriger wird es erst, wenn wir (ab §2) uns damit beschäftigen werden, was in der Mathematik mit Mengen und Abbildungen denn nun eigentlich gemacht wird. — Zunächst also zu den Mengen. Von Georg Cantor, dem Begründer der Mengenlehre, stammt die Formulierung:

> "Eine *Menge* ist eine Zusammenfassung bestimmter wohlunterschiedener Objekte unserer Anschauung oder unseres Denkens — welche die *Elemente* der Menge genannt werden — zu einem Ganzen."

Eine Menge besteht aus ihren Elementen, kennt man alle Elemente der Menge, so kennt man die Menge. Die "Zusammenfassung zu einem Ganzen" ist also nicht etwa so zu verstehen, dass mit den Elementen noch etwas besonderes geschehen müsste, bevor sie eine Menge bilden könnten. Die Elemente bilden, sind, konstituieren die Menge — einfach so. Beispiele:

$$\mathbb{N} = \text{Menge der natürlichen Zahlen} = \{0, 1, 2, \dots\},$$
$$\mathbb{Z} = \text{Menge der ganzen Zahlen},$$
$$\mathbb{Q} = \text{Menge der rationalen Zahlen},$$
$$\mathbb{R} = \text{Menge der reellen Zahlen}.$$

Ob übrigens die Null als eine natürliche Zahl gelten soll, ist nicht einheitlich geregelt, man kann auch $\mathbb{N} = \{1, 2, \dots\}$ vereinbaren. Achten Sie darauf, ob sich Ihre beiden Dozenten in Analysis I und Linearer Algebra I darüber verständigt haben! Dass im vorliegenden Buch Null eine natürlich Zahl ist, geht auch auf so eine Verständigung zurück.

Es hat sich als sehr zweckmässig erwiesen, den Mengenbegriff so aufzufassen, dass eine Menge auch aus gar keinem Element bestehen kann. Dies ist die sogenannte *leere Menge*, das Zeichen dafür ist

$$\emptyset = \text{leere Menge}.$$

Als nächstes sollen einige Zeichen oder Symbole eingeführt werden, die man beim Umgang mit Mengen braucht, und zwar

$$\text{Das Element-Symbol} \in$$
$$\text{Die Mengenklammern} \{\dots\}$$
$$\text{Das Teilmengenzeichen} \subset$$
$$\text{Das Durchschnittszeichen} \cap$$
$$\text{Das Vereinigungszeichen} \cup$$
$$\text{Das Mengendifferenzzeichen} \setminus$$
$$\text{Das Mengenproduktzeichen} \times$$

Welche dieser Symbole sind Ihnen schon bekannt? Was stellen sie sich unter
den übrigen vor, wenn Sie einfach dem Namen nach eine Vermutung ausspre-
chen sollten? — Zum Elementsymbol:

Ist M eine Menge und x ein Element von M, so schreibt man $x \in M$.
Entsprechend bedeutet $y \notin M$, dass y kein Element von M ist.

So ist z.B. $-2 \in \mathbb{Z}$, aber $-2 \notin \mathbb{N}$. — Zur Mengenklammer:

Man kann eine Menge dadurch bezeichnen, dass man ihre Elemente
zwischen zwei geschweifte Klammern schreibt. Dieses Hinschreiben der
Elemente kann auf dreierlei Weise geschehen: Hat die Menge nur ganz
wenige Elemente, so kann man sie einfach alle hinschreiben, durch Kommas getrennt, so ist z.B. $\{1, 2, 3\}$ die aus den drei Zahlen Eins, Zwei
und Drei bestehende Menge. Auf die Reihenfolge kommt es dabei gar
nicht an, auch nicht darauf, ob einige Elemente vielleicht mehrfach aufgeführt sind:
$$\{1, 2, 3\} = \{3, 1, 2\} = \{3, 3, 1, 2, 1\}.$$
Die zweite Möglichkeit ist, Elemente, die man nicht nennt, durch Punkte
anzudeuten: $\{1, 2, \ldots, 10\}$ wird man sofort als $\{1, 2, 3, 4, 5, 6, 7, 8, 9, 10\}$
verstehen, oder auch $\{1, 2, \ldots\}$ als die Menge aller positiven ganzen
Zahlen.

Dieses Verfahren sollte man aber nur anwenden, wenn man wirklich sicher
ist, dass jeder Betrachter der Formel weiß, was mit den Punkten gemeint
ist. Was sollte man z.B. mit $\{37, 50, \ldots\}$ anfangen? — Die dritte, am
häufigsten benutzte und stets korrekte Methode ist diese: Man schreibt nach
der Klammer $\{$ zunächst einen Buchstaben, der die Elemente der Menge
bezeichnen soll, macht dann einen senkrechten Strich und schreibt hinter
diesen Strich genau hin, welches die Elemente sind, die dieser Buchstabe
bezeichnen soll, so könnte man statt $\{1, 2, 3\}$ etwa schreiben: $\{x \mid x$ ganze
Zahl und $1 \leq x \leq 3\}$. Gehören die Elemente, die man beschreiben will, von
vornherein einer bestimmten Menge an, für die man einen Namen schon hat,
so notiert man diese Zugehörigkeit links vom senkrechten Strich:
$$\{1, 2, 3\} = \{x \in \mathbb{N} \mid 1 \leq x \leq 3\}.$$
Gelesen: "Menge aller x aus $\mathbb{N}$ mit 1 kleiner gleich x kleiner gleich drei."
Zusammenfassend:

> Ist E eine Eigenschaft, die jedes Element einer Menge X hat oder nicht hat, so bezeichnet $\{x \in X \mid x$ hat die Eigenschaft $E\}$ die Menge M aller Elemente von X, die die Eigenschaft E haben, z.B.:
>
> $$\mathbb{N} = \{x \in \mathbb{Z} \mid x \text{ nicht negativ}\}.$$

Zum Teilmengenzeichen:

> Sind A und B zwei Mengen, und ist jedes Element von A auch in B enthalten, so sagt man A sei eine *Teilmenge* von B und schreibt $A \subset B$.

Insbesondere ist also jede Menge eine Teilmenge von sich selbst: $M \subset M$. Auch ist die leere Menge Teilmenge einer jeden Menge: $\emptyset \subset M$. Für die bisher als Beispiele genannten Mengen gilt: $\emptyset \subset \{1,2,3\} \subset \{1,2,\ldots,10\} \subset \mathbb{N} \subset \mathbb{Z} \subset \mathbb{Q} \subset \mathbb{R}$. — Auf den Skizzen, die zur Veranschaulichung der hier erläuterten Begriffe dienen, ist eine Menge meist durch eine mehr oder

weniger ovale geschlossene Linie dargestellt, an der ein Buchstabe steht. Gemeint ist damit: M sei die Menge der Punkte auf dem Blatt, die in dem von der Linie "eingezäunten" Bereich liegen. Manchmal werden wir auch den Bereich, dessen Punkte die Elemente einer uns interessierenden Menge sind, zur größeren Deutlichkeit schraffieren. — Nun zu Durchschnitt, Vereinigung und Differenz: Hier handelt es sich um verschiedene Weisen, aus zwei gegebenen Mengen A und B eine dritte zu machen. Falls Sie mit Durchschnitt, Vereinigung und Differenz nicht sowieso schon bekannt sind, wäre es eine gute Übung für Sie, jetzt, bevor Sie weiterlesen, die Definitionen von $\cap$, $\cup$ und $\smallsetminus$ auf Grund der Bilder zu erraten zu suchen:

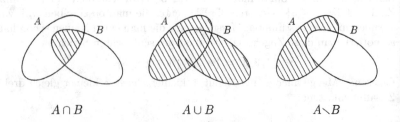

$A \cap B$ $A \cup B$ $A \smallsetminus B$

Definition: Sind A und B zwei Mengen, so bezeichnet man als den *Durchschnitt* $A \cap B$ (lies: "A Durchschnitt B") die Menge der Elemente, die sowohl in A als auch in B enthalten sind.

Definition: Sind A und B zwei Mengen, so bezeichnet man als die *Vereinigung* $A \cup B$ ("A vereinigt B") die Menge der Elemente, die entweder in A oder in B (oder in beiden) enthalten sind.

Definition: Sind A und B zwei Mengen, so bezeichnet man als die *Differenz* $A \smallsetminus B$ ("A minus B") die Menge der Elemente, die zwar in A, aber nicht in B enthalten sind.

Wie, wenn es nun gar keine Elemente gibt, die "sowohl in A als auch in B" enthalten sind? Hat es dann einen Sinn, vom Durchschnitt $A \cap B$ zu sprechen? Gewiss , denn dann ist eben $A \cap B = \emptyset$! Ein Beispiel für die Nützlichkeit der leeren Menge. Wäre $\emptyset$ nicht als Menge zugelassen, so müssten wir schon bei der Definition von $A \cap B$ den Vorbehalt machen, dass es ein gemeinsames Element geben muss . Was bedeutet übrigens $A \smallsetminus B = \emptyset$? — Wir wollen uns nun noch, bevor wir zu den Abbildungen kommen, mit *kartesischen Produkten* von Mengen beschäftigen. Dazu muss man zunächst erklären, was ein (geordnetes) *Paar* von Elementen sein soll.

Ein *Paar* besteht in der Angabe eines ersten und eines zweiten Elementes. Bezeichnet a das erste und b das zweite Element, so wird das Paar mit (a, b) bezeichnet.

Die Gleichheit $(a, b) = (a', b')$ bedeutet also $a = a'$ und $b = b'$. Das ist der wesentliche Unterschied, der zwischen einem Paar und einer zweielementigen Menge besteht: Beim Paar kommt es auf die Reihenfolge an, bei der Menge nicht: Es gilt ja stets $\{a, b\} = \{b, a\}$, aber $(a, b) = (b, a)$ gilt nur dann, wenn $a = b$ ist. Ein weiterer Unterschied ist, dass es keine zweielementige Menge $\{a, a\}$ gibt, denn $\{a, a\}$ hat ja nur das eine Element a. Dagegen ist (a, a) ein ganz richtiges Paar.

Definition: Sind A und B zwei Mengen, so heißt die Menge

$$A \times B := \{(a, b) \mid a \in A, b \in B\}$$

das *kartesische Produkt* der Mengen A und B.

Das Symbol ":=" (analog "=:") bedeutet übrigens, dass der Ausdruck auf
der Seite des Doppelpunkts durch die Gleichung erst *definiert* wird, man
braucht also nicht in seinem Gedächtnis zu suchen, ob man ihn schon kennen
soll und weshalb die Gleichung zutrifft. Natürlich sollte das auch aus dem
Text hervorgehen, aber die Schreibweise erleichtert das Lesen. — Zur Veranschaulichung des kartesischen Produktes benutzt man meist ein Rechteck
und zeichnet A und B als Intervalle unter und links von diesem Rechteck.
Zu jedem $a \in A$ und $b \in B$ "sieht" man dann das Paar (a, b) als Punkt in
$A \times B$:

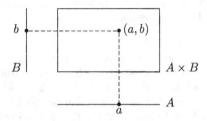

Diese Bilder haben natürlich nur eine symbolische Bedeutung; sie geben
die Situation stark vereinfacht wieder, denn A und B sind im allgemeinen keine Intervalle. Trotzdem sind solche Zeichnungen als Denk- und An-
schauungshilfe nicht zu verachten. — Etwas anders verfährt man, wenn es
sich nicht um irgend zwei Mengen A und B handelt, sondern speziell um
$A = B = \mathbb{R}$. Dann nämlich "zeichnet" man $\mathbb{R}^2 := \mathbb{R} \times \mathbb{R}$ im allgemeinen,
indem man zwei aufeinander senkrecht stehende Zahlen-Geraden skizziert:

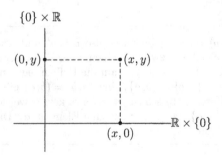

Die waagrechte Gerade spielt dabei die Rolle von $\mathbb{R} \times \{0\} \subset \mathbb{R} \times \mathbb{R}$, die
senkrechte Gerade die von $\{0\} \times \mathbb{R}$. Ein beliebiges Element $(x, y) \in \mathbb{R}^2$
ergibt sich dann aus $(x, 0)$ und $(0, y)$ wie in der Skizze angedeutet.

Analog zur Definition der Paare kann man auch *Tripel* (a, b, c) und allgemeiner *n-tupel* $(a_1, \ldots, a_n)$ erklären. Sind $A_1, \ldots, A_n$ Mengen, so heißt die Menge

$$A_1 \times \cdots \times A_n := \{(a_1, \ldots, a_n) \mid a_1 \in A_1, \ldots, a_n \in A_n\}$$

das kartesische Produkt der Mengen $A_1, \ldots, A_n$. Besonders oft werden wir es in diesem Skriptum mit dem $\mathbb{R}^n$ (gesprochen: "er-en") zu tun haben, das ist das kartesische Produkt von n Faktoren $\mathbb{R}$:

$$\mathbb{R}^n := \mathbb{R} \times \cdots \times \mathbb{R}.$$

Der $\mathbb{R}^n$ ist also die Menge aller n-tupel reeller Zahlen. Zwischen $\mathbb{R}^1$ und $\mathbb{R}$ besteht natürlich nur ein ganz formaler Unterschied, wenn man überhaupt einen wahrnehmen will. Zur Veranschaulichung von $\mathbb{R}^3$ zeichnet man ähnlich wie bei $\mathbb{R}^2$ die "Achsen" $\mathbb{R} \times \{0\} \times \{0\}$, $\{0\} \times \mathbb{R} \times \{0\}$ und $\{0\} \times \{0\} \times \mathbb{R}$, aber zweckmäßigerweise nur halb, sonst würde das Bild etwas unübersichtlich:

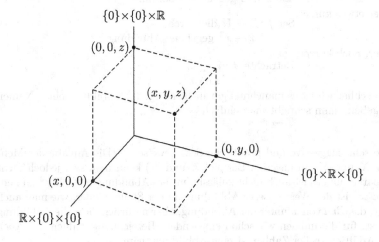

Solche Bilder sollen Sie nicht zu der Annahme verleiten, $\mathbb{R}^3$ sei "der Raum" oder dergleichen. $\mathbb{R}^3$ ist, wie gesagt, die Menge aller reellen Zahlentripel.

1.2 ABBILDUNGEN

Definition: Seien X und Y Mengen. Eine *Abbildung* f von X nach Y ist eine Vorschrift, durch die jedem $x \in X$ genau ein Element $f(x) \in Y$ zugeordnet wird. Statt "f ist eine Abbildung von X nach Y" schreibt man kurz $f : X \to Y$. Häufig ist es praktisch, auch die Zuordnung eines einzelnen Elements $x \in X$ zu seinem "Bildpunkt" $f(x)$ durch einen Pfeil zu kennzeichnen, aber dann verwendet man, um Verwechslungen zu vermeiden, einen anderen Pfeil, nämlich: $x \mapsto f(x)$.

Was schreibt man hin, wenn man eine Abbildung anzugeben hat? Hier einige Formulierungen zur Auswahl. Als Beispiel benutzen wir die Abbildung von $\mathbb{Z}$ nach $\mathbb{N}$, die jeder ganzen Zahl ihr Quadrat zuordnet. Dann kann man etwa schreiben:

Sei $f : \mathbb{Z} \to \mathbb{N}$ die durch $f(x) := x^2$ für alle $x \in \mathbb{Z}$ gegebene Abbildung.

Oder etwas kürzer:

Sei $f : \mathbb{Z} \to \mathbb{N}$ die durch
$x \mapsto x^2$ gegebene Abbildung

Oder, noch kürzer:

Betrachte $f : \mathbb{Z} \to \mathbb{N}$
$x \mapsto x^2$,

und schließlich ist es manchmal gar nicht nötig, der Abbildung einen Namen zu geben, dann schreibt man einfach

$\mathbb{Z} \to \mathbb{N}$
$x \mapsto x^2$,

eine sehr suggestive und praktische Schreibweise. — Die Angabe der Mengen X und Y (in unserem Beispiel $\mathbb{Z}$ und $\mathbb{N}$) kann man sich jedoch nicht ersparen, und es ist auch nicht zulässig, unsere Abbildung einfach x^2 zu nennen: x^2 ist der Wert unserer Abbildung an der Stelle x oder, wie man auch sagt, das *Bild* von x unter der Abbildung, aber natürlich nicht die Abbildung selbst, für die müssen wir schon eine andere Bezeichnung wählen. — Auch die Addition reeller Zahlen ist eine Abbildung, nämlich

$$\mathbb{R} \times \mathbb{R} \to \mathbb{R}$$
$$(x, y) \mapsto x + y.$$

Man kann (und sollte) sich alle Rechenoperationen in dieser Weise als Abbildungen vorstellen.

Eine Abbildung braucht nicht durch eine Formel gegeben sein, man kann eine Zuordnung auch in Worten beschreiben. Für Fallunterscheidungen bei der Zuordnung benutzt man oft eine geschweifte Klammer, zum Beispiel wird die Funktion

$$f : \mathbb{R} \to \mathbb{R}, \quad \text{definiert durch}$$

$$x \mapsto \begin{cases} 1 & \text{falls } x \text{ rational} \\ 0 & \text{falls } x \text{ irrational} \end{cases}$$

gelegentlich in der Analysis aus diesem oder jenem Grund erwähnt. — In einer ganzen Serie von Definitionen werden wir nun einige besondere Abbildungen und auf Abbildungen Bezug nehmende Begriffe und Konstruktionen benennen:

Definition: Sei M eine Menge. Dann nennt man die Abbildung

$$\text{Id}_M : M \longrightarrow M$$
$$x \longmapsto x$$

die *Identität auf M*. Manchmal lässt man, salopperweise, den Index M weg und schreibt einfach Id, wenn es klar ist, um welches M es sich handelt.

Definition: Seien A und B Mengen. Dann heißt die Abbildung

$$\pi_1 : A \times B \longrightarrow A$$
$$(a, b) \longmapsto a$$

die *Projektion auf den ersten Faktor*.

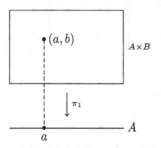

Definition: Seien X und Y Mengen und $y_0 \in Y$. Dann nennt man die Abbildung

$$X \longrightarrow Y$$
$$x \longmapsto y_0$$

eine *konstante* Abbildung.

Definition: Sei $f : X \to Y$ eine Abbildung und $A \subset X$ und $B \subset Y$. Dann heißt die Menge

$$f(A) := \{ f(x) \mid x \in A \}$$

die *Bildmenge* von A oder das "Bild von A", und die Menge

$$f^{-1}(B) := \{ x \mid f(x) \in B \}$$

heißt die *Urbildmenge* von B oder einfach das "Urbild von B".

Dabei wird $f^{-1}(B)$ gelesen als "f hoch minus 1 von B". Es ist wichtig zu beachten, dass wir durch $f^{-1}(B)$ in keiner Weise eine "Umkehrabbildung" oder dergleichen definiert haben. Das Symbol f^{-1}, alleine, ohne ein (B) dahinter, hat in diesem Zusammenhang gar keinen Sinn. — Die Begriffe der Bildmenge und Urbildmenge kann man sich gut anhand der Projektion auf den ersten Faktor eines kartesischen Produktes veranschaulichen:

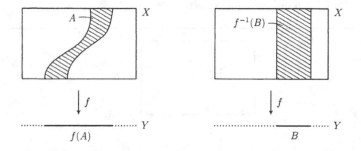

Die Elemente von $f(A)$ sind gerade die $f(x)$ für $x \in A$. Es kann aber ohne weiteres vorkommen, dass auch ein $f(z)$ mit $z \notin A$ zu $f(A)$ gehört, nämlich wenn es zufällig ein $x \in A$ mit $f(x) = f(z)$ gibt:

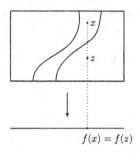

$$f(x) = f(z)$$

Die Elemente von $f^{-1}(B)$ sind gerade *jene* Elemente von X, die bei der Abbildung f in B landen. Es kann bei Abbildungen auch vorkommen, dass *kein* Element in B landet: dann ist eben $f^{-1}(B) = \emptyset$.

Definition: Eine Abbildung $f : X \to Y$ heißt *injektiv*, wenn keine zwei Elemente von X auf dasselbe Element von Y abgebildet werden, sie heißt *surjektiv*, wenn jedes Element $y \in Y$ ein $f(x)$ ist, und sie heißt schließlich *bijektiv*, wenn sie injektiv *und* surjektiv ist.

Statt *surjektiv* heißt es auch, $f : X \to Y$ sei eine Abbildung *auf Y*. Sind X, Y, Z Mengen und $f : X \to Y$ und $g : Y \to Z$ Abbildungen, so kann man sie in naheliegender Weise zu einer Abbildung von X nach Z, die man $g \circ f$ oder kurz gf nennt, zusammensetzen:

$$X \xrightarrow{\ f\ } Y \xrightarrow{\ g\ } Z$$
$$x \longmapsto f(x) \longmapsto (gf)(x).$$

Der Grund, warum man g in gf (lies g nach f) zuerst schreibt, obwohl man f zuerst anzuwenden hat, ist der, dass das Bild von x unter der zusammengesetzten Abbildung gerade $g(f(x))$ ist. Wir wollen das so formulieren:

Definition: Sind $f : X \to Y$ und $g : Y \to Z$ Abbildungen, so sei die zusammengesetzte Abbildung gf durch

$$X \longrightarrow Z$$
$$x \longmapsto g(f(x))$$

definiert.

Hat man mit mehreren Abbildungen zwischen verschiedenen Mengen zu tun, so ist es oft übersichtlicher, sie in einem Diagramm anzuordnen, z.b. kann man Abbildungen $f : X \to Y$, $g : Y \to Z$, $h : X \to Z$ so als Diagramm schreiben:

oder, wenn Abbildungen $f : X \to Y$, $g : Y \to B$, $h : X \to A$ und $i : A \to B$ gegeben sind, sieht das zugehörige Diagramm so aus

$$
\begin{array}{ccc}
X & \xrightarrow{\ f\ } & Y \\
\ \downarrow{\scriptstyle h} & & \downarrow{\scriptstyle g} \\
A & \xrightarrow[\ i\ ]{} & B
\end{array}
$$

An einem Diagramm können auch noch mehr Mengen und Abbildungen beteiligt sein. Ich will den Begriff aber nicht weiter präzisieren, bei den wenigen einfachen Diagrammen, die wir zu betrachten haben, wird Ihnen der Sinn der folgenden Definition immer ganz klar sein:

Definition: Wenn in einem Diagramm zu je zwei Mengen alle Abbildungen (auch zusammengesetzte und gegebenfalls mehrfach zusammengesetzte), die die eine Menge in die andere abbilden, übereinstimmen, dann nennt man das Diagramm *kommutativ*.

Das Diagramm

$$
\begin{array}{ccc}
X & \xrightarrow{\ f\ } & Y \\
\ \downarrow{\scriptstyle h} & & \downarrow{\scriptstyle g} \\
A & \xrightarrow[\ i\ ]{} & B
\end{array}
$$

zum Beispiel ist gerade dann kommutativ, wenn $gf = ih$ gilt.

Ist $f : X \to Y$ eine Abbildung und möchte man eine "Umkehrabbildung" von Y nach X konstruieren, die gewissermaßen f wieder rückgängig macht, so misslingt das im allgemeinen aus zwei Gründen. Erstens braucht die Abbildung f nicht surjektiv zu sein und deshalb gibt es möglicherweise für einige $y \in Y$ gar kein $x \in X$ mit $f(x) = y$, und man weiß deshalb nicht, welches x man y zuordnen sollte. Zweitens braucht die Abbildung nicht injektiv zu sein, und deshalb mag es für einige $y \in Y$ *mehrere* $x \in X$ mit $f(x) = y$ geben, während bei einer Abbildung $Y \to X$ jedem y ja nur *ein* x zugeordnet werden darf. Ist jedoch f bijektiv, dann gibt es natürlich eine Umkehrabbildung, wir können dann nämlich definieren:

Definition: Ist $f : X \to Y$ bijektiv, so heißt

$$f^{-1} : Y \longrightarrow X$$
$$f(x) \longmapsto x$$

die *Umkehrabbildung* von f.

Man liest f^{-1} entweder als "f hoch minus 1" oder als "f invers".

Bijektive Abbildungen werden wir gelegentlich durch das "Isomorphiezeichen" $\cong$ markieren, etwa so:

$$f : X \xrightarrow{\;\cong\;} Y.$$

Aus vielleicht überflüssiger Vorsicht noch eine Bemerkung zum Begriff der Umkehrabbildung. Sei $f : X \to Y$ eine Abbildung und $B \subset Y$.

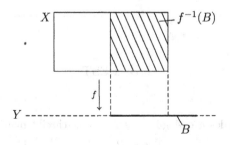

Sie haben eben gehört, dass nur die bijektiven Abbildungen eine Umkehrabbildung besitzen. Erfahrungsgemäß ist jedoch der Aberglaube schwer auszurotten, dass *jede* Abbildung f "irgendwie" *doch* eine Umkehrabbildung habe und dass das $f^{-1}(B)$ mit dieser Umkehrabbildung etwas zu tun habe. Ich gebe zu, dass die Schreibweise dazu verleitet, aber es sollte doch möglich sein, den bijektiven und den nicht-bijektiven Fall auseinanderzuhalten? Wenn f tatsächlich bijektiv ist, dann hat $f^{-1}(B)$ allerdings mit der Umkehrabbildung zu tun, denn Sie können es entweder als f-Urbild von B oder als f^{-1}-Bild von B auffassen, denn offenbar gilt (f bijektiv vorausgesetzt):

$$f^{-1}(B) = \{x \in X \mid f(x) \in B\} = \{f^{-1}(y) \mid y \in B\}.$$

Noch eine letzte Definition: die der Einschränkung einer Abbildung auf eine Teilmenge des Definitionsbereiches.

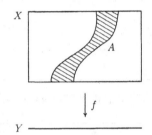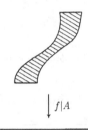

Definition: Sei $f : X \to Y$ eine Abbildung und $A \subset X$. Dann heißt die Abbildung

$$f|A : A \longrightarrow Y$$
$$a \longmapsto f(a)$$

die *Einschränkung* von f auf A. Man liest $f|A$ als "f eingeschränkt auf A".

1.3 TEST

(1) Wenn für jedes $a \in A$ gilt: $a \in B$, dann schreibt man

☐ $A \subset B$ ☐ $A = B$ ☐ $A \cup B$

(2) Welche der unten angegebenen Mengen ist für jede Wahl der Menge M leer?

☐ $M \cup M$ ☐ $M \cap M$ ☐ $M \smallsetminus M$

(3) $A \times B$ werde wie üblich durch das Rechteck symbolisiert. Wie wäre dann $\{a\} \times B$ einzuzeichnen?

(4) Welche der folgenden Aussagen ist falsch: Die Abbildung

$$\mathrm{Id}_M : M \longrightarrow M$$
$$x \longmapsto x \quad \text{ist stets}$$

☐ surjektiv   ☐ bijektiv   ☐ konstant

(5) A, B seien Mengen, $A \times B$ das kartesische Produkt. Unter der Projektion auf den zweiten Faktor versteht man die Abbildung π_2:

☐ $A \times B \to A$ ☐ $A \times B \to B$ ☐ $B \to A \times B$
    $(a,b) \mapsto b$ $(a,b) \mapsto b$ $b \mapsto (a,b)$

(6) Sei $f : X \to Y$ eine Abbildung. Welche der folgenden Aussagen bedeutet, dass f surjektiv ist:

☐ $f^{-1}(Y) = X$ ☐ $f(X) = Y$ ☐ $f^{-1}(X) = Y$

(7) Seien $X \xrightarrow{f} Y \xrightarrow{g} Z$ Abbildungen. Dann ist die Abbildung $gf : X \to Z$ definiert durch

☐ $x \mapsto g(f(x))$ ☐ $x \mapsto f(g(x))$ ☐ $x \mapsto g(x)(f)$

(8) Sei

ein kommutatives Diagramm. Dann ist

☐ $h = gf$ ☐ $f = hg$ ☐ $g = fh$

(9) Die Abbildung

$$f : \mathbb{R} \setminus \{0\} \longrightarrow \mathbb{R} \setminus \{0\}$$
$$x \longmapsto \frac{1}{x}$$

ist bijektiv. Die Umkehrabbildung

$$f^{-1} : \mathbb{R} \setminus \{0\} \longrightarrow \mathbb{R} \setminus \{0\}$$

ist definiert durch

☐ $x \mapsto \frac{1}{x}$ ☐ $x \mapsto x$ ☐ $x \mapsto -\frac{1}{x}$

(10) $\mathbb{R} \to \mathbb{R}$, $x \mapsto x^2$, ist

☐ surjektiv, aber nicht injektiv
☐ injektiv, aber nicht surjektiv
☐ weder surjektiv noch injektiv

1.4 LITERATURHINWEIS

Den Leser oder die Leserin des ersten Paragraphen eines Skriptums für das erste Semester stelle ich mir als einen Studienanfänger vor, und einen solchen wird es vielleicht interessieren, was ein Professor — in diesem Falle also ich — über das Verhältnis zwischen Büchern und Vorlesungen so denkt.

Als ich vor vielen Jahren das Skriptum für meine Studenten vorbereitete, aus dem nun dieses Buch geworden ist, nahmen die Lehrbücher und Skripten zur linearen Algebra in unserer Institutsbibliothek 1.20 m Regalplatz ein, heute sind es über fünf Meter. Je nach Temperament kann man das beruhigend oder beängstigend finden, aber eines hat sich seither nicht geändert: ein Studienanfänger in Mathematik braucht für den Anfang eigentlich gar kein Lehrbuch, die Vorlesungen sind autark, und die wichtigste Arbeitsgrundlage des Studenten ist seine *eigenhändige* Vorlesungsmitschrift.

Das klingt Ihnen vielleicht wie eine Stimme aus vorgutenbergischen Zeiten. Mitschreiben? Unter den fünf Metern wird sich ja wohl ein Buch finden, in dem der Vorlesungsstoff steht! Und wenn ich nicht mitzuschreiben brauche, kann ich viel besser mit*denken*, sagen Sie. Und außerdem sagen Sie zu sich selber: Mitschreiben? Und wenn ich nun von meinem Platz aus die

Tafelanschrift gar nicht richtig entziffern kann? Oder wenn der Dozent so schnell schreibt,[1] dass ich gar nicht nachkomme? Und wenn ich einmal krank bin und die Vorlesung nicht besuchen kann? Dann sitze ich da mit meinen fragmentarischen Notizen.

So plausibel sich diese Argumente auch anhören, sie sind doch nicht stichhaltig. Erstens gibt es unter den fünf Metern Bücher in der Regel keines, in dem "der Vorlesungsstoff" steht, vielmehr ist die große Zahl von Lehrbüchern und Skripten zur linearen Algebra schon ein Zeichen dafür, dass jeder Dozent eben gerne seine eigenen Wege geht. Zwar liegt mancher Vorlesung ein Skriptum oder ein ganz bestimmtes Buch zugrunde, dann müssen Sie das Buch natürlich haben, schon weil sich der Dozent auf Konto des Buches vielleicht Lücken im Vortrag erlauben wird, aber selbst dann sollten Sie mitschreiben, und sobald er zwei Bücher zur Auswahl stellt, können Sie sicher sein, dass er keinem sehr genau folgen wird. Wenn Sie nicht schnell genug schreiben können, dann müssen Sie es eben trainieren, wenn Sie die Tafelanschrift von weit hinten nicht erkennen können, müssen Sie sich weiter vorn einen Platz suchen, und wenn Sie krank waren, müssen Sie die Mitschrift eines Kommilitonen kopieren.

Weshalb diese Anstrengung? Sie verlieren sonst den Kontakt zum Vortragenden, koppeln sich ab, verstehen bald nichts mehr. Fragen Sie irgend einen älteren Studenten, ob er jemals in einer Vorlesung etwas gelernt hat, in der er nicht mitgeschrieben hat. Es ist, als ob die Information durch Auge und Ohr erst einmal in die Hand gehen müsste, um im Gehirn richtig anzukommen. Vielleicht hängt das damit zusammen, dass Sie beim Ausüben von Mathematik ja auch wieder schreiben müssen. Aber was immer der Grund sei: Erfahrung sagt's.

Wenn Sie dann in Ihrer Vorlesung richtig Fuß gefasst haben, werden Ihnen auch Bücher sehr nützlich sein, und für das Studium in den höheren Semestern sind sie unentbehrlich, man muss deshalb lernen, mit Büchern zu arbeiten. Ein Studienanfänger aber sollte sich durch kein Buch verleiten lassen, den Kontakt zur Vorlesung leichtfertig aufzugeben.

---

[1] "Der Jänich schreibt so schnell, so schnell kann ich nicht einmal *sprechen*" ist mir als Ausspruch einer Studentin überliefert worden.

1.5 ÜBUNGEN

AUFGABE 1.1: Ist $f : X \to Y$ eine Abbildung, so nennt man die Menge
$\{(x, f(x)) \mid x \in X\}$ den *Graphen* Γ_f von f. Der Graph ist eine Teilmenge
des kartesischen Produktes $X \times Y$. In der Skizze (a) ist er durch die Linie
angedeutet. Graph einer Abbildung kann nun nicht jede beliebige Teilmenge
von $X \times Y$ sein, denn z.B. gibt es zu jedem x ja nur *ein* $f(x)$, daher ist die
in Skizze (b) gezeichnete Linie kein Graph. Die Aufgabe ist nun, Graphen
von Abbildungen f mit gewissen vorgegebenen Eigenschaften zu zeichnen.
Als Beispiel wie es gemacht werden soll, ist in (c) ein Graph einer nicht
surjektiven Abbildung dargestellt.

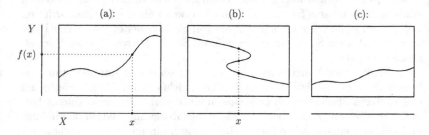

Man zeichne in der beschriebenen Weise Beispiele von Graphen von Abbildungen f mit den folgenden Eigenschaften:

  (i) f surjektiv, aber nicht injektiv
 (ii) f injektiv, aber nicht surjektiv
(iii) f bijektiv
 (iv) f konstant
  (v) f nicht surjektiv und nicht injektiv
 (vi) $X = Y$ und $f = \mathrm{Id}_X$
(vii) $f(X)$ besteht aus genau zwei Elementen.

AUFGABE 1.2: Die Umkehrabbildung f^{-1} einer bijektiven Abbildung $f :$
$X \to Y$ hat offenbar die Eigenschaften $f \circ f^{-1} = \mathrm{Id}_Y$ und $f^{-1} \circ f = \mathrm{Id}_X$,
denn im ersten Falle wird ja jedes Element $f(x) \in Y$ durch $f(x) \mapsto x \mapsto f(x)$
wieder auf $f(x)$, im zweiten jedes $x \in X$ durch $x \mapsto f(x) \mapsto x$ wieder auf x
abgebildet. Umgekehrt gilt nun (und das zu beweisen ist die Aufgabe): Sind
$f : X \to Y$ und $g : Y \to X$ Abbildungen und ist ferner $fg = \mathrm{Id}_Y$ und
$gf = \mathrm{Id}_X$, so ist f bijektiv und $f^{-1} = g$.

Der Beweis für die Injektivität von f soll so aussehen: "Seien $x, x' \in X$ und $f(x) = f(x')$. Dann ist ... . Also ist $x = x'$. Damit ist f als injektiv nachgewiesen."

Das Schema eines Surjektivitätsbeweises ist dagegen dies: "Sei $y \in Y$. Dann wählen wir $x = \dots$. Dann gilt $\dots$, also $f(x) = y$. Damit ist f als surjektiv nachgewiesen."

AUFGABE 1.3: Sei

$$
\begin{array}{ccc}
X & \xrightarrow{\ f\ } & Y \\[1em]
\alpha \Big\uparrow \cong & & \beta \Big\uparrow \cong \\[1em]
A & \xrightarrow[\ g\ ]{} & B
\end{array}
$$

ein kommutatives Diagramm von Abbildungen, und α und β seien bijektiv. Man beweise: g ist genau dann injektiv, wenn f injektiv ist. — (Diese Art von Diagrammen wird uns gelegentlich in diesem Skriptum begegnen. Die Situation ist dann meist die: f ist der Gegenstand unseres Interesses, α und β sind Hilfskonstruktionen, Mittel zum Zweck, und über g wissen wir bereits etwas. Diese Information über g ergibt dann Information über f. Den Mechanismus dieser Informationsübertragung lernen Sie beim Lösen dieser Aufgabe durchschauen.)

2. Vektorräume

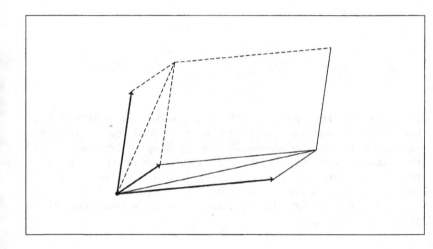

2.1 Reelle Vektorräume

Vektorräume, nicht Vektoren, sind ein Hauptgegenstand der Linearen Algebra. Vektoren heißen die Elemente eines Vektorraums, und um in mathematisch einwandfreier Weise zu erklären, was Vektoren sind, braucht man *vorher* den Begriff des Vektorraums — auch wenn Sie bisher gerade das Gegenteil angenommen haben sollten. Die individuellen Eigenschaften der "Vektoren" sind nämlich völlig belanglos, wichtig ist nur, dass Addition und Skalarmultiplikation in dem Vektorraum nach gewissen Regeln geschehen.

Welches diese Regeln sind, will ich zunächst an einem wichtigen Beispiel, geradezu einem *Musterbeispiel* eines reellen Vektorraumes erläutern, dem $\mathbb{R}^n$. Die Elemente dieser Menge sind die n-tupel reeller Zahlen, und mit Zahlen kann man auf verschiedene Arten *rechnen*. So können wir etwa n-tupel reeller Zahlen miteinander addieren, indem wir erklären

Definition: Sind $(x_1, \ldots, x_n)$ und $(y_1, \ldots, y_n)$ n-tupel reeller Zahlen, so werde deren Summe durch

$$(x_1, \ldots, x_n) + (y_1, \ldots, y_n) := (x_1 + y_1, \ldots, x_n + y_n)$$

erklärt.

Die Summe ist also wieder ein n-tupel reeller Zahlen. Ähnlich kann man definieren, wie man ein n-tupel $(x_1, \ldots, x_n)$ mit einer reellen Zahl λ zu multiplizieren hat:

Definition: Ist $\lambda \in \mathbb{R}$ und $(x_1, \ldots, x_n) \in \mathbb{R}^n$, so erklären wir $\lambda(x_1, \ldots, x_n) := (\lambda x_1, \ldots, \lambda x_n) \in \mathbb{R}^n$.

Da nun diese Rechenoperationen einfach dadurch entstanden sind, dass wir das, was man sonst mit einer Zahl tut, nun eben mit jeder Komponente des n-tupels tun, so übertragen sich auch die Rechenregeln für Zahlen auf unsere Rechenoperationen im $\mathbb{R}^n$, so gilt z.B. für die *Addition*:

(1) Für alle $x, y, z \in \mathbb{R}^n$ gilt $(x + y) + z = x + (y + z)$.

(2) Für alle $x, y \in \mathbb{R}^n$ gilt $x + y = y + x$.

(3) Schreiben wir kurz 0 statt $(0, \ldots, 0) \in \mathbb{R}^n$, so gilt $x + 0 = x$ für alle $x \in \mathbb{R}^n$.

(4) Schreiben wir $-(x_1, \ldots, x_n)$ statt $(-x_1, \ldots, -x_n)$, so gilt $x + (-x) = 0$ für alle $x \in \mathbb{R}^n$.

(Hinweis zur Schreibweise: x bezeichnet hier n-tupel reeller Zahlen. Wir haben aber nicht genügend viele Buchstaben, um x auf ewig für diesen Zweck reservieren zu können. Ein paar Seiten weiter, in einem anderen Zusammenhang, bezeichnet x eine reelle Zahl zwischen -1 und 1. Es ist aber jeweils genau angegeben, zu welcher Menge x gehört). — Für die *Multiplikation* mit reellen Zahlen gilt:

(5) Für alle $\lambda, \mu \in \mathbb{R}$ und $x \in \mathbb{R}^n$ gilt $\lambda(\mu x) = (\lambda \mu)x$.

(6) Für alle $x \in \mathbb{R}^n$ gilt $1x = x$,

und schließlich gelten für die "Verträglichkeit" von *Addition und Multiplikation* die beiden "Distributivgesetze":

(7) Für alle $\lambda \in \mathbb{R}$ und $x, y \in \mathbb{R}^n$ gilt $\lambda(x + y) = \lambda x + \lambda y$.

(8) Für alle $\lambda, \mu \in \mathbb{R}$ und $x \in \mathbb{R}^n$ gilt $(\lambda + \mu)x = \lambda x + \mu x$.

Das war also unser erstes Beispiel: ein kleiner Exkurs über das Rechnen mit n-tupeln reeller Zahlen. Als zweites wollen wir uns eine ganz andere Menge ansehen, mit deren Elementen man auch rechnen kann.

Eine Abbildung $X \to \mathbb{R}$ nennt man auch eine reellwertige *Funktion* auf X. Es sei nun M die Menge der reellwertigen Funktionen auf dem Intervall $[-1, 1]$, d.h. also $M := \{f \mid f : [-1, 1] \to \mathbb{R}\}$. Sind $f, g \in M$ und $\lambda \in \mathbb{R}$, so definieren wir natürlich die Funktionen $f + g$ und λf durch $(f + g)(x) := f(x) + g(x)$ und $(\lambda f)(x) := \lambda \cdot f(x)$ für alle $x \in [-1, 1]$, und dann sind $f + g$ und λf wieder Elemente von M.

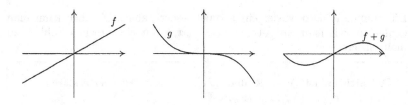

Auch für M gelten die acht Rechenregeln, die wir vorhin beim $\mathbb{R}^n$ aufgeführt hatten. Bezeichnen wir mit 0 das durch $0(x) := 0$ für alle $x \in [-1, 1]$ definierte Element von M und für $f \in M$ mit $-f$ die durch $(-f)(x) := -f(x)$ definierte Funktion, so gilt für alle $f, g, h \in M$, $\lambda, \mu \in \mathbb{R}$:

$$(1) \quad (f + g) + h = f + (g + h)$$
$$(2) \quad f + g = g + f$$
$$(3) \quad f + 0 = f$$
$$(4) \quad f + (-f) = 0$$
$$(5) \quad \lambda(\mu f) = (\lambda\mu)f$$
$$(6) \quad 1f = f$$
$$(7) \quad \lambda(f + g) = \lambda f + \lambda g$$
$$(8) \quad (\lambda + \mu)f = \lambda f + \mu f$$

Was also die acht Rechenregeln angeht, so verhalten sich diese Funktionen so wie die n-tupel reeller Zahlen, obwohl eine einzelne Funktion, als Individuum, natürlich etwas ganz anderes als ein n-tupel ist.

Definition: Ein Tripel $(V, +, \cdot)$ bestehend aus einer Menge V, einer Abbildung (genannt Addition)

$$+ : V \times V \longrightarrow V, \ (x, y) \mapsto x + y$$

und einer Abbildung (genannt skalare Multiplikation)

$$\cdot : \mathbb{R} \times V \longrightarrow V, \ (\lambda, x) \mapsto \lambda x$$

heißt ein *reeller Vektorraum*, wenn für die Abbildungen + und · die folgenden acht Axiome gelten:
(1) $(x + y) + z = x + (y + z)$ für alle $x, y, z \in V$.
(2) $x + y = y + x$ für alle $x, y \in V$.
(3) Es gibt ein Element $0 \in V$ (genannt "Null" oder "Nullvektor") mit $x + 0 = x$ für alle $x \in V$.
(4) Zu jedem $x \in V$ gibt es ein Element $-x \in V$ mit $x + (-x) = 0$.
(5) $\lambda(\mu x) = (\lambda \mu) x$ für alle $\lambda, \mu \in \mathbb{R}$, $x \in V$.
(6) $1x = x$ für alle $x \in V$.
(7) $\lambda(x + y) = \lambda x + \lambda y$ für alle $\lambda \in \mathbb{R}$, $x, y \in V$.
(8) $(\lambda + \mu)x = \lambda x + \mu x$ für alle $\lambda, \mu \in \mathbb{R}$, $x \in V$.

Zwei Beispiele habe ich Ihnen schon genannt: den Raum $(\mathbb{R}^n, +, \cdot)$ der n-tupel reeller Zahlen und den Raum $(M, +, \cdot)$ der reellen Funktionen auf dem Intervall $[-1, 1]$. Aber noch viele andere Vektorräume kommen in der Mathematik vor. Sprechen wir etwa von Funktionenräumen. Dass in unserem ersten Beispiel die Funktionen auf dem Intervall $[-1, 1]$ definiert sind, ist für die Vektorraum-Eigenschaft nicht wichtig, auch die Menge aller reellen Funktionen auf einem *beliebigen* Definitionsbereich D wird mit der naheliegenden Addition + und Skalarmultiplikation · zu einem Vektorraum. Interessanter als *alle* Funktionen auf D zu betrachten ist es aber meist, Funktionen auf D mit bestimmten wichtigen Eigenschaften zu studieren, und so gibt es etwa Vektorräume stetiger Funktionen und Vektorräume differenzierbarer Funktionen und Vektorräume von Lösungen homogener linearer Differentialgleichungen und viele andere mehr; es ist gar nicht vorhersehbar, welche Funktionenräume einem früher oder später begegnen können. Ähnlich bei den n-tupel-Räumen: oft geht es nicht um den Vektorraum *aller* n-tupel, sondern etwa um einen Vektorraum *der* n-tupel, die ein bestimmtes homogenes lineares Gleichungssystem lösen. Ferner kommen viele Vektorräume vor, deren Elemente weder n-tupel noch Funktionen sind. Einige werden Sie bald kennenlernen, etwa Vektorräume von Matrizen oder Vektorräume von Endomorphismen oder Operatoren, andere später, z.B. den Vektorraum der Translationen eines affinen Raumes, Tangentialräume an Flächen und an andere Mannigfaltigkeiten, Vektorräume von Differentialformen und Vektorräume, unter deren Namen Sie sich jetzt gewiss noch gar nichts vorstellen können, wie reelle Kohomologiegruppen oder Lie-Algebren. Und das ist nur eine Aufzählung von mehr oder weniger *konkreten* Beispielen von Vektorräumen. Oft hat man auch mit Vektorräumen zu tun, über die man zwar zusätzliche, über die Axiome hinausgehende Information hat (wie z.B. bei

Hilberträumen oder *Banachräumen*), welche aber nicht die Kenntnis individueller Eigenschaften der Elemente einzuschließen braucht.

Dass wir hier die lineare Algebra für den oben axiomatisch definierten Vektorraum-Begriff und nicht nur für den $\mathbb{R}^n$ betreiben, bedeutet also auch, dass Sie gleich in den ersten Wochen und Monaten Ihres Studiums etwas Wesentliches über alle diese vielfältigen und zum Teil schwierigen mathematischen Gegenstände lernen. Das ist eigentlich fantastisch! Und in der Tat hat die Mathematik lange gebraucht, um diesen modernen strukturellen Standpunkt zu gewinnen. — Aber, so argwöhnen Sie vielleicht, müssen wir dafür nicht einen hohen Preis bezahlen? Ist nicht die lineare Algebra des abstrakten Vektorraums viel schwieriger als die lineare Algebra des $\mathbb{R}^n$? — Keineswegs, antworte ich Ihnen, fast gar nicht: in mancher Hinsicht sogar einfacher und übersichtlicher. Aber *ganz* umsonst bekommen wir den großen Vorteil doch nicht, und besonders am Anfang haben wir im abstrakten Vektorraum einige Aussagen zu überprüfen, die sich in einem n-tupel- oder Funktionenraum von selbst verstünden, und es mag befremdlich und ein klein wenig beunruhigend wirken, dass solche Sachen nun beweisbedürftig sein sollen. Die folgenden Bemerkungen 1 und 2 sind Beispiele dafür. Aber keine Angst, schon in Aufgabe 2.1 machen wir reinen Tisch damit.

Bemerkung 1: In einem Vektorraum gibt es stets nur einen Nullvektor, denn sind 0 und $0'$ Nullvektoren, so gilt

$$0 = 0 + 0' = 0' + 0 = 0'$$

(nach Axiomen 2,3).

Bemerkung 2: In einem Vektorraum gibt es zu jedem x stets nur ein $-x$.

Beweis: Gilt sowohl $x + a = 0$ als auch $x + b = 0$, so ist

$$
\begin{aligned}
a &= a + 0 & \text{(Axiom 3)}\\
&= a + (x + b) & \text{(nach Annahme)}\\
&= (a + x) + b & \text{(Axiom 1)}\\
&= (x + a) + b & \text{(Axiom 2)}\\
&= 0 + b & \text{(nach Annahme)}\\
&= b + 0 & \text{(Axiom 2)}\\
&= b & \text{(Axiom 3), also}\quad a = b. \quad\square
\end{aligned}
$$

Bezeichnungsvereinbarung: In Zukunft wollen wir statt $x + (-y)$ wie üblich einfach $x - y$ schreiben.

Bevor wir zum nächsten Abschnitt (komplexe Zahlen und komplexe Vektorräume) übergehen, möchte ich Sie auf eine wichtige Eigentümlichkeit mathematischer Bezeichnungsweise aufmerksam machen, nämlich auf die häufigen *Doppelbedeutungen* von Symbolen. Zum Beispiel haben wir den Nullvektor mit 0 bezeichnet. Das soll natürlich nicht heißen, dass die reelle Zahl Null, die ja auch mit 0 bezeichnet wird, ein Element des Vektorraums sein soll, sondern es gibt eben genau einen Vektor in V, dessen Addition "nichts bewirkt" und dieser heißt Nullvektor und wird, *wie die Zahl Null*, mit 0 bezeichnet.

Würden wir allgemein zulassen, dass ein und dasselbe Symbol innerhalb eines Beweises, einer Definition oder sonstigen Sinnzusammenhanges verschiedene Bedeutungen haben darf, dann könnten wir uns bald überhaupt nicht mehr verständigen. Und jeder einzelne solche Fall von Doppelbedeutung ist natürlich eine mögliche Quelle von Verwechslungen, besonders für Anfänger, das kann man gar nicht wegdiskutieren.

Andererseits müssen wir die Tatsache ruhig ins Auge fassen, dass Doppelbedeutungen nicht ganz zu vermeiden sind. Legt man strenge Maßstäbe an, dann ist die mathematische Literatur sogar voll davon. Wollte man Doppelbedeutungen strikt vermeiden, so würden im Laufe der Zeit auch ganz einfache Aussagen von ihrem eigenen formalen Ballast erstickt werden. Ich könnte zwar in diesem Skriptum wegen der begrenzten Stoffmenge eine zeitlang alle Doppelbedeutungen vermeiden, aber dann müsste ich einige sehr sonderbare Bezeichnungsangewohnheiten annehmen, die Ihnen später bei der unvermeidlichen Umstellung auf mathematische Normalkost Schwierigkeiten bereiten würden. Wir wollen jedoch mit Doppelbedeutungen möglichst sparsam umgehen, Fälle mit wirklicher Verwechslungsgefahr vermeiden und im übrigen die vorkommenden Fälle ruhig beim Namen nennen. Den Nullvektor mit 0 zu bezeichnen ist ganz klar solch ein Fall. Es wird aber stets aus dem Zusammenhang hervorgehen, ob Zahl oder Vektor gemeint ist. Ist z.B. $x, y \in V$, $x + y = 0$ dann ist diese 0 natürlich der Vektor usw. Einen weiteren Fall von Doppelbedeutung möchte ich gleich ankündigen: Wir werden im folgenden meist statt "der Vektorraum $(V, +, \cdot)$" kurz: "der Vektorraum V" sagen, eine Doppelbedeutung des Symbols V als Vektorraum und die dem Vektorraum zugrunde liegende Menge dabei bewusst in Kauf nehmen.

2.2 KOMPLEXE ZAHLEN UND KOMPLEXE VEKTORRÄUME

Bei vielen mathematischen Fragestellungen gleicht der nur mit reellen Zahlen Arbeitende einem, der Punkteverteilungen auf Linien studiert und kein System darin findet, während der mit *komplexen* Zahlen Arbeitende sofort sieht, worum es sich handelt. Die komplexen Zahlen ermöglichen oft entscheidende Einsichten in die Struktur und Wirkungsweise der "reellen" Mathematik.

Definition: Unter dem so genannten "Körper der komplexen Zahlen" versteht man die Menge $\mathbb{C} := \mathbb{R}^2$ zusammen mit den beiden Verknüpfungen

$$+ : \mathbb{C} \times \mathbb{C} \longrightarrow \mathbb{C} \quad (\text{"Addition"}) \text{ und}$$
$$\cdot : \mathbb{C} \times \mathbb{C} \longrightarrow \mathbb{C} \quad (\text{"Multiplikation"}),$$

die durch

$$(x, y) + (a, b) := (x + a, y + b) \quad \text{und}$$
$$(x, y) \cdot (a, b) := (xa - yb, xb + ya)$$

erklärt sind.

Die Addition ist also dieselbe wie in dem reellen Vektorraum $\mathbb{R}^2$, aber die Multiplikation wirkt auf den ersten Blick völlig willkürlich und wie eine von den Formeln, die man erfahrungsgemäß immer wieder vergisst. Warum definiert man nicht einfach $(x, y)(a, b) = (xa, yb)$, das wäre doch wohl am naheliegendsten? — Das lässt sich am besten erklären, wenn man vorher eine andere Schreibweise für die Elemente von $\mathbb{R}^2$ einführt.

Bezeichnungsweise: $\mathbb{R} \times \{0\} \subset \mathbb{C}$ soll die Rolle von $\mathbb{R}$ spielen, deshalb schreiben wir $x \in \mathbb{C}$ statt $(x, 0) \in \mathbb{C}$ und fassen auf diese Weise $\mathbb{R}$ als Teilmenge von $\mathbb{C}$ auf: $\mathbb{R} \subset \mathbb{C}$. Zur besonderen Kennzeichnung der Elemente von $\{0\} \times \mathbb{R}$ wird $(0, 1)$ als i abgekürzt, so dass nun jedes $(0, y)$ als yi und jedes (x, y) als $x + yi$, $(x, y \in \mathbb{R})$ geschrieben werden kann.

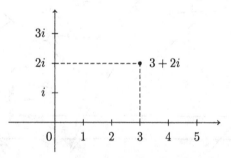

Die Multiplikation in $\mathbb{C}$ soll nun folgendes leisten: Erstens soll sie assoziativ, kommutativ und bezüglich der Addition distributiv sein, d.h. für alle

$u, v, w \in \mathbb{C}$ soll gelten: $(uv)w = u(vw)$, $uv = vu$, $u(v + w) = uv + uw$. Das alles würde die Multiplikation $(x, y)(a, b) = (xa, yb)$ auch noch erfüllen.

Ferner soll die Multiplikation mit einer reellen Zahl x gerade die "Skalare Multiplikation" in dem reellen Vektorraum $\mathbb{R}^2$ sein, also

$$x(a + bi) = xa + xbi$$

für alle $x \in \mathbb{R}$. (Das erfüllt $(x, y)(a, b) = (xa, yb)$ bereits nicht mehr).

Und schließlich, und das war historisch das eigentliche Motiv für die Einführung der komplexen Zahlen: Die so genannten "imaginären Zahlen" yi sollen als Quadratwurzeln der *negativen reellen* Zahlen dienen können, d.h. ihre Quadrate sollen negative reelle Zahlen sein! Das erreicht man durch die Forderung

$$i^2 = -1.$$

Wenn es nun überhaupt eine Multiplikation in $\mathbb{C}$ gibt, die alle diese Eigenschaften hat, dann muss jedenfalls

$$(x + yi)(a + bi) = xa + yia + xbi + yibi = xa - yb + (ya + xb)i$$

gelten, und so ergibt sich die in der Definition angegebene Formel für die Multiplikation.

Über die "innere Mechanik" der komplexen Multiplikation (dass z.B. die Multiplikation mit i gerade die Drehung um 90° ist) werden Sie in den Vorlesungen über Analysis mehr erfahren. Für unsere Zwecke in der Linearen Algebra genügt es erst einmal sich zu merken, dass man mit komplexen Zahlen "genau so" wie mit reellen Zahlen rechnet. Insbesondere sind für uns die folgenden Eigenschaften der komplexen Multiplikation wichtig:

Bemerkung: Die komplexe Multiplikation $\mathbb{C} \times \mathbb{C} \to \mathbb{C}$ ist assoziativ, kommutativ und distributiv, hat eine "Eins" und gestattet Inversenbildung für von Null verschiedene Elemente. Eingeschränkt auf $\mathbb{R} \times \mathbb{C} \to \mathbb{C}$ ist sie die skalare Multiplikation des $\mathbb{R}^2$ und eingeschränkt auf $\mathbb{R} \times \mathbb{R} \to \mathbb{R} \subset \mathbb{C}$ die gewöhnliche Multiplikation reeller Zahlen.

In Formeln ausgedrückt heißen die im ersten Satz dieser Bemerkung genannten Eigenschaften, dass für alle $u, v, w \in \mathbb{C}$ gilt: $u(vw) = (uv)w$, $uv = vu$, $u(v + w) = uv + uw$, $1u = u$ und falls $u \neq 0$, dann gibt es genau ein $u^{-1} \in \mathbb{C}$ mit $u^{-1}u = 1$.

Komplexe Vektorräume sind analog den reellen definiert: Man muss nur überall $\mathbb{R}$ durch $\mathbb{C}$ und "reell" durch "komplex" ersetzen.

Dann ist $\mathbb{C}^n := \mathbb{C} \times \cdots \times \mathbb{C}$ ebenso ein Beispiel für einen komplexen Vektorraum wie $\mathbb{R}^n$ eines für einen reellen Vektorraum. Die ersten vier Axiome, die nur mit der Addition in V zu tun haben, werden natürlich wörtlich übernommen. Vielleicht ist es besser, die ganze Definition noch einmal hinzuschreiben:

DEFINITION: Ein Tripel $(V, +, \cdot)$, bestehend aus einer Menge V, einer Abbildung $+ : V \times V \to V$, $(x, y) \mapsto x + y$, und einer Abbildung $\cdot : \mathbb{C} \times V \to V$, $(\lambda, x) \mapsto \lambda x$, heißt ein *komplexer Vektorraum*, wenn die folgenden acht Axiome gelten:

(1) Für alle $x, y, z \in V$ gilt $(x + y) + z = x + (y + z)$.

(2) Für alle $x, y \in V$ gilt $x + y = y + x$.

(3) Es gibt ein Element $0 \in V$, so dass für alle $x \in V$ gilt: $x + 0 = x$.

(4) Zu jedem $x \in V$ gibt es ein $-x \in V$ mit $x + (-x) = 0$.

(5) Für alle $\lambda, \mu \in \mathbb{C}$ und $x \in V$ gilt $\lambda(\mu x) = (\lambda \mu) x$.

(6) Für alle $x \in V$ gilt $1x = x$.

(7) Für alle $\lambda \in \mathbb{C}$, $x, y \in V$ gilt $\lambda(x + y) = \lambda x + \lambda y$.

(8) Für alle $\lambda, \mu \in \mathbb{C}$, $x \in V$ gilt $(\lambda + \mu)x = \lambda x + \mu x$.

Statt "reeller Vektorraum" sagt man auch "Vektorraum über $\mathbb{R}$" und statt "komplexer Vektorraum" "Vektorraum über $\mathbb{C}$". Wenn wir von einem "Vektorraum über $\mathbb{K}$" sprechen, so ist im Folgenden gemeint, dass $\mathbb{K}$ entweder $\mathbb{R}$ oder $\mathbb{C}$ ist. Der Buchstabe $\mathbb{K}$ wurde gewählt, weil $\mathbb{R}$ und $\mathbb{C}$ so genannte "Körper" sind.

2.3 UNTERVEKTORRÄUME

Ist V ein Vektorraum über $\mathbb{K}$ und $U \subset V$ eine Teilmenge, so kann man natürlich Elemente von U miteinander addieren und mit Elementen von $\mathbb{K}$ multiplizieren, aber dadurch wird U noch lange nicht zu einem Vektorraum, z.B. kann es ja vorkommen, dass $x + y \notin U$, obwohl $x, y \in U$,

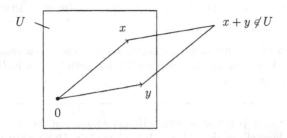

und wenn das so ist, dann liefert die Addition in V ja keine Abbildung $U \times U \to U$, wie es für einen Vektorraum U der Fall sein müsste, sondern nur eine Abbildung $U \times U \to V$. Zunächst müssen wir also fordern, wenn U durch die V-Addition und V-Skalarmultiplikation zu einem Vektorraum werden soll, dass für alle $x, y \in U$ und $\lambda \in \mathbb{K}$ gilt: $x + y \in U$, $\lambda x \in U$. Außerdem müssen wir $U \neq \emptyset$ fordern, denn sonst kann Axiom 3 (Existenz der Null) nicht erfüllt sein. Das genügt dann aber tatsächlich auch. Die Gültigkeit der Axiome folgt dann automatisch. Wir werden das als Korollar aus der folgenden Bemerkung formulieren, davor aber überhaupt erst einmal die Definition:

Definition: Sei V ein Vektorraum über $\mathbb{K}$. Eine Teilmenge $U \subset V$ heißt *Untervektorraum von* V, wenn $U \neq \emptyset$ und für alle $x, y \in U$ und alle $\lambda \in \mathbb{K}$ gilt: $x + y \in U$, $\lambda x \in U$.

Bemerkung: Ist U ein Untervektorraum von V, dann sind auch der Nullvektor von V und mit jedem $x \in U$ der Vektor $-x \in V$ in U enthalten.

BEWEIS: Man sollte meinen, dies folgt aus $U \neq \emptyset$ und $\lambda x \in U$ für alle $\lambda \in \mathbb{K}$, $x \in U$, da man ja $\lambda = 0$ bzw. $\lambda = -1$ setzen kann. Für Funktionenräume oder n-tupel-Räume ist das auch klar, aber da $(V, +, \cdot)$ irgend ein uns nicht näher bekannter Vektorraum ist, müssen wir uns nach einem *Beweis* für $0 \cdot x = 0$ und $(-1) \cdot x = -x$ umsehen, denn in den Axiomen steht nichts davon.

Es gilt aber $0 \cdot x = (0 + 0) \cdot x = 0 \cdot x + 0 \cdot x$ nach Axiom (8), also $0 = 0 \cdot x + (-0 \cdot x) = (0 \cdot x + 0 \cdot x) + (-0 \cdot x)$ nach Axiom (4), folglich $0 = 0 \cdot x + (0 \cdot x + (-0 \cdot x)) = 0 \cdot x + 0 = 0 \cdot x$ nach (1) und (4), also $0 \cdot x = 0$, wie wir zeigen wollten. Als Folgerung erhalten wir auch die andere Aussage, denn wir wissen nun $0 = 0 \cdot x = (1 + (-1)) \cdot x = 1 \cdot x + (-1) \cdot x = x + (-1) \cdot x$, also $x + (-1) \cdot x = 0$, d.h. $(-1) \cdot x = -x$. $\square$

Geht man nun die acht Axiome in Gedanken an U durch, so sieht man:

Korollar: Ist U ein Untervektorraum von V, so ist U zusammen mit der durch V gegebenen Addition und Skalarmultiplikation in U selbst ein Vektorraum über $\mathbb{K}$.

Insbesondere sind $\{0\}$ und V selbst Untervektorräume von V. In der anschaulichen Vorstellung des $\mathbb{R}^3$ als "Raum" sind die Untervektorräume, die es außer $\{0\}$ und $\mathbb{R}^3$ noch gibt, gerade die "Ebenen" durch den Nullpunkt und die "Geraden" durch den Nullpunkt.

Dass der *Durchschnitt* zweier Untervektorräume von V wieder ein Untervektorraum von V ist, ist aufgrund der Definition so klar, dass wir es nicht als beweiswürdig ansehen wollen. (Wirklich?). Immerhin soll man es wissen, schreiben wir also:

Notiz: Sind U_1, U_2 Untervektorräume von V, so ist auch $U_1 \cap U_2$ ein Untervektorraum von V.

2.4 Test

(1) Sei $n \geq 1$. Dann besteht $\mathbb{R}^n$ aus

    ☐ n reellen Zahlen
    ☐ n-tupeln reeller Zahlen
    ☐ n-tupeln von Vektoren

(2) Welche der folgenden Aussagen ist keines der Axiome des reellen Vektorraums:

    ☐ Für alle $x, y \in V$ gilt $x + y = y + x$
    ☐ Für alle $x, y, z \in V$ gilt $(x + y) + z = x + (y + z)$
    ☐ Für alle $x, y, z \in V$ gilt $(xy)z = x(yz)$

(3) Für die Multiplikation komplexer Zahlen gilt $(x + yi)(a + bi) =$

☐ $xa + ybi$
☐ $xy + yb + (xb - ya)i$
☐ $xa - yb + (xb + ya)i$

(4) Die skalare Multiplikation ist in einem Vektorraum V über $\mathbb{K}$ durch eine Abbildung

☐ $V \times V \to \mathbb{K}$ ☐ $\mathbb{K} \times V \to V$ ☐ $\mathbb{K} \times \mathbb{K} \to \mathbb{K}$

gegeben.

(5) Welche Formulierung kann korrekt zur Definition des Begriffes reeller Vektorraum ergänzt werden:

☐ Eine Menge V heißt reeller Vektorraum, wenn es zwei Abbildungen $+ : \mathbb{R} \times V \to V$ und $\cdot : \mathbb{R} \times V \to V$ gibt, so dass die folgenden acht Axiome erfüllt sind ...
☐ Eine Menge von reellen Vektoren heißt reeller Vektorraum, wenn die folgenden acht Axiome erfüllt sind ...
☐ Ein Tripel $(V, +, \cdot)$, in dem V eine Menge und $+$ und $\cdot$ Abbildungen $V \times V \to V$ bzw. $\mathbb{R} \times V \to V$ sind, heißt reeller Vektorraum, wenn die folgenden acht Axiome erfüllt sind ...

(6) Welche der folgenden Aussagen ist richtig: Ist V ein Vektorraum über $\mathbb{K}$, so ist

☐ $\{x + y \mid x \in V, y \in V\} = V$
☐ $\{x + y \mid x \in V, y \in V\} = V \times V$
☐ $\{\lambda v \mid \lambda \in \mathbb{K}, v \in V\} = \mathbb{K} \times V$.

(7) Welche der folgenden Aussagen ist richtig:

☐ Ist U ein Untervektorraum von V, dann ist $V \smallsetminus U$ ebenfalls ein Untervektorraum von V
☐ Es gibt einen Untervektorraum U von V, für den auch $V \smallsetminus U$ Untervektorraum ist, aber $V \smallsetminus U$ ist nicht für jeden Untervektorraum U ein Untervektorraum
☐ Ist U Untervektorraum von V, dann ist $V \smallsetminus U$ auf jeden Fall kein Untervektorraum von V.

(8) Welche der folgenden Teilmengen $U \subset \mathbb{R}^n$ ist ein Untervektorraum

☐ $U = \{x \in \mathbb{R}^n \mid x_1 = \cdots = x_n\}$
☐ $U = \{x \in \mathbb{R}^n \mid x_1^2 = x_2^2\}$
☐ $U = \{x \in \mathbb{R}^n \mid x_1 = 1\}$

(9) Ein komplexer Vektorraum $(V, +, \cdot)$ wird durch Einschränkung der Skalarmultiplikation auf den Skalarbereich $\mathbb{R}$ natürlich zu einem reellen Vektorraum $(V, +, \cdot \mid \mathbb{R} \times V)$. Insbesondere kann $V := \mathbb{C}$ auf diese Weise als ein reeller Vektorraum betrachtet werden. Bilden die imaginären Zahlen darin einen Untervektorraum $U = \{iy \in \mathbb{C} \mid y \in \mathbb{R}\}$?

☐ Ja, denn es ist $U = \mathbb{C}$

☐ Ja, denn $0 \in U$ und mit $\lambda \in \mathbb{R}$ und $ix, iy \in U$ ist auch $i(x+y) \in U$ und $i\lambda x \in U$

☐ Nein, denn λiy braucht nicht imaginär zu sein, da z.B. $i^2 = -1$.

(10) Wieviele Untervektorräume hat $\mathbb{R}^2$?

☐ zwei: $\{0\}$ und $\mathbb{R}^2$
☐ vier: $\{0\}$, $\mathbb{R} \times \{0\}$, $\{0\} \times \mathbb{R}$ (die "Achsen") und $\mathbb{R}^2$ selbst
☐ unendlich viele.

2.5 Körper

Ein Abschnitt für Mathematiker

Außer $\mathbb{R}$ und $\mathbb{C}$ gibt es noch viele andere so genannte "Körper", die man als Skalarbereiche für Vektorräume verwenden kann.

Definition: Ein *Körper* ist ein Tripel $(\mathbb{K}, +, \cdot)$ bestehend aus einer Menge $\mathbb{K}$ und zwei Verknüpfungen

$$+ : \mathbb{K} \times \mathbb{K} \longrightarrow \mathbb{K}, \ (\lambda, \mu) \longmapsto \lambda + \mu \quad (\text{"Addition"}) \text{ und}$$

$$\cdot : \mathbb{K} \times \mathbb{K} \longrightarrow \mathbb{K}, \ (\lambda, \mu) \longmapsto \lambda\mu \quad (\text{"Multiplikation"})$$

so dass die folgenden Axiome erfüllt sind:

---

(1) Für alle $\lambda, \mu, \nu \in \mathbb{K}$ gilt $(\lambda + \mu) + \nu = \lambda + (\mu + \nu)$.

(2) Für alle $\lambda, \mu \in \mathbb{K}$ gilt $\lambda + \mu = \mu + \lambda$.

(3) Es gibt ein Element $0 \in \mathbb{K}$ mit $\lambda + 0 = \lambda$ für alle $\lambda \in \mathbb{K}$.

(4) Zu jedem $\lambda \in \mathbb{K}$ gibt es ein Element $-\lambda \in \mathbb{K}$ mit $\lambda + (-\lambda) = 0$.

(5) Für alle $\lambda, \mu, \nu \in \mathbb{K}$ gilt $(\lambda\mu)\nu = \lambda(\mu\nu)$.

(6) Für alle $\lambda, \mu \in \mathbb{K}$ gilt $\lambda\mu = \mu\lambda$.

(7) Es gibt ein Element $1 \in \mathbb{K}$, $1 \neq 0$, so dass gilt $1\lambda = \lambda$ für alle $\lambda \in \mathbb{K}$.

(8) Zu jedem $\lambda \in \mathbb{K}$ und $\lambda \neq 0$ gibt es ein $\lambda^{-1} \in \mathbb{K}$ mit $\lambda^{-1}\lambda = 1$.

(9) Für alle $\lambda, \mu, \nu \in \mathbb{K}$ gilt $\lambda(\mu + \nu) = \lambda\mu + \lambda\nu$. $\qquad\square$

Diese neun Eigenschaften imitieren natürlich das Rechnen mit reellen oder komplexen Zahlen, und als allererste Approximation kann man sich einmal merken, dass man in einem Körper "genau so" rechnen kann wie in $\mathbb{R}$ oder $\mathbb{C}$. — Man kann leicht aus den Axiomen folgern, dass die in (3) und (7) genannten Elemente 0 und 1 eindeutig bestimmt sind, so dass wir von "*der* Null" und "*der* Eins" des Körpers reden können, dass ferner $-\lambda$ und λ^{-1} eindeutig zu gegebenem λ bestimmt sind, dass $(-1)\lambda = -\lambda$ ist und dass $\lambda\mu = 0 \iff \lambda = 0$ oder $\mu = 0$ und dass $(-1)(-1) = 1$ ist, vielleicht sollten wir das einmal für die Leser des Haupttextes notieren:

Notiz: 0 und 1 sind eindeutig bestimmt, ebenso $-\lambda$ und λ^{-1} zu gegebenem λ. Es gilt $(-1)\lambda = -\lambda$, $(-1)(-1) = 1$ und $\lambda\mu = 0 \iff \lambda = 0$ oder $\mu = 0$.

Ist nun $\mathbb{K}$ irgend ein Körper, so definiert man den Begriff des "*Vektorraums über* $\mathbb{K}$" analog dem des reellen Vektorraums: man ersetzt einfach überall $\mathbb{R}$ durch $\mathbb{K}$. Wenn in diesem Skriptum von Vektorräumen über $\mathbb{K}$ die Rede ist, so ist für die Leser der *Abschnitte für Mathematiker* immer (auch außerhalb dieser Abschnitte) gemeint, dass $\mathbb{K}$ irgend ein Körper ist, sofern $\mathbb{K}$ nicht ausdrücklich anders spezifiziert ist. Insbesondere gilt alles, was wir oben schon für "Vektorräume über $\mathbb{K}$" formuliert haben, für beliebige Körper, nicht nur wie dort zunächst angegeben für $\mathbb{K} = \mathbb{R}$ und $\mathbb{K} = \mathbb{C}$.

Ich möchte Ihnen die Definition des Begriffes "Körper" noch in einer anderen Formulierung geben, in der man sie sich, wie ich finde, besser merken kann. Der Nachteil dieser Definition ist nur, dass man dazu eine Vorrede braucht, deshalb habe ich sie im Haupttext nicht benutzt. Also: wenn Sie irgendwo in der Mathematik einer Verknüpfung begegnen, die durch das Symbol "+" bezeichnet wird (und das ist gar nicht selten), so können Sie ziemlich sicher sein, dass die Verknüpfung *assoziativ* und *kommutativ* ist, d.h. dass für alle x, y, z, für die die Verknüpfung erklärt ist, gilt: (1) $(x+y)+z = x+(y+z)$ und (2) $x + y = y + x$. Wenn es nun noch ein "neutrales Element" 0 gibt und zu jedem x ein Negativ, dann nennt man die betreffende Menge zusammen mit der Verknüpfung $+$ eine *abelsche Gruppe* (nach dem norwegischen Mathematiker Niels Henrik Abel (1802-1829)):

DEFINITION: Eine abelsche Gruppe ist ein Paar $(A, +)$ bestehend aus einer Menge A und einer Verknüpfung $+ : A \times A \to A$, so dass gilt:
(1) Für alle $a, b, c \in A$ ist $(a + b) + c = a + (b + c)$.
(2) Für alle $a, b \in A$ ist $a + b = b + a$.
(3) Es gibt ein Element $0 \in A$ mit $a + 0 = a$ für alle $a \in A$.
(4) Zu jedem $a \in A$ gibt es ein $-a \in A$ mit $a + (-a) = 0$.

Die Null ist dann wieder eindeutig bestimmt, dito $-a$ zu a. Standardbeispiel für eine abelsche Gruppe ist $\mathbb{Z}$, die abelsche Gruppe der ganzen Zahlen. Nun ist es ja an und für sich gleichgültig, mit welchem Symbol man die Verknüpfung bezeichnet: wenn die vier Axiome erfüllt sind, handelt es sich um eine abelsche Gruppe. Es haben sich aber zwei Bezeichnungsweisen durchgesetzt: einmal die in der Definition benutzte "additive" Schreibweise. In der anderen, der "multiplikativen" Schreibweise schreibt man die Verknüpfung als $\cdot : G \times G \to G$, $(g, h) \mapsto gh$ und nennt das neutrale Element nicht 0 sondern 1, und das "Negativ" nicht $-g$ sondern g^{-1}. Die Definition bleibt sonst dieselbe, $(G, \cdot)$ heißt also (multiplikativ geschriebene) abelsche Gruppe, wenn

(1) $(gh)k = g(hk)$ für alle $g, h, k \in G$.
(2) $gh = hg$ für alle $g, h \in G$.
(3) Es gibt ein $1 \in G$ mit $1g = g$ für alle $g \in G$.
(4) Zu jedem $g \in G$ gibt es ein $g^{-1} \in G$ mit $g^{-1}g = 1$.

Mit der somit eingeführten Terminologie kann man die Definition des Begriffes Körper nun so formulieren:

NOTIZ: $(\mathbb{K}, +, \cdot)$ ist genau dann ein Körper, wenn $(\mathbb{K}, +)$ und $(\mathbb{K} \setminus 0, \cdot)$ abelsche Gruppen sind und die Verknüpfungen sich in der üblichen Weise distributiv verhalten, also $\lambda(\mu + \nu) = \lambda\mu + \lambda\nu$ und $(\mu + \nu)\lambda = \mu\lambda + \nu\lambda$ für alle $\lambda, \mu, \nu \in \mathbb{K}$. $\qquad\qquad\qquad\qquad\qquad\qquad\qquad\qquad\qquad\qquad\qquad$ $\square$

Bei aller Analogie zwischen den Körperaxiomen und den Eigenschaften der Addition und Multiplikation reeller Zahlen muss man beim Rechnen mit Körperelementen doch auf eine Gefahr achten, und diese Gefahr hängt mit der Doppelbedeutung von 1 als Zahl und als Körperelement zusammen. Und zwar: man verwendet für das multiplikativ neutrale Element eines Körpers die Bezeichnung 1, und ebenso bezeichnet man das Element $1 + 1 \in \mathbb{K}$ mit 2, usw. Dadurch bekommt jedes Symbol für eine natürliche Zahl eine Doppelbedeutung als Zahl und als Körperelement, und entsprechend hat für $\lambda \in \mathbb{K}$ auch $n\lambda$ eine Doppelbedeutung: Fasst man n als natürliche Zahl auf, so bedeutet $n\lambda := \lambda + \cdots + \lambda$ (n Summanden) — das hat nur mit der Körper*addition* zu tun, und dieselbe Schreibweise benutzt man auch für beliebige additiv geschriebene abelsche Gruppen. Fasst man dagegen n als Körperelement auf, so hat $n\lambda$ eine Bedeutung als Produkt in dem Sinne der Körpermultiplikation. — Nun macht das aber gar nichts aus, denn wegen Axiom 9 gilt $\lambda + \lambda = 1\lambda + 1\lambda = (1 + 1)\lambda = 2\lambda$ usw. (hierbei $1 \in \mathbb{K}$, $2 \in \mathbb{K}$ gemeint), also ist $n\lambda$ in beiden Interpretationen dasselbe Körperelement. Aber: das Element $n\lambda$ kann Null sein, obwohl weder die *Zahl* n noch das Körperelement λ Null sind. Es kann nämlich vorkommen, dass $1 + \cdots + 1 = 0$ in $\mathbb{K}$ gilt, für eine geeignete Anzahl von Summanden!

Definition: Sei $\mathbb{K}$ ein Körper, $1 \in \mathbb{K}$ sein Einselement. Für positive natürliche Zahlen n werde $n1$ als $n1 = 1 + \cdots + 1 \in \mathbb{K}$ (n Summanden) verstanden. Gilt dann $n1 \neq 0$ für alle $n > 0$, so nennt man $\mathbb{K}$ einen *Körper der Charakteristik Null*. Im anderen Falle ist die *Charakteristik* char$\mathbb{K}$ definiert als die kleinste positive natürliche Zahl p für die $p1 = 0$ gilt.

Bemerkung: Ist char $\mathbb{K} \neq 0$, dann ist char $\mathbb{K}$ eine Primzahl.

BEWEIS: Wegen $1 \neq 0$ (Axiom 7) kann char$\mathbb{K} = 1$ nicht vorkommen. Wäre nun char $\mathbb{K} = p_1 p_2$ mit $p_1 > 1$, $p_2 > 1$, so wäre

$$(p_1 p_2)1 = (p_1 1)(p_2 1) = 0,$$

also $p_1 1 = 0$ oder $p_2 1 = 0$, im Widerspruch dazu, dass $p_1 p_2$ die kleinste positive Zahl n mit $n1 = 0$ ist. $\qquad\qquad\qquad\qquad\qquad\qquad\qquad$ $\square$

Beispiele: Die Körper $\mathbb{R}$, $\mathbb{C}$ und $\mathbb{Q}$ (Körper der rationalen reellen Zahlen) haben alle die Charakteristik 0. Ist p eine Primzahl, so kann man $\{0, 1, \ldots, p-1\}$ zu einem Körper $\mathbb{F}_p$ machen, indem man Summe und Produkt als die Reste der gewöhnlichen Summe und des gewöhnlichen Produkts bei der Division durch p erklärt. (Beispiel: $3 \cdot 4 = 12$ in $\mathbb{Z}$, $12 : 7 = 1$ Rest 5, also $3 \cdot 4 = 5$ in $\mathbb{F}_7$). Dann hat $\mathbb{F}_p$ die Charakteristik p. Insbesondere: Definiert man in $\mathbb{F}_2 = \{0, 1\}$ durch $0+0 = 0$, $1+0 = 0+1 = 1$, $1+1 = 0$ und $0 \cdot 0 = 0 \cdot 1 = 1 \cdot 0 = 0$, $1 \cdot 1 = 1$ eine Addition und eine Multiplikation, so wird $\mathbb{F}_2$ zu einem Körper der Charakteristik 2.

2.6 Was sind Vektoren?

Ein Abschnitt für Physiker

Vom mathematischen Standpunkt aus ist diese Frage durch die Definition des "Vektorraumes" vorerst befriedigend beantwortet. Als Physiker müssen Sie sich jedoch unter einem etwas anderen Gesichtspunkt wieder damit auseinandersetzen, wenn Sie, z.B. im Berkeley Physics Course [6], S. 25 lesen: "*A vector is a quantity having direction as well as magnitude*". Wie ist das gemeint? Was hat das mit dem mathematischen Vektorraum-Begriff zu tun? Ist es dasselbe, nur in anderen Worten?

Sehr berechtigte Fragen, aber nicht so einfach zu beantworten. Ganz dasselbe ist es jedenfalls nicht. — Für eine nähere Erklärung muss ich natürlich auf die drei Worte *quantity, direction* und *magnitude*, also Größe, Richtung und Betrag eingehen. Lassen Sie mich als Vorbereitung zunächst erläutern, was man in der *Mathematik* unter dem Betrag eines Vektors versteht. Danach wollen wir zu unserem Problem zurückkehren und versuchen, eine Brücke zwischen mathematischem und physikalischem Vektorbegriff zu schlagen.

Vektoren (in dem in der Mathematik gebräuchlichen Sinne) haben zunächst einmal keinen "Betrag", aber wir können ihnen einen Betrag geben. Ob und wie wir das tun, hängt von den Gründen ab, aus denen wir den betreffenden Vektorraum überhaupt betrachten. In dem nicht speziell an die Physiker gerichteten Teil dieses Skriptums haben wir z.B. bis §7 einschließlich *keinen* Anlass , Vektoren mit einem Betrag zu versehen, weil die behandelten mathematischen Fragen mit Beträgen gar nichts zu tun haben. Hüpfen wir also einmal über fünf Paragraphen hinweg, hinein in den §8, der von den so genannten *euklidischen Vektorräumen*, den reellen Vektorräumen mit einem Skalarprodukt handelt.

Unter dem *Betrag* oder der *Norm* oder der *Länge* eines Vektors $x \in \mathbb{R}^n$ versteht man die Zahl

$$\|x\| := \sqrt{x_1^2 + \cdots + x_n^2}.$$

Die Begründung oder Anregung zu dieser Festsetzung liefert die Elementargeometrie mit dem Satz von Pythagoras:

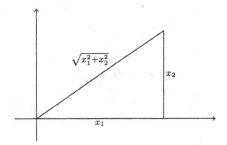

Ein Vektor $e \in \mathbb{R}^n$ heißt dann ein Einheitsvektor, wenn $\|e\| = 1$ gilt. Für $x \neq 0$ ist zum Beispiel $e := \frac{x}{\|x\|}$ ein Einheitsvektor.

Für zwei Vektoren $x, y \in \mathbb{R}^n$ nennt man die Zahl

$$\langle x, y \rangle := x_1 y_1 + \cdots + x_n y_n$$

das Standard-*Skalarprodukt* von x und y.

Es gilt $\langle x, x \rangle = \|x\|^2$, aber auch

$$\|x + y\|^2 - \|x - y\|^2 = 4\langle x, y \rangle;$$

in der elementargeometrischen Interpretation bedeutet $\langle x, y \rangle = 0$ also, dass die Diagonalen $x + y$ und $x - y$ in dem von x, y erzeugten Parallelogramm gleich lang, dieses also ein Rechteck ist und x und y senkrecht aufeinander stehen: $\langle x, y \rangle = 0 \iff x \perp y$.

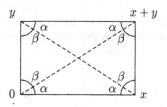

Daraus lässt sich aber die elementargeometrische Bedeutung von $\langle x, y \rangle$ für beliebige von Null verschiedene $x, y \in \mathbb{R}^n$ erschließen: setzen wir $e := x/\|x\|$ und $e' := y/\|y\|$, und ist λe der Fußpunkt des Lotes von e' auf e,

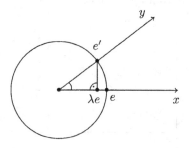

und bezeichnen wir mit $\alpha(x, y)$ den Winkel zwischen x und y, so dass also $\lambda = \cos \alpha(x, y)$ gilt, so ist $e \perp e' - \lambda e$ und daher $\langle e, e' \rangle - \lambda \langle e, e \rangle = 0$ oder $\langle e, e' \rangle = \lambda$, d.h. aber

$$\frac{\langle x, y \rangle}{\|x\| \, \|y\|} = \cos \alpha(x, y),$$

das Skalarprodukt beschreibt also nicht nur die Längen-, sondern auch die elementargeometrische *Winkelmessung* im $\mathbb{R}^n$.

   In der Mathematik werden außer dem $\mathbb{R}^n$ aber auch noch viele andere reelle Vektorräume betrachtet, und deshalb hat man einen allgemeinen Begriff eingeführt, der die wichtigsten Eigenschaften des Standard-Skalarprodukts im $\mathbb{R}^n$ imitiert, nämlich

Definition: Sei V ein reeller Vektorraum. Unter einem *Skalar-* oder *inneren Produkt auf V* versteht man eine Abbildung

$$V \times V \longrightarrow \mathbb{R},$$

welche *bilinear, symmetrisch* und *positiv definit* ist, d.h.: wird die Abbildung als $(v, w) \mapsto \langle v, w \rangle$ geschrieben, so gilt

(1) Für jedes $w \in V$ ist $\langle \cdot\,, w \rangle : V \to \mathbb{R}$ linear, das heißt es ist stets $\langle v_1 + v_2, w \rangle = \langle v_1, w \rangle + \langle v_2, w \rangle$ und $\langle \lambda v, w \rangle = \lambda \langle v, w \rangle$, analog für festes v und $\langle v, \cdot \rangle : V \to \mathbb{R}$ ("Bilinearität").

(2) $\langle v, w \rangle = \langle w, v \rangle$ für alle v, w ("Symmetrie").

(3) $\langle v, v \rangle \geq 0$ für alle v, und $\langle v, v \rangle = 0$ nur für $v = 0$ ("Positive Definitheit").

Für jeden reellen Vektorraum V lässt sich so ein Skalarprodukt $\langle \cdot\,, \cdot \rangle$ finden, ja sogar viele — auch auf dem $\mathbb{R}^n$ gibt es außer dem Standard-Skalarprodukt noch viele andere — und will man Längen von und Winkel zwischen Vektoren festsetzen, so wählt man zuerst ein Skalarprodukt aus:

Definition: Unter einem *euklidischen Vektorraum* versteht man ein Paar $(V, \langle \cdot\,, \cdot \rangle)$, bestehend aus einem reellen Vektorraum V und einem Skalarprodukt $\langle \cdot\,, \cdot \rangle$ darauf.

Oder wie man auch sagt: einen Vektorraum V, der mit einem Skalarprodukt *versehen* oder *ausgestattet* ist.

Definition: In einem euklidischen Vektorraum heißt

$$\| v \| := \sqrt{\langle v, v \rangle}$$

der *Betrag* oder die *Länge* von v und

$$\alpha(v, w) := \arccos \frac{\langle v, w \rangle}{\| v \| \, \| w \|},$$

für $v \neq 0$ und $w \neq 0$, der *Winkel* zwischen v und w.

Soviel zunächst über den Betrag ("magnitude") eines Vektors aus *mathematischer* Sicht, und ich kehre zu der schwierigen Aufgabe zurück, auf die ich mich leichtsinnigerweise eingelassen habe, nämlich Ihnen den Unterschied zwischen mathematischem und physikalischem Vektorbegriff klarzumachen.

Dieser Unterschied hängt damit zusammen, dass es einen Raum gibt, der in der Physik von überragender Bedeutung und gleichsam allgegenwärtig ist, während ihn die lineare Algebra als mathematisches Objekt, also "offiziell" sozusagen, gar nicht kennt, nämlich *den realen physikalischen Raum*, in dem wir uns alle befinden.

Inoffiziell kennt ihn die Mathematik natürlich recht gut, den *Anschauungsraum*, aber wenn wir die Punkte im Raum für "bestimmte, wohlunterschiedene Objekte unserer Anschauung oder unseres Denkens" ausgeben sollten, würde uns doch recht mulmig werden. — Über solche philosophischen Zimperlichkeiten müssen wir uns jedoch für die gegenwärtige Diskussion hinwegsetzen. Erkennen wir also einmal den Anschauungsraum als genügend gut definiert an, sei es, dass wir einen Punkt darin durch seine Abstände zu den Laborwänden charakterisiert denken, sei es, für astronomische Betrachtungen, durch seine Position bezüglich der Fixsterne.

Dadurch wird der Anschauungsraum $\mathcal{A}$ nicht zu einem Vektorraum, wo zum Beispiel wäre seine Null? Er hat aber eng mit gewissen Vektorräumen zu tun. Wählt man nämlich einen Punkt $O \in \mathcal{A}$ willkürlich aus und ernennt ihn zum Null- oder Bezugspunkt, so kann man alle Punkte $P \in \mathcal{A}$ als so genannte *Ortsvektoren* $\overrightarrow{OP}$ *bezüglich* O auffassen, veranschaulicht durch einen Pfeil von O nach P, kann sie mit reellen Zahlen multiplizieren und wie im "Kräfteparallelogramm" zueinander addieren

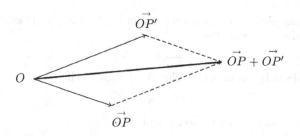

und erhält so einen Vektorraum, den wir mit $\mathcal{A}_O$ bezeichnen wollen. An einem festen Raumpunkt O betrachtet man in der Physik aber nicht nur Ortsvektoren, sondern auch elektrische Feldstärkevektoren, Geschwindigkeitsvektoren, Kraftvektoren und viele andere mehr. Mit der physikalisch durch

Superposition usw. definierten Addition und Skalarmultiplikation bilden die elektrischen Feldstärkevektoren im Punkt O einen reellen Vektorraum $\mathcal{E}_O$, die Geschwindigkeitsvektoren einen Vektorraum $\mathcal{G}_O$, die Kraftvektoren einen Raum $\mathcal{K}_O$ usw. — Das sind zwar insofern Phantasienotationen, als es in der Physik nicht üblich ist, den Vektorräumen, denen die jeweiligen Vektoren als Elemente angehören, auch eigene Namen und Bezeichnungen zu geben, wir müssen das hier aber einmal tun, wenn wir den mathematischen mit dem physikalischen Vektorbegriff vergleichen wollen. Einstweilen sehen wir bei diesem Vergleich noch nichts Problematisches: wir haben eben einige konkrete physikalische Anwendungsbeispiele $\mathcal{A}_O$, $\mathcal{E}_O$, $\mathcal{G}_O$, $\mathcal{K}_O$ usw. für den allgemeinen mathematischen Begriff des reellen Vektorraums vor uns. Interessanter wird es aber, wenn wir den physikalisch gemessenen Betrag, die *magnitude* der physikalischen Vektoren betrachten.

Jedem Ortsvektor $\vec{r} \in \mathcal{A}_O$, jedem elektrischen Vektor $\vec{E} \in \mathcal{E}_O$ usw. ist ein (physikalischer) Betrag $|\vec{r}|$ bzw. $|\vec{E}|$ usw. zugeordnet. Dieser physikalische Betrag ist aber im Allgemeinen keine *Zahl*, sondern hat eine *physikalische Dimension*[1]. So kann zum Beispiel nicht $|\vec{r}| = 5$ oder $|\vec{E}| = 5$ sein, wohl aber $|\vec{r}| = 5$cm und $|\vec{E}| = 5\frac{\text{volt}}{\text{cm}}$. Nun ließe sich ja ein längenwertiger Betrag leicht auf einen reellwertigen zurückführen, wir brauchten uns "nur" für eine Längenmaßeinheit zu entscheiden, etwa für Zentimeter oder für Meter. Aber gerade das wollen wir vermeiden, denn die Rechenoperationen für physikalische Vektoren sollen nicht von der Willkür der Entscheidung zwischen Meter und Zentimeter abhängen. Anstatt für unseren Brückenschlag die physikalischen Dimensionen aus den physikalischen Formeln zu eliminieren, wollen wir sie lieber in die lineare Algebra *einführen*, und das geht so.

Wir betrachten den *längenwertigen Skalarbereich*, wie man vielleicht sagen könnte, nämlich

$$\mathbb{R}[\,\text{Länge}\,] := \mathbb{R}[\,\text{cm}\,] := \{x\,\text{cm} \mid x \in \mathbb{R}\}.$$

Das ist in offensichtlicher Weise ein Vektorraum, denn natürlich rechnet man $x\,\text{cm} + y\,\text{cm} = (x + y)$cm usw., er ist im mathematischen Sinne "eindimensional", wie $\mathbb{R}$ selbst. Dieser Längenskalarbereich ist nicht nur eine formale Konstruktion, sondern physikalisch interpretierbar als Vektorraum — nicht gerade der Längen, denn was sollte eine negative Länge bedeuten — aber der Längen*differenzen*. Beachten Sie, dass wir uns durch diese Auffassung des Längenskalarbereichs keineswegs auf die Auswahl einer Längenmaßeinheit

---

[1] Dieser Gebrauch des Wortes *Dimension* hat nichts mit dem Dimensionsbegriff der linearen Algebra zu tun, von dem im nächsten Paragraphen die Rede sein wird, die Wortgleichheit ist Zufall.

festgelegt haben, denn

$$\mathbb{R}[\,\text{Länge}\,] = \mathbb{R}[\,\text{cm}\,] = \mathbb{R}[\,\text{m}\,]$$

gilt nicht nur "bis auf einen Faktor" oder so etwas, sondern das ist jedesmal genau dasselbe, wie eben 5cm genau dasselbe wie 0.05m bedeutet. Für Ortsvektoren ist also $|\vec{r}\,| \in \mathbb{R}[\,\text{cm}\,]$.

Ebenso verfahren wir mit allen anderen physikalischen Dimensionen, wir haben dann einen elektrischen Feldstärkeskalarbereich $\mathbb{R}[\,\frac{\text{volt}}{\text{cm}}\,]$, einen Geschwindigkeitsskalarbereich $\mathbb{R}[\,\frac{\text{cm}}{\text{sec}}\,]$ usw., alle unabhängig von der Wahl von Einheiten. Auch den dimensionslosen Skalarbereich $\mathbb{R}$ selbst wollen wir als ein Beispiel gelten lassen, wir können ihn als $\mathbb{R} = \mathbb{R}[\,1\,]$ schreiben. Diese physikalischen Skalare kann man miteinander multiplizieren, zum Beispiel ist $5\text{cm} \cdot 6\frac{\text{volt}}{\text{cm}} = 30\text{volt} \in \mathbb{R}[\,\text{volt}\,]$ usw. Sie werden mir keine langen formalen Erklärungen über $\text{cm} \cdot \text{sec} = \text{sec} \cdot \text{cm}$ und $\frac{\text{cm}}{\text{cm}} = 1$ abverlangen.

Den eigentlichen Kernpunkt, in dem sich der physikalische Vektorbegriff vom mathematischen unterscheidet, haben wir aber bisher nur gestreift. Er betrifft die Beziehung der verschiedenen physikalischen Vektorräume $\mathcal{A}_O$, $\mathcal{E}_O$, $\mathcal{G}_O$,.. usw. *untereinander*. — Jeder dieser reellen Vektorräume hat einen zugehörigen physikalischen Skalarbereich, dem die Beträge seiner Vektoren angehören. Durch seinen Skalarbereich ist der physikalische Vektorraum am Punkte O aber auch charakterisiert: es gibt nicht mehrere Sorten elektrischer Feldstärkevektoren am Punkte O, etwa unterschieden durch die Art ihrer Erzeugung, sondern ein Vektor bei O mit einem Betrag aus $\mathbb{R}[\,\frac{\text{volt}}{\text{cm}}\,]$ ist ein Element von $\mathcal{E}_O$. Ferner ist es in der Physik sinnvoll, physikalische Vektoren mit physikalischen Skalaren zu multiplizieren, man erhält dann Vektoren mit einem entsprechend geänderten Skalarbereich. Multipliziert man z.B. einen Geschwindigkeitsvektor $\vec{v} \in \mathcal{G}_O$ mit einer Zeitdifferenz, etwa mit $5\,\text{sec} \in \mathbb{R}[\,\text{sec}\,]$, so erhält man einen Ortsvektor $\vec{r} = 5\,\text{sec} \cdot \vec{v} \in \mathcal{A}_O$. Bezeichnen wir die Menge solcher Produkte in Anlehnung an die Notation für die Skalarbereiche, so hätten wir hier also zum Beispiel $\mathcal{G}_O[\,\text{sec}\,] = \mathcal{A}_O$. Ist allgemeiner $\mathcal{V}_O$ ein physikalischer Vektorraum bei O mit einem Skalarbereich $\mathbb{R}[\,a\,]$ und ist $\mathbb{R}[\,b\,]$ ein weiterer Skalarbereich, so wollen wir

$$\mathcal{V}_O[b] := \{b \cdot \vec{v} \mid \vec{v} \in \mathcal{V}_O\}$$

schreiben. Das ist dann also der physikalische Vektorraum mit dem Skalarbereich $\mathbb{R}[\,ab\,]$. Beachte, dass wir auch hierbei keine Festlegung einer Maßeinheit zu treffen haben, denn verschiedene Maßeinheiten unterscheiden sich ja nur um einen von Null verschiedenen reellen Faktor. Auf diese Weise stehen die physikalischen Vektorräume bei O alle miteinander in kanonischer Beziehung. Haben $\mathcal{V}_O$ und $\mathcal{W}_O$ die Skalarbereiche $\mathbb{R}[\,a\,]$ und $\mathbb{R}[\,b\,]$, so ist $\mathcal{W}_O = \mathcal{V}_O[\,\frac{b}{a}\,]$ und $\mathcal{V}_O = \mathcal{W}_O[\,\frac{a}{b}\,]$. Insbesondere können wir sie, wenn wir wollen, alle durch den Raum der Ortsvektoren beschreiben: $\mathcal{V}_O = \mathcal{A}_O[\frac{a}{cm}]$. *Jeder physikalische Vektor am Punkte O ist bis auf einen positiven physikalischen skalaren Faktor ein Ortsvektor.* Darauf bezieht sich die Aussage, ein physikalischer Vektor, auch wenn es kein Ortsvektor ist, habe eine *Richtung*: eine Richtung im Raume nämlich!

————

Schauen wir von dem jetzt erreichten Standpunkt nochmals auf die Formulierung *"A vector is a quantity, having direction as well as magnitude"*, so können wir die Unterschiede zum mathematischen Vektorbegriff nun deutlich benennen:

(1) Ein physikalischer Vektor ist *"a quantity"*, eine (physikalische) Größe. So allgemein diese Bestimmung auch ist, drückt sie doch schon eine andere Auffassung vom Vektor aus, denn die mathematischen Vektorraumaxiome enthalten keine, auch nicht die geringste Forderung an Herkunft oder Eigenschaften der Vektoren.

(2) Ein physikalischer Vektor hat *"magnitude"*, einen Betrag, beim mathematischen Vektor gehört das nicht zur Begriffsbestimmung. Werden aber doch, durch die Zusatzstruktur eines Skalarprodukts $\langle\,\cdot\,,\,\cdot\,\rangle$, Beträge eingeführt, so sind das reelle Zahlen und nicht, wie in der Physik, dimensionsbehaftete physikalische Skalare.

(3) Schließlich hat ein physikalischer Vektor *"direction"*, eine Richtung im (physikalischen) Raum, weil die physikalischen Vektorräume in der oben beschriebenen engen Beziehung zum Ortsvektorraum stehen. Hierfür gibt es beim mathematischen Vektorbegriff überhaupt keine Entsprechung, weil die Axiome keinerlei Bezug auf den physikalischen Raum nehmen.

————

Wie zu erwarten, haben diese Unterschiede weitere im Gefolge. In den euklidischen Vektorräumen der linearen Algebra ist z.B. der (reellwertige) Betrag durch das (ebenfalls reellwertige) Skalarprodukt definiert: $\| x \| = \sqrt{\langle x, x \rangle}$, und umgekehrt kann das Skalarprodukt auch aus dem Betrag rekonstruiert werden: $4\langle x, y \rangle = \| x + y \|^2 - \| x - y \|^2$. In der Physik wird ebenfalls ein Skalarprodukt $\vec{v} \cdot \vec{w}$ von physikalischen Vektoren $\vec{v}$ und $\vec{w}$ gebildet. Anders als beim Skalarprodukt der linearen Algebra ist aber $\vec{v} \cdot \vec{w}$ im allgemeinen keine reelle Zahl, sondern ein physikalischer Skalar. Auch brauchen $\vec{v}$ und $\vec{w}$ nicht demselben physikalischen Vektorraum anzugehören, zum Beispiel hat man auch Anlass, Ortsvektoren $\vec{r} \in \mathcal{A}_O$ mit elektrischen Vektoren $\vec{E} \in \mathcal{E}_O$

skalar zu multiplizieren: $\vec{r} \cdot \vec{E} \in \mathbb{R}[\,\text{volt}\,]$. Inwiefern sind dann die Aussagen über das mathematische Skalarprodukt überhaupt in der Physik noch anwendbar? Schwerlich wird man zum Beispiel $4\vec{r} \cdot \vec{E} = |\vec{r} + \vec{E}|^2 - |\vec{r} - \vec{E}|^2$ schreiben können, denn die Summe aus einem Orts- und einem elektrischen Vektor hat keinen Sinn!

Vielleicht beginnen Sie sich bei der Aufzählung dieser Unterschiede zu fragen, ob Sie als Physiker hier noch im richtigen Hörsaal sitzen. Soll die lineare Algebra, soweit sie für Physiker relevant ist, nicht gerade die Grundlage für das Rechnen mit *physikalischen* Vektoren liefern?

Soll sie nicht. Der eigentliche Nutzen der linearen Algebra für den angehenden Physiker liegt nämlich darin, dass die lineare Algebra ein unentbehrliches Werkzeug jener höheren *Mathematik* ist, ohne welche die Physik nicht auskommt. Schon die Differential- und Integralrechnung in mehreren Variablen und die Theorie der Differentialgleichungen haben einen beträchtlichen Bedarf an der von "mathematischen" Vektorräumen handelnden linearer Algebra, von den mathematischen Methoden der Quantenmechanik oder gar der modernen theoretischen Physik ganz zu schweigen. *Deshalb* lernen Sie lineare Algebra und nicht um das Kräfteparallelogramm besser zu verstehen.

––––––––

Das bedeutet aber nicht, dass die mathematisch betriebene lineare Algebra auf das Rechnen mit physikalischen Vektoren nicht anwendbar sei — selbst dort, wo es sich um das Skalarprodukt handelt. Dazu nun zum Schluss noch ein paar Worte.

Unter den physikalischen Vektorräumen am Punkte O ist ein ganz besonders merkwürdiger, nämlich der (im physikalischen Sinne) *dimensionslose* Vektorraum, ich erfinde für ihn einmal die Bezeichnung

$$\mathcal{U}_O := \mathcal{A}_O[\,\tfrac{1}{\text{cm}}\,] = \mathcal{E}_O[\,\tfrac{\text{cm}}{\text{volt}}\,] = \ldots \text{ usw.}$$

Für die Vektoren in diesem Vektorraum ist der physikalische Betrag wirklich reellwertig. Ist zum Beispiel $\vec{r} \in \mathcal{A}_O$ ein Ortsvektor mit einem Betrag von 5cm $\in \mathbb{R}[\,\text{cm}\,]$, so hat der dimensionslose Vektor $\vec{u} := \tfrac{2}{\text{cm}} \cdot \vec{r}$ den Betrag $|\vec{u}| = 10 \in \mathbb{R}$. Mit der Wahl einer Längeneinheit hat das nichts zu tun. Durch diesen zwar physikalisch bestimmten, aber reellwertigen Betrag $\mathcal{U}_O \to \mathbb{R}$ ist aber ein ganz richtiges mathematisches Skalarprodukt festgelegt, d.h. definiert man

$$\vec{u} \cdot \vec{v} := \frac{1}{4}(|\vec{u} + \vec{v}|^2 - |\vec{u} - \vec{v}|^2),$$

so ist die dadurch gegebene Abbildung

$$\mathcal{U}_O \times \mathcal{U}_O \longrightarrow \mathbb{R}$$
$$(\vec{u}, \vec{v}) \longmapsto \vec{u} \cdot \vec{v}$$

tatsächlich bilinear, symmetrisch und positiv definit, macht also $\mathcal{U}_O$ zu einem euklidischen Vektorraum im genauen Wortsinne der mathematischen Definition! Letztlich liegt das daran, dass für die Geometrie des Anschauungsraumes die Axiome Euklids gelten. — Auf den physikalischen Vektorraum $\mathcal{U}_O$ ist daher die mathematische Theorie der euklidischen Vektorräume ohne Wenn und Aber und ohne Wahl von Maßeinheiten oder gar Koordinaten direkt anwendbar. Wegen des Zusammenhangs der physikalischen Vektorräume untereinander hat man damit aber auch Zugang zu allen anderen Skalarprodukten zwischen physikalischen Vektoren. Es ist nämlich $\mathcal{A}_O = \mathcal{U}_O[\,\mathrm{cm}\,]$, $\mathcal{E}_O = \mathcal{U}_O[\,\frac{\mathrm{volt}}{\mathrm{cm}}\,]$ usw., und durch das Skalarprodukt auf $\mathcal{U}_O$ ist für Skalarbereiche $\mathbb{R}[\,a\,]$ und $\mathbb{R}[\,b\,]$ auch eine ebenfalls Skalarprodukt genannte Verknüpfung

$$\mathcal{U}_O[\,a\,] \times \mathcal{U}_O[\,b\,] \longrightarrow \mathbb{R}[\,ab\,],$$

zum Beispiel

$$\mathcal{A}_O \times \mathcal{E}_O \longrightarrow \mathbb{R}[\,\mathrm{volt}\,]$$
$$(\vec{r}, \vec{E}) \longmapsto \vec{r} \cdot \vec{E},$$

unabhängig von der Wahl von Maßeinheiten gegeben. Der euklidische Vektorraum $\mathcal{U}_O$ wird so zur Brücke zwischen der linearen Algebra, in der Skalarprodukte immer von zwei Vektoren jeweils desselben Vektorraums gebildet werden und reellwertig sind, und der Vektorrechnung der Physik, in der auch Vektoren verschiedener Art miteinander skalar multipliziert werden und das Produkt in einem physikalischen Skalarbereich liegt.

Für das praktische Rechnen mit physikalischen Vektoren ist es oft nützlich, Koordinaten einzuführen. — Auch in der mathematischen linearen Algebra verwendet man öfters Koordinaten in einem z.B. reellen Vektorraum V. Man wählt dazu eine so genannte *Basis* (vergl. §3) aus Vektoren $v_1, \ldots, v_n$ von V und kann dann jeden Vektor $v \in V$ mittels reeller Zahlen $\lambda_1, \ldots, \lambda_n$ als $v = \lambda_1 v_1 + \cdots + \lambda_n v_n$ ausdrücken. Die $\lambda_1, \ldots, \lambda_n$ heißen dann die *Koordinaten* von v, und die Geraden $g_i := \{\lambda v_i \mid \lambda \in \mathbb{R}\}$, $i = 1, \ldots, n$, die *Koordinatenachsen* des Raumes. In der physikalischen Vektorrechnung ist das ein klein bisschen anders, und wieder ist der dimensionslose physikalische Vektorraum $\mathcal{U}_O$ der Vermittler. Für die physikalische Koordinatenrechnung nimmt man nämlich eine Basis von $\mathcal{U}_O$, und zwar sind das gewöhnlich drei aufeinander senkrecht stehende Einheitsvektoren $\widehat{x}$, $\widehat{y}$, $\widehat{z} \in \mathcal{U}_O$, also

$$|\widehat{x}| = |\widehat{y}| = |\widehat{z}| = 1 \quad \text{und}$$
$$\widehat{x} \cdot \widehat{y} = \widehat{y} \cdot \widehat{z} = \widehat{z} \cdot \widehat{x} = 0.$$

Woher? Nun, man wählt zum Beispiel im Ortsvektorraum drei aufeinander senkrecht stehende (und von Null verschiedene) Vektoren $\vec{R}_x$, $\vec{R}_y$, $\vec{R}_z \in \mathcal{A}_O$ und setzt

$$\widehat{x} := \frac{\vec{R}_x}{|\vec{R}_x|}, \quad \widehat{y} := \frac{\vec{R}_y}{|\vec{R}_y|} \quad \text{und} \quad \widehat{z} := \frac{\vec{R}_z}{|\vec{R}_z|}.$$

Wegen $\vec{R}_x \in \mathcal{A}_O$ und $|\vec{R}_x| \in \mathbb{R}[\,\mathrm{cm}\,]$ ist dann $\widehat{x} \in \mathcal{U}_O$ etc. Ein in Richtung von $\vec{R}_x$ weisender elektrischer Vektor $\vec{E}_x \in \mathcal{E}_O$ leistete uns aber denselben Dienst, $\widehat{x}$ ist auch $\vec{E}_x/|\vec{E}_x|$.

Ist dann $\vec{v} \in \mathcal{U}_O[\,a\,]$ irgend ein physikalischer Vektor mit Betrag in einem Skalarbereich $\mathbb{R}[\,a\,]$, so lässt er sich in eindeutiger Weise in der Form

$$\vec{v} = v_x\widehat{x} + v_y\widehat{y} + v_z\widehat{z}$$

mit Koordinaten $v_x, v_y, v_z \in \mathbb{R}[\,a\,]$ schreiben, und indem man beide Seiten skalar mit $\widehat{x}$ multipliziert, erhält man

$$\vec{v} \cdot \widehat{x} = v_x,$$

und analog natürlich $\vec{v} \cdot \widehat{y} = v_y$ und $\vec{v} \cdot \widehat{z} = v_z$. Ist zum Beispiel $\vec{E} \in \mathcal{E}_O$ ein elektrischer Vektor, so gilt

$$\vec{E} = E_x\widehat{x} + E_y\widehat{y} + E_z\widehat{z}$$

mit

$$E_x = \vec{E} \cdot \widehat{x} \in \mathbb{R}[\,\tfrac{\mathrm{volt}}{\mathrm{cm}}\,]$$

und analog für E_y und E_z. Für das Skalarprodukt zweier physikalischer Vektoren $\vec{v} \in \mathcal{U}_O[\,a\,]$ und $\vec{w} \in \mathcal{U}_O[\,b\,]$ errechnet man wegen der Bilinearität und wegen $\widehat{x} \cdot \widehat{x} = \widehat{y} \cdot \widehat{y} = \widehat{z} \cdot \widehat{z} = 1$ und $\widehat{x} \cdot \widehat{y} = \widehat{y} \cdot \widehat{z} = \widehat{z} \cdot \widehat{x} = 0$ sofort

$$\vec{v} \cdot \vec{w} = v_xw_x + v_yw_y + v_zw_z \in \mathbb{R}[\,ab\,],$$

zum Beispiel

$$\vec{r} \cdot \vec{E} = r_xE_x + r_yE_y + r_zE_z \in \mathbb{R}[\,\mathrm{volt}\,]$$

für das Skalarprodukt eines Ortsvektors $\vec{r} \in \mathcal{A}_O$ mit einem elektrischen Vektor $\vec{E} \in \mathcal{E}_O$. Dies ist die erste der *nützlichen Vektoridentitäten* auf S. 44

im Berkeley Physics Course [6], die anderen haben mit dem Vektorprodukt zu tun, das wir erst im nächsten Paragraphen betrachten werden. — Beachte wieder, dass das Einführen von Koordinaten nicht das Einführen von Maßeinheiten voraussetzt.

———

Mit solchen Grundlagenfragen sind schnell ein paar Stunden verplaudert, und ich muss Obacht geben, dass mein Buch nicht Schlagseite bekommt. Trotzdem sollte ich aber noch darauf eingehen, was die physikalischen Vektorräume an zwei verschiedenen Punkten O und O' miteinander zu tun haben.

Ist $\mathcal{E}_O$ derselbe Vektorraum wie $\mathcal{E}_{O'}$? — Nein. Man betrachte es nun vom mathematischen oder vom physikalischen Standpunkt: ein Vektor am Punkte O ist nicht dasselbe wie ein Vektor am Punkte O'. Wir können aber durch Translation des Anschauungsraums jeden Ortsvektor und daher auch jeden anderen physikalischen Vektor im Punkte O in einen entsprechenden Vektor am Punkte O' verschieben.

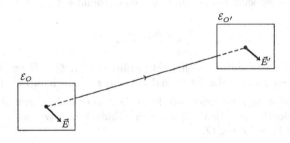

Man sagt dazu auch: $\vec{E}$ und $\vec{E}'$ repräsentieren denselben *freien Vektor*. Je nach Temperament kann man hierdurch den Begriff des "freien" Vektors schon für definiert ansehen oder aber eine formale Konstruktion zu Hilfe nehmen und zum Beispiel unter einem freien physikalischen Vektor die Gesamtheit der aus einem ("gebundenen") physikalischen Vektor durch Translation hervorgehenden Vektoren verstehen. Die freien *elektrischen* Vektoren etwa bilden dann einen Vektorraum $\mathcal{E}_{\text{frei}}$, und analog haben wir $\mathcal{A}_{\text{frei}}$, $\mathcal{U}_{\text{frei}}$ usw. Einem freien physikalischen Vektor fehlt nur die Angabe eines Ortes, um zu einem richtigen physikalischen Vektor zu werden.

Wozu braucht man die freien Vektoren? Nun, zum Beispiel ist in der Physik oftmals nicht ein einzelner Vektor, sondern ein ganzes *Vektorfeld* von Interesse. Ein elektrisches Feld auf einem Bereich $B \subset \mathcal{A}$ des Raumes etwa ordnet jedem Raumpunkt $O \in B$ einen elektrischen Vektor aus $\mathcal{E}_O$ zu.

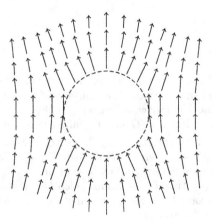

Ein solches Feld kann man dann durch eine Abbildung

$$\vec{E} : B \to \mathcal{E}_{\text{frei}}$$

beschreiben. Statt mit den vielen Vektorräumen $\mathcal{E}_O$, $O \in B$ hat man dann nur mit einem zu tun, das ist formal bequemer. Dass man mit dem freien Vektor $\vec{E}(O) \in \mathcal{E}_{\text{frei}}$ zufrieden sein kann, liegt aber nicht daran, dass es auf einmal unwichtig geworden wäre, wo der Feldvektor sitzt, sondern daran, dass man es ja weiß: bei O.

Auch die dimensionslosen Einheitsvektoren $\hat{x}$, $\hat{y}$, $\hat{z}$ kann man durch Translation überall hinbringen und dann als freie Vektoren auffassen, ein elektrisches Vektorfeld $\vec{E} : B \to \mathcal{E}_{\text{frei}}$ schreibt man dann wieder als

$$\vec{E} = E_x \hat{x} + E_y \hat{y} + E_z \hat{z},$$

wobei aber die Koordinaten jetzt ortsabhängig sind:

$$E_x : B \to \mathbb{R}[\tfrac{\text{volt}}{\text{cm}}],$$

und ebenso für y und z.

2.7 KOMPLEXE ZAHLEN VOR 400 JAHREN

HISTORISCHE NOTIZ

Zum ersten Mal ernsthaft konfrontiert wurden die Mathematiker mit den komplexen Zahlen im 16. Jahrhundert, und zwar beim Lösen von Gleichungen. Die einfachsten Gleichungen, bei denen man auf "Wurzeln negativer Zahlen" stößt, sind die quadratischen Gleichungen. Trotzdem waren es nicht die quadratischen, sondern die *kubischen* Gleichungen, welche die Beschäftigung mit den komplexen Zahlen erzwungen haben, und das hat seinen guten Grund. Betrachten wir als Beispiel die quadratische Gleichung $x^2 + 3 = 2x$.

Die Lösungsformel für diesen Typ von Gleichungen, die im 16. Jahrhundert längst bekannt war, ergibt in diesem Falle $x = 1 \pm \sqrt{-2}$, und das ist ein "sinnloser" Ausdruck, denn aus -2 kann man die Wurzel nicht ziehen. Diese Sinnlosigkeit der Lösungsformel hat die damaligen Mathematiker aber keineswegs beunruhigt, denn ihr entspricht ja der Umstand, dass die Gleichung tatsächlich keine Lösung hat. Der Gedanke: man könnte sich ja den Zahlbereich *künstlich erweitern*, damit auch die bisher unlösbaren Gleichungen eine Lösung bekommen und man so zu einer einheitlichen Theorie der quadratischen Gleichungen kommt — dieser Gedanke ist durch und durch modern und er war historisch *nicht* der Anlass zur Entdeckung der komplexen Zahlen.

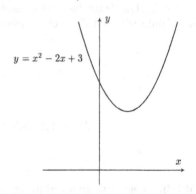

$y = x^2 - 2x + 3$

Ganz anders sieht die Sache aus, wenn man etwa die kubische Gleichung $x^3 = 15x + 4$ betrachtet. Auch für solche Gleichungen hatte man im 16. Jahrhundert eine Lösungsformel gefunden, und in diesem Falle lautet sie

$$x = \sqrt[3]{2 + \sqrt{-121}} + \sqrt[3]{2 - \sqrt{-121}},$$

also wiederum ein "sinnloser Ausdruck", aber diesmal entspricht ihm die reelle Lösung $x = 4$: Eine Wurzel aus -121 gibt es zwar nicht, aber wenn man einmal so tut, als gäbe es sie doch, und wenn man beim Rechnen mit dieser "imaginären Zahl" gewisse naheliegende Rechenregeln beachtet, dann kann man tatsächlich $\sqrt[3]{2 + \sqrt{-121}} + \sqrt[3]{2 - \sqrt{-121}} = 4$ ausrechnen! Auf diese Weise hat der italienische Ingenieur Rafael Bombelli um 1560 schon systematisch mit komplexen Zahlen gerechnet. — Man muss allerdings dazu sagen, dass die Mathematiker dieser "imaginären Zahlen" zunächst gar nicht so recht froh werden konnten. Einerseits konnte man sie nicht als bloßen Unfug abtun, da man mit ihrer Hilfe ja ganz "richtige" (reelle) Lösungen von Gleichungen bekommen konnte, andererseits "existierten" sie nicht, und nicht alle Mathematiker haben die Benutzung dieser "Rechenausdrücke" akzeptiert. Lange Zeit haftete den komplexen Zahlen etwas mysteriöses an; von Leibniz stammt der Ausspruch, die komplexen Zahlen seien eine Art Amphibium zwischen Sein und Nichtsein. Restlos entmystifiziert wurden sie erst 1837 durch den irischen Mathematiker und Physiker Hamilton, der die komplexen Zahlen zum ersten Male so einführt, wie wir es heute auch noch tun: durch Angabe gewisser Rechenregeln für Paare reeller Zahlen.

(Meine Quelle für diese "Historische Notiz": Helmuth Gericke, Geschichte des Zahlbegriffs, BI Hochschultaschenbuch 172/172a*, Mannheim 1970).

2.8 LITERATURHINWEIS

Mit dem folgenden Literaturhinweis, den ich aus der Urfassung des Skriptums übernehme, wollte ich meine damaligen Hörer anregen, einen ersten Versuch mit englischsprachiger Fachliteratur zu wagen:

Es ist für den Anfänger nicht leicht, Bücher zu benutzen, weil jedes Buch seine eigene Bezeichnungsweise hat und auch in den Definitionen gelegentlich leichte, aber irritierende Unterschiede vorkommen. Man bemüht sich schon um eine einheitliche Terminologie, aber gerade in einem Gebiet wie der Linearen Algebra, das in fast allen Bereichen der Mathematik benötigt wird, sind solche Bezeichnungsunterschiede nicht zu vermeiden. Wenn man — nur als Beispiel — daran denkt, dass Lineare Algebra in so verschiedenen Gebieten wie Numerische Lösung von Gleichungssystemen, Homologische Algebra, Differentialtopologie benutzt wird, so muss man noch dankbar sein für das Maß an Einheitlichkeit, das immerhin da ist!

Sich neben der Vorlesung in ein Buch "einzulesen" erfordert also etwas Geduld, Papier und Kugelschreiber und übrigens auch Vertrauen in die Qualität eines Buches. Dieses Vertrauen dürfen Sie gewiss haben bei P.R. Halmos,

Finite-Dimensional Vector Spaces (Nr. [5] unseres Literaturverzeichnisses). Halmos ist berühmt für seine vorzügliche Darstellungsweise: Verständlich, nicht trocken und trotzdem knapp. Machen Sie doch einen Versuch! Unser § 2 entspricht bei Halmos den §§ 1-4 und § 10, das sind insgesamt sieben Seiten. Versuchen Sie einmal diese sieben Seiten zu lesen, um mit dem Buch vertraut zu werden. Unsere Bezeichnungen stimmen mit den Halmos'schen sehr gut überein. Kleinere Unterschiede: Halmos bezeichnet Körper mit $\mathcal{F}$, weil der englische Ausdruck für Körper (im mathematischen Sinne) "field" ist. Statt $\mathbb{Q}, \mathbb{R}, \mathbb{C}, \mathbb{Z}$, schreibt Halmos $\mathcal{Q}, \mathcal{R}, \mathcal{C}, \mathcal{Z}$. Vektorraum heißt auf Englisch "vector space", und Vektorunterraum heißt bei Halmos "subspace" oder "linear manifold". Die meisten Fachausdrücke übersetzen sich sowieso von selber: scalar - Skalar, product - Produkt, prime number - Primzahl etc. Also keine Angst!

2.9 ÜBUNGEN

ÜBUNGEN FÜR MATHEMATIKER:

AUFGABE 2.1: Die in der Definition des Vektorraums als Axiome festgehaltenen Rechenregeln sind natürlich nicht alle Rechenregeln, die man sich denken kann; im Gegenteil: Bei der Aufstellung eines Axiomensystems ist man bestrebt, möglichst *wenige* und möglichst *einfache* Axiome so auszuwählen, dass man alle anderen Regeln, die man sich für den Begriff "wünscht", aus den Axiomen folgern kann. So kommt z.B. die Gleichung $x + (y - x) = y$ nicht als Axiom vor, lässt sich aber aus den Axiomen leicht beweisen:

$$\begin{aligned}
x + (y - x) &= x + (-x + y) && \text{(nach Axiom 2)} \\
&= (x - x) + y && \text{(Axiom 1)} \\
&= 0 + y && \text{(Axiom 4)} \\
&= y + 0 && \text{(Axiom 2)} \\
&= y && \text{(Axiom 3).}
\end{aligned}$$

Das soll aber nicht heißen, dass Sie zu jeder Seite linearer Algebra noch zehn Seiten "Zurückführung auf die Axiome" schreiben müssten. Nach ein wenig Übung kann angenommen werden, dass Sie die Reduktion Ihrer Rechnungen auf die Axiome jederzeit vornehmen könnten, und sie braucht nicht extra erwähnt und beschrieben zu werden. Diese Übung sollen sie gerade durch die vorliegende Aufgabe erwerben.

Man beweise: Ist V ein Vektorraum über $\mathbb{K} = \mathbb{R}$ oder $\mathbb{K} = \mathbb{C}$, so gilt für alle $x \in V$ und alle $\lambda \in \mathbb{K}$:

(a) $0 + x = x$
(b) $-0 = 0$
(c) $\lambda 0 = 0$
(d) $0x = 0$
(e) $\lambda x = 0 \Longleftrightarrow \lambda = 0$ oder $x = 0$
(f) $-x = (-1)x$

(a) - (f) gelten übrigens auch für Vektorräume über einem beliebigen Körper. Die Einschränkung $\mathbb{K} = \mathbb{R}$ oder $\mathbb{C}$ dient nur zur Verminderung der Schreibarbeit bei der Lösung der Aufgabe.

Aufgabe 2.2: Für $\alpha \in \mathbb{K}$ definieren wir

$$U_\alpha := \{(x_1, x_2, x_3) \in \mathbb{K}^3 \mid x_1 + x_2 + x_3 = \alpha\}.$$

Man beweise: U_α ist genau dann ein Untervektorraum von $\mathbb{K}^3$, wenn $\alpha = 0$ ist.

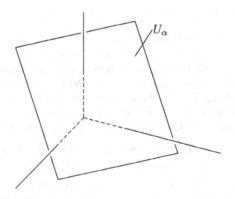

Aufgabe 2.3: Sei V ein Vektorraum über $\mathbb{K}$ und U_1, U_2 Untervektorräume von V. Man zeige: Ist $U_1 \cup U_2 = V$, dann ist $U_1 = V$ oder $U_2 = V$. (Dies ist eine besonders hübsche Aufgabe. Man kann den Beweis in drei Zeilen unterbringen!)

DIE *-AUFGABE:

AUFGABE 2*: Gelten für $(\mathbb{K}, +, \cdot)$ alle Körperaxiome (vergl. Definition auf Seite 35) mit möglicher Ausnahme des Axioms (8), so nennt man $(\mathbb{K}, +, \cdot)$ einen "kommutativen Ring mit Einselement". Kann darüber hinaus $\lambda\mu = 0$ nur eintreten wenn $\lambda = 0$ oder $\mu = 0$ gilt, so ist $\mathbb{K}$ ein "nullteilerfreier kommutativer Ring mit Einselement" oder kurz ein "Integritätsbereich". Man beweise: Jeder endliche Integritätsbereich ist ein Körper.

ÜBUNGEN FÜR PHYSIKER:

AUFGABE 2.1P: In einem dreidimensionalen euklidischen Vektorraum sei (e_1, e_2, e_3) eine orthonormale Basis. Es seien x, y Vektoren mit $x = 3e_1 + 4e_2$, $\|y\| = 5$ und $\langle y, e_3 \rangle \neq 0$. Man berechne aus diesen Daten den Cosinus des Öffnungswinkels zwischen $x + y$ und $x - y$. Warum kann die Aufgabe im Fall $\langle y, e_3 \rangle = 0$ sinnlos werden?

AUFGABE 2.2P: Sei (e_1, e_2) eine orthonormale Basis in einem zweidimensionalen euklidischen Vektorraum V, d.h. $\|e_1\| = \|e_2\| = 1$, $\langle e_1, e_2 \rangle = 0$ und alle Vektoren von V sind von der Form $\lambda_1 e_1 + \lambda_2 e_2$. Sei $x = e_1 + e_2$. Man beweise: $V_\alpha := \{v \in V \mid \langle v, x \rangle = \alpha\}$, $\alpha \in \mathbb{R}$, ist genau dann ein Untervektorraum von V, wenn $\alpha = 0$ ist. Man fertige eine Skizze an, auf der e_1, e_2 und V_1 zu sehen sind.

AUFGABE 2.3P: = Aufgabe 2.3 (für Mathematiker).

3. Dimensionen

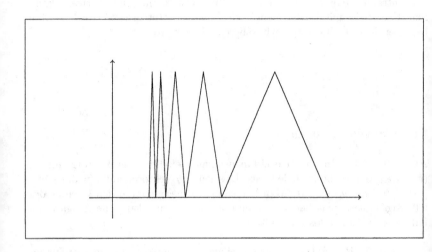

3.1 LINEARE UNABHÄNGIGKEIT

Sei V ein Vektorraum über $\mathbb{K}$, seien $v_1, \ldots, v_r \in V$, also "Vektoren", und $\lambda_1, \ldots, \lambda_r \in \mathbb{K}$, also "Skalare". Dann nennt man $\lambda_1 v_1 + \cdots + \lambda_r v_r \in V$ eine *Linearkombination* der Vektoren $v_1, \ldots, v_r$.

Definition: Seien $v_1, \ldots, v_r \in V$. Die Menge

$$L(v_1, \ldots, v_r) := \{\lambda_1 v_1 + \cdots + \lambda_r v_r \mid \lambda_i \in \mathbb{K}\} \subset V$$

aller *Linearkombinationen* von $v_1, \ldots, v_r$ heißt die *lineare Hülle* des r-tupels $(v_1, \ldots, v_r)$ von Vektoren. Für das "0-tupel", das aus keinem Vektor besteht und mit $\emptyset$ bezeichnet wurde, setzen wir $L(\emptyset) := \{0\}$.

Die Konvention besagt also, dass man den Nullvektor auch "aus dem Nichts" linearkombinieren kann. Wenn wir im folgenden von r-tupeln von Vektoren sprechen, soll das 0-tupel $\emptyset$ als möglicher Fall auch stets zugelassen sein.

Da die Summe zweier Linearkombinationen von $v_1, \ldots, v_r$ wieder eine Linearkombination von $v_1, \ldots, v_r$ ist:

$$(\lambda_1 v_1 + \cdots + \lambda_r v_r) + (\mu_1 v_1 + \cdots + \mu_r v_r) = (\lambda_1 + \mu_1)v_1 + \cdots + (\lambda_r + \mu_r)v_r,$$

und da ferner für jedes $\lambda \in \mathbb{K}$ das λ-fache einer Linearkombination von $v_1, \ldots, v_r$ wieder eine solche ist:

$$\lambda(\lambda_1 v_1 + \cdots + \lambda_r v_r) = (\lambda\lambda_1)v_1 + \cdots + (\lambda\lambda_r)v_r,$$

und da schließlich $L(v_1, \ldots, v_r)$ nicht leer ist, so ist $L(v_1, \ldots, v_r)$ ein Untervektorraum von V. Wir notieren das:

Notiz: $L(v_1, \ldots, v_r)$ ist ein Untervektorraum von V.

Ein r-tupel $(v_1, \ldots, v_r)$ von Elementen eines Vektorraums V heißt *linear abhängig*, wenn man einen dieser Vektoren aus den anderen linearkombinieren kann. Diesen Vektor kann man dann ohne Schaden für die lineare Hülle weglassen: die lineare Hülle der restlichen Vektoren ist dasselbe wie die lineare Hülle von $(v_1, \ldots, v_r)$. Wenn $(v_1, \ldots, v_r)$ *nicht* linear abhängig ist, dann nennt man es eben *linear unabhängig*. Für das praktische Umgehen mit dem Begriff der linearen Unabhängigkeit ist jedoch eine etwas andere, mehr "technische" Formulierung der Definition zweckmäßig. Wir werden uns aber gleich anschließend davon überzeugen, dass die beiden Formulierungen auf dasselbe hinauslaufen.

Definition: Sei V ein Vektorraum über $\mathbb{K}$. Ein r-tupel $(v_1, \ldots, v_r)$ von Vektoren in V heißt *linear unabhängig*, wenn eine Linearkombination von $(v_1, \ldots, v_r)$ nur dann Null sein kann, wenn alle "Koeffizienten" verschwinden, d.h. wenn aus $\lambda_1 v_1 + \cdots + \lambda_r v_r = 0$ stets folgt, dass $\lambda_1 = \cdots = \lambda_r = 0$ ist. Das 0-tupel $\emptyset$ ist linear unabhängig.

Bemerkung 1: $(v_1, \ldots, v_r)$ ist genau dann linear unabhängig, wenn keiner dieser Vektoren Linearkombination der übrigen ist.

BEWEIS: Wir haben zweierlei zu beweisen:

(a): $(v_1, \ldots, v_r)$ linear unabhängig $\Longrightarrow$ kein v_i ist Linearkombination der anderen.

(b): kein v_i ist Linearkombination der anderen $\Longrightarrow$ $(v_1, \ldots, v_r)$ linear unabhängig.

Zu (a): Sei also $(v_1, \ldots, v_r)$ linear unabhängig. Angenommen, es gäbe ein i mit $v_i = \lambda_1 v_1 + \cdots + \lambda_{i-1} v_{i-1} + \lambda_{i+1} v_{i+1} + \cdots + \lambda_r v_r$. (Das ist eine allgemein akzeptierte Weise, das Weglassen des i-ten Terms in der Summe anzudeuten, obwohl man z.B. für $i = 1$ nicht gut so schreiben könnte.) Dann wäre aber die Linearkombination

$$\lambda_1 v_1 + \cdots + \lambda_{i-1} v_{i-1} + (-1) v_i + \lambda_{i+1} v_{i+1} + \cdots + \lambda_r v_r$$

gleich Null, obwohl nicht alle Koeffizienten Null sind, da ja $-1 \neq 0$. Widerspruch zur linearen Unabhängigkeit von $(v_1, \ldots, v_r)$. Damit ist (a) bewiesen. Zu (b): Sei also keines der v_i Linearkombination der übrigen Vektoren in $(v_1, \ldots, v_r)$. Angenommen, $(v_1, \ldots, v_r)$ wäre linear *abhängig*. Dann gibt es $\lambda_1, \ldots, \lambda_r \in \mathbb{K}$ mit $\lambda_i \neq 0$ für wenigstens ein i und $\lambda_1 v_1 + \cdots + \lambda_r v_r = 0$. Daraus folgt aber

$$v_i = -\frac{\lambda_1}{\lambda_i} v_1 - \cdots - \frac{\lambda_{i-1}}{\lambda_i} v_{i-1} - \frac{\lambda_{i+1}}{\lambda_i} v_{i+1} - \cdots - \frac{\lambda_r}{\lambda_i} v_r,$$

also ist v_i Linearkombination der übrigen Vektoren, Widerspruch. Damit ist auch (b) bewiesen. $\qquad \Box$

Definition: Sei V ein Vektorraum über $\mathbb{K}$. Ein n-tupel $(v_1, \ldots, v_n)$ von Vektoren in V heißt *Basis* von V, wenn es linear unabhängig ist und $L(v_1, \ldots, v_n) = V$ erfüllt.

Ist $(v_1, \ldots, v_n)$ eine Basis, so kann man jedes Element $v \in V$ als eine Linearkombination $v = \lambda_1 v_1 + \cdots + \lambda_n v_n$ schreiben, man kann so den ganzen Vektorraum mittels der Vektoren $v_1, \ldots, v_n$ "erzeugen" oder "aufspannen" (so nennt man das). Das folgt aber schon alleine aus $L(v_1, \ldots, v_n) = V$, warum wird außerdem noch gefordert, $(v_1, \ldots, v_n)$ solle linear unabhängig sein? Nun, diese Bedingung bewirkt gerade, dass sich jedes $v \in V$ auf genau *eine* Weise als $\lambda_1 v_1 + \cdots + \lambda_n v_n$ schreiben lässt:

Bemerkung 2: Ist $(v_1, \ldots, v_n)$ eine Basis von V, dann gibt es zu jedem $v \in V$ *genau* ein $(\lambda_1, \ldots, \lambda_n) \in \mathbb{K}^n$, für das $v = \lambda_1 v_1 + \cdots + \lambda_n v_n$ gilt.

BEWEIS: Da $L(v_1, \ldots, v_n) = V$, gibt es jedenfalls zu jedem $v \in V$ ein solches $(\lambda_1, \ldots, \lambda_n) \in \mathbb{K}^n$. Sei $(\mu_1, \ldots, \mu_n)$ ein weiteres, also

$$v = \lambda_1 v_1 + \cdots + \lambda_n v_n = \mu_1 v_1 + \cdots + \mu_n v_n.$$

Dann ist $(\lambda_1 - \mu_1)v_1 + \cdots + (\lambda_n - \mu_n)v_n = v - v = 0$; wegen der linearen Unabhängigkeit von $(v_1, \ldots, v_n)$ folgt daraus $\lambda_i - \mu_i = 0$, also $\lambda_i = \mu_i$ für $i = 1, \ldots, n$. □

In gewissem Sinne kann man sagen, dass man einen Vektorraum kennt, wenn man eine Basis von ihm kennt. Am $\mathbb{R}^n$ lässt sich das nicht gut erläutern, denn den "kennen" wir ja sowieso, aber zur Beschreibung von *Untervektorräumen*, z.B. Lösungsräumen von Gleichungssystemen, ist die Angabe einer Basis oft das beste Mittel der Beschreibung, darauf werden wir in § 7 (Lineare Gleichungssysteme) zurückkommen. In erster Linie aber brauchen wir den Basisbegriff in diesem Skriptum, um die *Matrizenrechnung* für die lineare Algebra nutzbar zu machen.

Einfachstes konkretes Beispiel für eine Basis eines Vektorraumes über $\mathbb{K}$ ist die so genannte *kanonische Basis* $(e_1, \ldots, e_n)$ des $\mathbb{K}^n$:

$$e_1 := (1, 0, \ldots, 0)$$
$$e_2 := (0, 1, \ldots, 0)$$
$$\vdots$$
$$e_n := (0, \ldots, 0, 1)$$

Kanonische Basis in $\mathbb{R}^1, \mathbb{R}^2$ und $\mathbb{R}^3$:

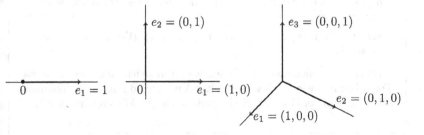

3.2 Der Dimensionsbegriff

Wir wollen jetzt den Begriff der *Dimension* eines Vektorraumes einführen und über die Dimension von Untervektorräumen und Durchschnitten von Untervektorräumen sprechen. Grundlage dazu ist ein etwas "technischer" Hilfssatz, der so genannte *Basisergänzungssatz*. Später, wenn Ihnen die Grundbegriffe der Linearen Algebra völlig vertraut und geläufig sind, geht dieser Satz in Ihren allgemeinen Kenntnissen mit auf und Sie vergessen vielleicht, dass dieser Sachverhalt einmal einen besonderen Namen hatte und "Basisergänzungssatz" hieß. Im Augenblick ist er aber der Schlüssel zu allen in diesem Paragraphen noch zu behandelnden Begriffen und Ergebnissen (und übrigens auch zu den Übungsaufgaben).

Basisergänzungssatz: Sei V ein Vektorraum über $\mathbb{K}$, und $v_1, \ldots, v_r$, $w_1, \ldots, w_s$ Vektoren in V. Ist $(v_1, \ldots, v_r)$ linear unabhängig und $L(v_1, \ldots, v_r, w_1, \ldots, w_s) = V$, dann kann man $(v_1, \ldots, v_r)$ durch eventuelle Hinzunahme geeigneter Vektoren aus $(w_1, \ldots, w_s)$ zu einer Basis von V ergänzen.

Als Folgerung aus dem Basisergänzungssatz ergibt sich das Austauschlemma:

Austauschlemma: Sind $(v_1, \ldots, v_n)$ und $(w_1, \ldots, w_m)$ Basen eines Vektorraums V über $\mathbb{K}$, so gibt es zu jedem v_i ein w_j, so dass aus $(v_1, \ldots, v_n)$ wieder eine Basis entsteht, wenn man v_i durch w_j ersetzt.

Den Beweis des Basisergänzungssatzes sowie den Beweis des Austauschlemmas als eine Folgerung ("Korollar") aus dem Basisergänzungssatz wollen wir in den Abschnitt 3.4 verschieben — nicht weil diese Beweise schwierig wären, sondern weil ich bei dieser Gelegenheit auf gewisse Formulierungsfragen eingehen möchte, was jetzt hier den Gang der Handlung stören würde.

Satz 1: Sind $(v_1, \ldots, v_n)$ und $(w_1, \ldots, w_m)$ Basen von V, so ist $n = m$.

Beweis: Angenommen, die Basen wären ungleich lang, also $n \neq m$. Dann könnten wir durch wiederholtes Anwenden des Austauschlemmas alle Vektoren der längeren Basis gegen solche der kürzeren austauschen und erhielten eine Basis, in der wenigstens ein Vektor doppelt vorkommen muss, was wegen der linearen Unabhängigkeit einer jeden Basis nicht sein kann. □

Je zwei Basen ein und desselben Vektorraumes sind also gleich lang, und daher ermöglicht der Satz 1 die folgende Definition:

Definition: Besitzt der Vektorraum V über $\mathbb{K}$ eine Basis $(v_1, \ldots, v_n)$, so heißt n die *Dimension* von V, abgekürzt $\dim V$.

Notiz: $\dim \mathbb{K}^n = n$, weil z.B. die kanonische Basis die Länge n hat.

Zu entscheiden, ob ein gegebenes r-tupel $(v_1, \ldots, v_r)$ von Vektoren in V linear abhängig oder unabhängig ist, kann gelegentlich allerhand Rechnungen erfordern. Es ist deshalb sehr lohnend, sich zu merken, dass in einem Vektorraum V mit $\dim V = n$ *jedes* r-tupel mit $r > n$ linear abhängig ist!

Satz 2: Sei $(v_1, \ldots v_r)$ ein r-tupel von Vektoren in V und $r > \dim V$. Dann ist $(v_1, \ldots, v_r)$ linear abhängig.

BEWEIS: Ist $(w_1, \ldots, w_n)$ eine Basis von V, so ist $L(w_1, \ldots, w_n) = V$, also erst recht $L(v_1, \ldots, v_r, w_1, \ldots, w_n) = V$. Wäre nun $(v_1, \ldots, v_r)$ linear *un*abhängig, so könnten wir $(v_1, \ldots, v_r)$ nach dem Basisergänzungssatz durch eventuelle Hinzunahme von Vektoren aus $(w_1, \ldots, w_n)$ zu einer Basis ergänzen und erhielten so eine Basis, deren Länge mindestens r ist. Das ist ein Widerspruch zu $r > \dim V$. □

Wenn man also über lineare Abhängigkeit oder Unabhängigkeit eines r-tupels in V befinden will, dann ist es ratsam, nachzusehen, ob vielleicht $r > \dim V$ ist. Vier Vektoren im $\mathbb{R}^3$ sind eben immer linear abhängig, usw.

Der Satz 2 verhilft uns noch zu einer anderen Einsicht: dass es nämlich Vektorräume gibt, die keine (endliche) Basis haben und für die deshalb auch keine Dimension erklärt ist. Dazu betrachten wir das Beispiel eines reellen Vektorraumes, das in § 2 schon vorgekommen war: Sei M der reelle Vektorraum der Funktionen auf $[-1, 1]$. Für jede ganze Zahl $n > 0$ sei $f_n \in M$

die Funktion mit dem folgenden Graphen

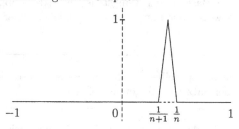

Da $\lambda_1 f_1 + \cdots + \lambda_k f_k$ an der Stelle $\frac{1}{2}(\frac{1}{i} + \frac{1}{i+1})$ den Wert λ_i annimmt, ist für jedes k das k-tupel $(f_1, \ldots, f_k)$ linear unabhängig . Wenn nun M eine Basis $(v_1, \ldots, v_n)$ hätte, dann müsste (nach Satz 2) $k \leq n$ sein, und zwar für alle $k > 0$, was offenbar nicht möglich ist. –

Man kann einen erweiterten Basisbegriff einführen, bei dem auch unendliche Basen zugelassen sind, und es lässt sich dann beweisen, dass *jeder* Vektorraum eine Basis besitzt. Darauf wollen wir hier nicht weiter eingehen, sondern uns nur die Sprechweise zu eigen machen:

Definition: Besitzt V für kein n, $0 \leq n < \infty$, eine Basis $(v_1, \ldots, v_n)$, so heißt V ein *unendlichdimensionaler* Vektorraum, und man schreibt $\dim V = \infty$.

Als letzten Gegenstand dieses Paragraphen wollen wir nun die *Dimensionen von Untervektorräumen* endlichdimensionaler Vektorräume behandeln. Als Antwort auf die allernaheliegendste Frage haben wir

---

Bemerkung 3: Ist V endlichdimensional und $U \subset V$ ein Untervektorraum, so ist auch U endlichdimensional.

BEWEIS: Ist $(v_1, \ldots, v_r)$ linear unabhängig, dann ist $r \leq \dim V$ nach dem Satz 2. Also gibt es ein größtes r, für welches man ein linear unabhängiges r-tupel $(v_1, \ldots, v_r)$ in U finden kann. Für ein solches r-tupel gilt dann aber auch $L(v_1, \ldots, v_r) = U$, denn für jedes $u \in U$ ist $(v_1, \ldots, v_r, u)$ linear abhängig, also gibt es eine nichttriviale Linearkombination $\lambda_1 v_1 + \cdots + \lambda_r v_r + \lambda u = 0$, und darin ist $\lambda \neq 0$, denn sonst wäre $\lambda_1 v_1 + \cdots + \lambda_r v_r = 0$ eine nichttriviale Linearkombination. Also ist $u = -\frac{\lambda_1}{\lambda} v_1 - \cdots - \frac{\lambda_r}{\lambda} v_r \in L(v_1, \ldots, v_r)$. Damit haben wir $(v_1, \ldots, v_r)$ als Basis von U erkannt, also ist U endlichdimensional. □

Eine Basis $(v_1, \ldots, v_r)$ von U ist natürlich genau dann auch Basis von V, wenn $U = V$ ist. In jedem Fall aber können wir nach dem Basisergänzungssatz $(v_1, \ldots, v_r)$ zu einer Basis von V ergänzen — man wende den Basisergänzungssatz auf $(v_1, \ldots, v_r, w_1, \ldots w_n)$ an, wo $(w_1, \ldots, w_n)$ eine Basis von V ist. Im Falle $U \neq V$ muss $(v_1, \ldots v_r)$ dabei echt verlängert werden, woraus sich ergibt

---

Bemerkung 4: Ist U Untervektorraum des endlichdimensionalen Vektorraums V, so ist $\dim U < \dim V$ gleichbedeutend mit $U \neq V$.

Seien nun U_1 und U_2 zwei Untervektorräume von V. Dann ist auch $U_1 \cap U_2$ ein Untervektorraum, und wir wollen versuchen, eine Aussage über dessen Dimension zu machen. Zunächst bemerkt man, dass $\dim U_1 \cap U_2$ nicht nur von $\dim U_1$ und $\dim U_2$ abhängen kann:

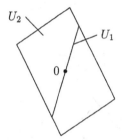 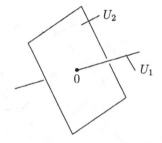

$$\dim U_1 = 1, \quad \dim U_2 = 2, \qquad\qquad \dim U_1 = 1, \quad \dim U_2 = 2,$$
$$\dim U_1 \cap U_2 = 1. \qquad\qquad\qquad\qquad \dim U_1 \cap U_2 = 0.$$

Es kommt also auch auf die gegenseitige Lage der beiden Untervektorräume zueinander an. Wie kann man das präzisieren? Dazu führen wir den Begriff der *Summe zweier Untervektorräume* ein:

Definition: Sind U_1, U_2 Untervektorräume von V, so heißt

$$U_1 + U_2 := \{ x + y \mid x \in U_1, y \in U_2 \} \subset V$$

die *Summe* von U_1 und U_2.

Die Summe $U_1 + U_2$ ist natürlich wieder ein Untervektorraum. Um sich etwas an diesen neuen Begriff zu gewöhnen, überlege man sich zum Beispiel, warum die Aussagen $U + U = U$, $U + \{0\} = U$ und $U \subset U + U'$ richtig sind — und wer noch etwas mehr Zeit hat, sollte sich auch $U + U' = U \iff U' \subset U$ klarmachen.

Satz 3 (Dimensionsformel für Untervektorräume): Sind U_1 und U_2 endlichdimensionale Untervektorräume von V, so gilt

$$\dim(U_1 \cap U_2) + \dim(U_1 + U_2) = \dim U_1 + \dim U_2.$$

BEWEIS: Geschieht mit Hilfe des Basisergänzungssatzes. Wir wählen zuerst eine Basis $(v_1, \ldots, v_r)$ von $U_1 \cap U_2$ und ergänzen sie einmal zu einer Basis $(v_1, \ldots, v_r, w_1, \ldots w_s)$ von U_1 und ein zweites Mal zu einer Basis $(v_1, \ldots, v_r, z_1, \ldots z_t)$ von U_2.

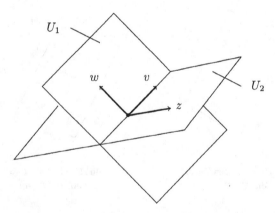

Dann ist $(v_1, \ldots, v_r, w_1, \ldots, w_s, z_1, \ldots, z_t)$ eine Basis von $U_1 + U_2$. Warum? Nun: offenbar ist $L(v_1, \ldots, z_t) = U_1 + U_2$, wir müssen nur zeigen, dass $(v_1, \ldots, z_t)$ linear unabhängig ist. Sei also

$$\lambda_1 v_1 + \cdots + \lambda_r v_r + \mu_1 w_1 + \cdots + \mu_s w_s + \nu_1 z_1 + \cdots + \nu_t z_t = 0.$$

Dann wäre $\nu_1 z_1 + \cdots + \nu_t z_t \in U_1 \cap U_2$, denn aus U_2 ist es sowieso und dass es in U_1 liegt, folgt aus $\nu_1 z_1 + \cdots + \nu_t z_t = -\lambda_1 v_1 - \cdots - \mu_s w_s$. Dann wäre aber $\nu_1 z_1 + \cdots + \nu_t z_t = \alpha_1 v_1 + \cdots + \alpha_r v_r$ für geeignete $\alpha_1, \ldots, \alpha_r$, weil $(v_1, \ldots, v_r)$ Basis von $U_1 \cap U_2$ ist. Daraus folgt, daß all die ν's und α's Null sind, nämlich wegen der linearen Unabhängigkeit von $(v_1, \ldots, v_r, z_1, \ldots, z_t)$, also ist

$$\lambda_1 v_1 + \cdots + \lambda_r v_r + \mu_1 w_1 + \cdots + \mu_s w_s = 0,$$

und daher verschwinden auch die λ's und die μ's. Also ist $(v_1, \ldots, z_t)$ linear unabhängig und damit eine Basis, wie wir zeigen wollten. Nun wissen wir also: $\dim U_1 \cap U_2 = r$, $\dim U_1 = r + s$, $\dim U_2 = r + t$ und $\dim(U_1 + U_2) = r + s + t$, und daraus folgt die zu beweisende Formel

$$\dim(U_1 \cap U_2) + \dim(U_1 + U_2) = \dim U_1 + \dim U_2.$$

□

3.3 TEST

(1) Für welches der folgenden Objekte hat die Aussage einen Sinn, es sei "linear abhängig" bzw. "linear unabhängig":

☐ Ein n-tupel $(v_1, \ldots, v_n)$ von Elementen eines Vektorraums.
☐ Ein n-tupel $(v_1, \ldots, v_n)$ von reellen Vektorräumen.
☐ Eine Linearkombination $\lambda_1 v_1 + \cdots + \lambda_n v_n$.

(2) Seien $v_1, \ldots, v_n \in V$. Was bedeutet $L(v_1, \ldots, v_n) = V$:

☐ Jede Linearkombination $\lambda_1 v_1 + \cdots + \lambda_n v_n$ ist Element von V.
☐ Jedes Element von V ist Linearkombination $\lambda_1 v_1 + \cdots + \lambda_n v_n$.
☐ Die Dimension von V ist n.

(3) Falls (v_1, v_2, v_3) ein linear unabhängiges Tripel von Vektoren in V ist, dann ist

☐ (v_1, v_2) linear abhängig.
☐ (v_1, v_2) für manche (v_1, v_2, v_3) linear abhängig, für andere linear unabhängig.
☐ (v_1, v_2) stets linear unabhängig.

(4) Die kanonische Basis von $\mathbb{K}^n$ ist definiert durch

☐ $(e_1, \ldots, e_n) = (1, \ldots, 1)$.
☐ $e_i = (0, \ldots, 0, \underset{\nwarrow\ i\text{-te Stelle}}{1}, 0, \ldots, 0)$, $\quad i = 1, \ldots, n$.
☐ $e_i = (1, \ldots, 1, \underset{\nwarrow\ i\text{-te Stelle}}{0}, 1, \ldots, 1)$, $\quad i = 1, \ldots, n$.

(5) Welche der folgenden Aussagen bedeutet die lineare Unabhängigkeit des n-tupels $(v_1, \ldots, v_n)$ von Elementen von V:

☐ $\lambda_1 v_1 + \cdots + \lambda_n v_n = 0$ nur wenn $\lambda_1 = \cdots = \lambda_n = 0$.

☐ Wenn $\lambda_1 = \cdots = \lambda_n = 0$, dann $\lambda_1 v_1 + \cdots + \lambda_n v_n = 0$.

☐ $\lambda_1 v_1 + \cdots + \lambda_n v_n = 0$ für alle $(\lambda_1, \ldots, \lambda_n) \in \mathbb{K}^n$.

(6) Beim Basisergänzungssatz wird ein linear unabhängiges r-tupel von Vektoren durch Vektoren aus einem s-tupel von Vektoren zu einer Basis ergänzt (vorausgesetzt, dass die Vektoren alle zusammen den Raum erzeugen). Wie lautet der Basisergänzungssatz für den Fall $r = 0$?

☐ Ist $L(w_1, \ldots, w_s) = V$, dann kann man $(w_1, \ldots, w_s)$ zu einer Basis von V ergänzen.

☐ Ist $(w_1, \ldots, w_s)$ linear unabhängig, dann gibt es eine Basis, die aus Vektoren von $(w_1, \ldots, w_s)$ besteht.

☐ Ist $L(w_1, \ldots, w_s) = V$, dann gibt es eine Basis, die aus Vektoren von $(w_1, \ldots, w_s)$ besteht.

(7) Der nur aus der Null bestehende Vektorraum $V = \{0\}$

☐ hat die Basis (0) ☐ hat die Basis $\emptyset$ ☐ hat gar keine Basis

(8) Würde man $U_1 - U_2 := \{x - y \mid x \in U_1, y \in U_2\}$ für Untervektorräume $U_1, U_2 \subset V$ definieren, so würde gelten

☐ $U - U = \{0\}$

☐ $(U_1 - U_2) + U_2 = U_1$

☐ $U_1 - U_2 = U_1 + U_2$

(9) Es gilt stets

☐ $(U_1 + U_2) + U_3 = U_1 + (U_2 + U_3)$

☐ $U_1 \cap (U_2 + U_3) = (U_1 \cap U_2) + (U_1 \cap U_3)$

☐ $U_1 + (U_2 \cap U_3) = (U_1 + U_2) \cap (U_1 + U_3)$

(10) Untervektorräume $U_1, U_2 \subset V$ heißen transversal (zueinander), wenn $U_1 + U_2 = V$ ist, und $\operatorname{codim} U := \dim V - \dim U$ nennt man die Codimension von U in V. Für transversale U_1, U_2 gilt:

☐ $\dim U_1 + \dim U_2 = \dim U_1 \cap U_2$

☐ $\dim U_1 + \dim U_2 = \operatorname{codim} U_1 \cap U_2$

☐ $\operatorname{codim} U_1 + \operatorname{codim} U_2 = \operatorname{codim} U_1 \cap U_2$

3.4 BEWEIS DES BASISERGÄNZUNGSSATZES

UND DES AUSTAUSCHLEMMAS

EIN ABSCHNITT FÜR MATHEMATIKER

BEWEIS DES BASISERGÄNZUNGSSATZES: Der Satz behauptet: *Ist* V *ein Vektorraum über* $\mathbb{K}$*, ist* $L(v_1, \ldots, v_r, w_1, \ldots, w_s) = V$ *und ist* $(v_1, \ldots, v_r)$ *linear unabhängig, dann kann man* $(v_1, \ldots, v_r)$ *durch eventuelle Hinzunahme geeigneter Vektoren aus* $(w_1, \ldots, w_s)$ *zu einer Basis von* V *ergänzen.* Dabei sind die Fälle $r = 0$ und $s = 0$ auch zugelassen, das leere "0-tupel" gilt als linear unabhängig und $L(\emptyset) = \{0\}$). Wir führen den Beweis durch Induktion nach s. Im Falle $s = 0$ (Induktionsbeginn) ist nichts zu beweisen, weil dann schon $(v_1, \ldots, v_r)$ eine Basis ist. Wir haben zu zeigen: Wenn der Satz für $s = n$ richtig ist (Induktionsannahme), dann ist er auch für $s = n+1$ richtig. Sei also $(v_1, \ldots, v_r, w_1, \ldots, w_{n+1})$ mit $L(v_1, \ldots, w_{n+1}) = V$ und $(v_1, \ldots, v_r)$ linear unabhängig gegeben.

Falls schon $L(v_1, \ldots, v_r) = V$ ist, so ist $(v_1, \ldots, v_r)$ eine Basis und die Behauptung in diesem Falle bewiesen. Sei also $L(v_1, \ldots, v_r) \neq V$. Dann ist mindestens eines der w_i nicht in $L(v_1, \ldots, v_r)$ enthalten, denn sonst wäre $L(v_1, \ldots, v_r) = L(v_1, \ldots, v_r, w_1, \ldots, w_{n+1}) = V$. Für ein solches w_i ist dann aber $(v_1, \ldots, v_r, w_i)$ linear unabhängig, denn aus $\lambda_1 v_1 + \cdots + \lambda_r v_r + \lambda w_i = 0$ folgt zunächst $\lambda = 0$, sonst wäre $w_i \in L(v_1, \ldots, v_r)$, und damit weiter $\lambda_1 = \cdots = \lambda_r = \lambda = 0$, weil $(v_1, \ldots, v_r)$ linear unabhängig. Nach Induktionsannahme kann man nun $(v_1, \ldots, v_r, w_i)$ durch Auswahl geeigneter Vektoren aus $(w_1, \ldots, w_{i-1}, w_{i+1}, \ldots, w_{n+1})$ zu einer Basis ergänzen, womit dann die gewünschte Ergänzung von $(v_1, \ldots, v_r)$ zu einer Basis gefunden ist. $\square$

Wir wollen einmal anhand dieses Beweises über einige reine Formulierungsfragen sprechen. In dem Satz heißt es: "... dann kann man $(v_1, \ldots, v_r)$ durch eventuelle Hinzunahme geeigneter Vektoren aus $(w_1, \ldots, w_s)$ zu einer Basis von V ergänzen." Wenn die mathematische Situation etwas verwikkelter wird, kommt man mit solcher verbaler Beschreibung (die in einfachen Fällen durchaus vorzuziehen ist!) nicht mehr aus. Wie würde eine formalere Notation aussehen? Wenn man die Vektoren $a_1, \ldots, a_k$ zu $(v_1, \ldots, v_r)$ "hinzufügt", so entsteht natürlich das $r + k$-tupel $(v_1, \ldots, v_r, a_1, \ldots, a_k)$. Wie aber notiert man, dass die $a_1, \ldots, a_k$ aus $(w_1, \ldots, w_s)$ genommen sind? Man kann ja nicht $w_1, \ldots, w_k$ schreiben, denn vielleicht handelt es sich gar nicht um die ersten k Vektoren des s-tupels $(w_1, \ldots, w_s)$.

Wenn man eine Auswahl von Vektoren aus $(w_1, \ldots, w_s)$ beschreiben will, dann muss man *"indizierte Indices"* benutzen: Jedes k-tupel, das aus Vektoren von $(w_1, \ldots, w_s)$ zusammengestellt ist, muss sich ja als $(w_{i_1}, \ldots, w_{i_k})$ schreiben lassen, wobei die i_α ganze Zahlen mit $1 \leq i_\alpha \leq s$ sind. Wenn man außerdem noch will, dass keines der w_i mehrfach benutzt werden darf, muss man voraussetzen, dass die i_α paarweise verschieden sind, also $i_\alpha \neq i_\beta$ für $\alpha \neq \beta$.

Wir müssten den Basisergänzungssatz also so formulieren: "Basisergänzungssatz: Ist V ein Vektorraum über $\mathbb{K}$, ist $L(v_1, \ldots, v_r, w_1, \ldots, w_s) = V$ und $(v_1, \ldots, v_r)$ linear unabhängig, dann ist entweder $(v_1, \ldots, v_r)$ eine Basis oder es gibt paarweise verschiedene ganze Zahlen $i_1, \ldots, i_k$ mit $1 \leq i_\alpha \leq s$, $\alpha = 1, \ldots, k$, so dass $(v_1, \ldots, v_r, w_{i_1}, \ldots, w_{i_k})$ eine Basis ist."

Die zweite Stelle, die wir formal "ausführen" wollen, betrifft die Behauptung, aus $w_1, \ldots, w_{n+1} \in L(v_1, \ldots, v_r)$ folge

$$L(v_1, \ldots, v_r) = L(v_1, \ldots, v_r, w_1, \ldots, w_{n+1}).$$

Eigentlich ist das ja klar, denn jedes $\lambda_1 v_1 + \cdots + \lambda_r v_r \in L(v_1 \ldots, v_r)$ kann man als Linearkombination $\lambda_1 v_1 + \cdots + \lambda_r v_r + 0 w_1 + \cdots + 0 w_{n+1}$ von $(v_1, \ldots, w_{n+1})$ schreiben, und wenn umgekehrt

$$v = \lambda_1 v_1 + \cdots + \lambda_r v_r + \mu_1 w_1 + \cdots + \mu_{n+1} w_{n+1} \in L(v_1, \ldots, w_{n+1})$$

gegeben ist, so brauchen wir uns nur die w_i als Linearkombinationen der v_i vorzustellen und sehen, dass auch v eine Linearkombination der v_i ist. Wenn wir das aber wirklich hinschreiben wollen, müssen wir diesmal *"Doppelindices"* verwenden, denn:

Wenn jedes w_i als Linearkombination der $(v_1, \ldots, v_r)$ geschrieben werden soll, müssen die Koeffizienten so bezeichnet werden, dass man sowohl sieht, auf welches w_i sie sich beziehen als auch auf welches v_j. Man kann etwa die Koeffizienten λ_j^i nennen, $i = 1, \ldots, n+1$, $j = 1, \ldots, r$, wobei i ein "oberer Index" ist, der also nicht die i-te Potenz bedeutet. Man kann aber auch einfach beide Indices unten nebeneinander schreiben: λ_{ij}. Mit dieser Notation können wir dann formulieren: "Falls $w_1, \ldots, w_{n+1} \in L(v_1, \ldots, v_r)$, so ist $w_i = \lambda_{i1} v_1 + \cdots + \lambda_{ir} v_r$, $i = 1, \ldots, n+1$, für geeignete $\lambda_{ij} \in \mathbb{K}$".

Für eine Linearkombination von $(v_1, \ldots, v_r, w_1, \ldots, w_{n+1})$ gilt daher

$$v = \lambda_1 v_1 + \cdots + \lambda_r v_r + \mu_1 w_1 + \cdots + \mu_{n+1} w_{n+1}$$
$$= \lambda_1 v_1 + \cdots + \lambda_r v_r + \mu_1(\lambda_{11} v_1 + \cdots + \lambda_{1r} v_r) + \cdots + \mu_{n+1}(\lambda_{n+1,1} v_1 + \cdots + \lambda_{n+1,r} v_r)$$

und indem wir die Terme mit demselben v_i jeweils zusammenfassen, erhalten wir

$$v = (\lambda_1 + \mu_1 \lambda_{11} + \cdots + \mu_{n+1} \lambda_{n+1,1}) v_1 + \cdots + (\lambda_r + \mu_1 \lambda_{1r} + \cdots + \mu_{n+1} \lambda_{n+1,r}) v_r$$

also ist $L(v_1, \ldots, v_r, w_1, \ldots, w_{n+1}) = L(v_1, \ldots, v_r)$." — Beachten Sie, dass wir *nicht* hätten schreiben können $w_i = \lambda_{i_1} v_1 + \cdots + \lambda_{i_r} v_r$. — Der Schluss des Beweises müsste dann so lauten: "Nach Induktionsannahme gibt es also ein k und paarweise verschiedene ganze Zahlen i_α, $\alpha = 1, \ldots, k-1$ mit $1 \leq i_\alpha \leq n+1$, $i_\alpha \neq i$, so dass $(v_1, \ldots, v_r, w_i, w_{i_1}, \ldots, w_{i_{k-1}})$ eine Basis von V ist, womit wir die gewünschte Ergänzung von $(v_1, \ldots, v_r)$ zu einer Basis von V gefunden haben. $\square$"

BEWEIS DES AUSTAUSCHLEMMAS: Seien $(v_1, \ldots, v_n)$ und $(w_1, \ldots, w_m)$ zwei Basen von V und $i \in \{1, \ldots, n\}$ fest gewählt. Dann muss es ein j geben, so dass $w_j \notin L(v_1, \ldots, v_{i-1}, v_{i+1}, \ldots, v_n)$. Sonst wäre nämlich $L(v_1, \ldots, v_{i-1}, v_{i+1}, \ldots, v_n) \supset L(w_1, \ldots, w_m) = V$, das kann aber nicht sein, da wegen der linearen Unabhängigkeit von $(v_1, \ldots, v_n)$ jedenfalls das Element v_i nicht Linearkombination von $(v_1, \ldots, v_{i-1}, v_{i+1}, \ldots, v_n)$ sein kann. Für ein solches j ist dann $(v_1, \ldots, v_{i-1}, w_j, v_{i+1}, \ldots, v_n)$ linear unabhängig, denn aus

$$\lambda_1 v_1 + \cdots + \lambda_{i-1} v_{i-1} + \mu w_j + \lambda_{i+1} v_{i+1} + \cdots + \lambda_n v_n = 0$$

folgt zunächst $\mu = 0$ und daraus weiter $\lambda_1 = \cdots = \lambda_n = 0$. Wenn wir nun v_i doch wieder hinzufügen, erhalten wir natürlich, weil die $(v_1, \ldots, v_n)$ dann wieder komplett beisammen sind, ein Erzeugendensystem von V:

$$L(v_1, \ldots, v_{i-1}, w_j, v_{i+1}, \ldots, v_n, v_i) = V.$$

Also muss $(v_1, \ldots, v_{i-1}, w_j, v_{i+1}, \ldots, v_n)$ nach dem Basisergänzungssatz entweder schon selbst eine Basis sein oder durch Hinzufügung von v_i zu einer Basis werden. Das letztere kann aber nicht eintreten, denn w_j könnte aus $(v_1, \ldots, v_n)$ linear kombiniert werden, also wäre

$$(v_1, \ldots, v_{i-1}, w_j, v_{i+1}, \ldots, v_n, v_i)$$

linear abhängig. Also ist $(v_1, \ldots, v_{i-1}, w_j, v_{i+1}, \ldots, v_n)$ eine Basis. $\square$

3.5 Das Vektorprodukt

Ein Abschnitt für Physiker

In Mathematik und Physik werden mancherlei "Produkte" genannte Verknüpfungen von zwei oder mehreren Vektoren betrachtet. Vom *Skalarprodukt* haben wir schon gehört, es gibt aber auch ein *Kreuz-* oder *Vektorprodukt*, ein *Spatprodukt*, ein *Tensor-* oder *dyadisches Produkt*, ein *äußeres* oder *alternierendes Produkt*, ein *Liesches Klammerprodukt* und andere. Die näheren Umstände können jeweils recht unterschiedlich sein. Welche Zusatzstrukturen und -voraussetzungen man etwa braucht, ob ein Produkt wieder ein Vektor oder ein Skalar ist, ob es im selben Vektorraum wie die Faktoren liegen muss oder nicht, ob die Faktoren überhaupt aus demselben Vektorraum sein müssen, ob das Produkt bei Vertauschung der Faktoren gleich bleibt, das Vorzeichen wechselt oder sich noch drastischer ändern kann, ob man bei mehreren Faktoren Klammern nach Belieben setzen darf, wie es beim Produkt von Zahlen erlaubt ist — das alles ist von Fall zu Fall verschieden. Auf eines kann man sich aber ziemlich verlassen, weil darin das eigentlich "Produktliche" besteht: Produkte sind *multilinear*, d.h. ersetze ich einen Faktor v durch eine Summe $v_1 + v_2$, ohne die anderen Faktoren zu ändern, dann erhalte ich als Produkt die Summe aus dem mit v_1 und den übrigen Faktoren und dem mit v_2 und den übrigen Faktoren gebildeten Produkt, und ersetze ich v durch λv, $\lambda \in \mathbb{R}$, wiederum ohne die anderen Faktoren zu ändern, so erhalte ich auch das λ-fache des vorigen Produkts. Schreibt man daher die Faktoren als Linearkombinationen von Basisvektoren, so kann man ihr Produkt schon ausrechnen, sobald man nur die Produkte der Basisvektoren kennt.

In diesem Abschnitt wollen wir das Vektorprodukt für physikalische Vektoren (vergl. 2.6) betrachten, und wir gehen dabei wieder vom "dimensionslosen" physikalischen Vektorraum $\mathcal{U}$ aus, nach Belieben als $\mathcal{U}_O$ oder $\mathcal{U}_{\text{frei}}$ aufgefasst. Sind $\vec{u}$ und $\vec{v}$ zwei Vektoren aus $\mathcal{U}$, so ist ihr Vektorprodukt $\vec{u} \times \vec{v}$ ebenfalls in $\mathcal{U}$, das Vektorprodukt ist eine bilineare Abbildung

$$\mathcal{U} \times \mathcal{U} \longrightarrow \mathcal{U}$$
$$(\vec{u}, \vec{v}) \longmapsto \vec{u} \times \vec{v}.$$

Um es beschreiben und berechnen zu können, muss man wissen, welche Orthonormalbasen $\hat{x}, \hat{y}, \hat{z}$ von $\mathcal{U}$ "rechts-" und welche "linkshändig" sind: weisen $\hat{x}, \hat{y}, \hat{z}$ in dieser Reihenfolge in die Richtung von Daumen, Zeigefinger und Mittelfinger der *rechten* Hand, so ist $(\hat{x}, \hat{y}, \hat{z})$ rechtshändig. Oder:

weist der rechte Daumen in die Richtung von $\hat{z}$, und weisen die Finger der
leicht gekrümmten Hand dann jenen Drehsinn, der $\hat{x}$ durch eine Vierteldre-
hung um die $\hat{z}$-Achse in $\hat{y}$ überführt, so ist $(\hat{x}, \hat{y}, \hat{z})$ rechtshändig.

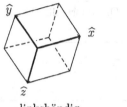
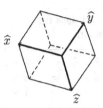

linkshändig   rechtshändig

Weitere gleichwertige Formulierungen, etwa unter Berufung auf eine Schraube,
ein Autolenkrad, einen Wasserhahn, Himmels- und Zenit-Richtungen können
Sie leicht selbst beisteuern. Die Definition ist nicht missverständlich oder
unwissenschaftlich, aber insofern unmathematisch, als sie sich wesentlich
auf den realen physikalischen Raum bezieht, denn in den Zahlentripelraum
$\mathbb{R}^3$ oder sonst einen abstrakten dreidimensionalen euklidischen Vektorraum
$(V, \langle \cdot , \cdot \rangle)$ kann ich meine rechte Hand nicht hineinstrecken. In der Tat
muss man, um das Vektorprodukt $V \times V \to V$ doch definieren zu können,
das Naturphänomen der Rechtshändigkeit durch eine "Orientierung" genannte Zusatzstruktur in V mathematisch imitieren. Darauf will ich zwar
jetzt nicht eingehen, wer aber den Orientierungsbegriff schon kennt, kann
den folgenden Satz gleich für einen beliebigen orientierten 3-dimensionalen
euklidischen Vektorraum $\mathcal{U}$ lesen.

Satz (und Definition des Vektorprodukts): Es gibt genau eine
bilineare Verknüpfung $\mathcal{U} \times \mathcal{U} \to \mathcal{U}$, geschrieben als $(\vec{u}, \vec{v}) \mapsto \vec{u} \times \vec{v}$,
mit den folgenden beiden Eigenschaften:

(1) die Verknüpfung ist schiefsymmetrisch, d.h. es gilt stets
$\vec{v} \times \vec{u} = -\vec{u} \times \vec{v}$ und

(2) sind $\vec{u}$ und $\vec{v}$ senkrecht aufeinander stehende Einheitsvektoren,
so wird das Paar $(\vec{u}, \vec{v})$ durch $\vec{u} \times \vec{v}$ zu einer rechtshändigen
Orthonormalbasis $(\vec{u}, \vec{v}, \vec{u} \times \vec{v})$ ergänzt.

Diese Verknüpfung heißt das *Vektorprodukt*.

Der Beweis ist nicht nur eine mathematische Pflichtübung, sondern wir werden dabei das Vektorprodukt auch rechnerisch und geometrisch näher ken-

nenlernen. Wir beginnen mit der Bemerkung, dass wegen der Schiefsymmetrie jedenfalls stets

> (3) $\vec{u} \times \vec{u} = 0$

sein muss, und dass für eine rechtshändige Orthonormalbasis $(\widehat{x}, \widehat{y}, \widehat{z})$ wegen (2) die Formeln

> (4)
> $$\begin{aligned}
> \widehat{x} \times \widehat{y} &= -\widehat{y} \times \widehat{x} = \widehat{z}, \\
> \widehat{y} \times \widehat{z} &= -\widehat{z} \times \widehat{y} = \widehat{x}, \\
> \widehat{z} \times \widehat{x} &= -\widehat{x} \times \widehat{z} = \widehat{y}
> \end{aligned}$$

für jede Verknüpfung gelten müssen, welche (1) und (2) erfüllt. Damit kennen wir aber das Produkt für die Basisvektoren und wegen der Bilinearität sogar für alle Vektoren! Es ist nämlich jetzt klar, dass nur die durch die Definition

> (5) $\vec{u} \times \vec{v} = (u_x\widehat{x} + u_y\widehat{y} + u_z\widehat{z}) \times (v_x\widehat{x} + v_y\widehat{y} + v_z\widehat{z})$
> $$:= (u_yv_z - u_zv_y)\widehat{x} + (u_zv_x - u_xv_z)\widehat{y} + (u_xv_y - u_yv_x)\widehat{z}$$

gegebene Verknüpfung infrage kommen kann. Dieses durch (5) definierte Produkt ist offensichtlich bilinear und erfüllt (1) — ob auch (2), bleibt nachzuweisen.

Leser übrigens, die schon dreireihige Determinanten ausrechnen können, sei es, dass sie in den § 6 vorgeblättert haben, sei es, dass sie gar keine Anfänger sind und sich hier nur ihr Vektorprodukt ein wenig anfrischen wollen, solche Leser also werden sehen, dass man (5) formal auch als

> (5′) $\vec{u} \times \vec{v} = \det \begin{pmatrix} u_x & u_y & u_z \\ v_x & v_y & v_z \\ \widehat{x} & \widehat{y} & \widehat{z} \end{pmatrix}$

schreiben kann, woraus für Determinantenkenner auch die Formel

> (5″) $(\vec{u} \times \vec{v}) \cdot \vec{w} = \det \begin{pmatrix} u_x & u_y & u_z \\ v_x & v_y & v_z \\ w_x & w_y & w_z \end{pmatrix}$

folgt, sehr nützlich und voller geometrischer Bedeutung, da ja diese Determinante das *Spatprodukt* der drei Faktoren $\vec{u}, \vec{v}$ und $\vec{w}$ ist und bis auf ein von der "Händigkeit" der drei Vektoren bestimmtes Vorzeichen das *Volumen* der von $\vec{u}, \vec{v}$ und $\vec{w}$ aufgespannten Parallelotops (3-dimensionale Verallgemeinerung eines Parallelogramms; "schiefer Quader") bedeutet. — Aber wir wollen nicht so tun, als seien wir schon Determinantenkenner, sondern aus (5) ganz elementar die Formel

$$(6) \quad (\vec{u} \times \vec{v}) \cdot (\vec{u}' \times \vec{v}') = (\vec{u} \cdot \vec{u}')(\vec{v} \cdot \vec{v}') - (\vec{u} \cdot \vec{v}')(\vec{v} \cdot \vec{u}')$$

ableiten. Man kann sie entweder nachrechnen oder sich so überlegen: beide Seiten der zu beweisenden Gleichung (6) sind in jeder der vier Variablen linear, also brauchen wir (6) nur für $u, u', v, v' \in \{\hat{x}, \hat{y}, \hat{z}\}$ nachzuprüfen. Für $\vec{u} = \vec{v}$ oder $\vec{u}' = \vec{v}'$ sind sowieso beide Seiten Null, also dürfen wir $\vec{u} \neq \vec{v}$ und $\vec{u}' \neq \vec{v}'$ annehmen, aus Symmetriegründen bleiben deshalb für $(\vec{u}, \vec{v}, \vec{u}', \vec{v}')$ oBdA nur noch die beiden Fälle $(\hat{x}, \hat{y}, \hat{x}, \hat{y})$ und $(\hat{x}, \hat{y}, \hat{y}, \hat{z})$ zu prüfen übrig, im ersten sind beide Seiten 1, im zweiten Null, und (6) ist schon verifiziert. — Determinantenkenner werden (6) gerne als

$$(6') \quad (\vec{u} \times \vec{v}) \cdot (\vec{u}' \times \vec{v}') = \det \begin{pmatrix} \vec{u} \cdot \vec{u}' & \vec{u} \cdot \vec{v}' \\ \vec{v} \cdot \vec{u}' & \vec{v} \cdot \vec{v}' \end{pmatrix}$$

lesen. — Ähnliche nützliche Formeln, die aus (5) folgen, sind zum Beispiel

$$(7) \quad (\vec{u} \times \vec{v}) \cdot \vec{w} = (\vec{v} \times \vec{w}) \cdot \vec{u} = (\vec{w} \times \vec{u}) \cdot \vec{v},$$

woraus insbesondere

$$\vec{u} \perp (\vec{u} \times \vec{v}) \quad \text{und} \quad \vec{v} \perp (\vec{u} \times \vec{v})$$

folgt, und

$$(8) \quad \vec{u} \times (\vec{v} \times \vec{w}) = (\vec{u} \cdot \vec{w})\vec{v} - (\vec{u} \cdot \vec{v})\vec{w}.$$

Wie die Formel (6) beweist man sie entweder durch Rechnen oder beruft sich auf die Linearität in den drei Faktoren, deretwegen man ohne Beschränkung der Allgemeinheit $\vec{u}, \vec{v}, \vec{w} \in \{\hat{x}, \hat{y}, \hat{z}\}$ voraussetzen darf. Für $\vec{u} = \vec{v} = \vec{w}$ sind beide Formeln trivialerweise richtig, also bleiben aus Symmetriegründen die Fälle $(\hat{x}, \hat{x}, \hat{y})$ und $(\hat{x}, \hat{y}, \hat{z})$ für $(\hat{u}, \hat{v}, \hat{w})$ zu verifizieren übrig, usw. — Für Determinantenkenner ist (7) natürlich auch sofort aus (5″) klar.

Um den Beweis unseres Satzes zu vollenden, müssen wir noch zeigen, dass aus (5) auch (2) folgt. Seien jetzt also $\vec{u}$ und $\vec{v}$ zwei aufeinander senkrecht stehende Einheitsvektoren. Nach (6) ist $|\vec{u} \times \vec{v}| = 1$, nach (7) steht $\vec{u} \times \vec{v}$ senkrecht auf $\vec{u}$ und $\vec{v}$. Weshalb aber ist $(\vec{u}, \vec{v}, \vec{u} \times \vec{v})$ rechtshändig?

Für Leser, die mit dem Orientierungsbegriff vertraut sind und in $\mathcal{U}$ nur einen orientierten 3-dimensionalen euklidischen Vektorraum sehen, folgt das aus $(5'')$, angewandt auf $\vec{w} = \vec{u} \times \vec{v}$, denn die Determinante ist dann positiv, was im mathematischen Sinne die Rechtshändigkeit von $(\vec{u}, \vec{v}, \vec{u} \times \vec{v})$ bedeutet, da $(\hat{x}, \hat{y}, \hat{z})$ als rechtshändig vorausgesetzt war.

Mit der physikalisch definierten Rechtshändigkeit argumentieren wir so: Sei $\vec{w}$ der Einheitsvektor, der $(\vec{u}, \vec{v})$ zu einem rechtshändigen Orthonormalsystem ergänzt, also $\vec{w} = \pm \vec{u} \times \vec{v}$, wir wissen nur das Vorzeichen noch nicht. Wir können aber $(\hat{x}, \hat{y}, \hat{z})$ durch eine kontinuierliche Drehung ("der rechten Hand") in $(\vec{u}, \vec{v}, \vec{w})$ überführen. Bezeichne $(\vec{u}(t), \vec{v}(t), \vec{w}(t))$ das gedrehte System zum Zeitpunkt t. Dann ist stets $\vec{u}(t) \times \vec{v}(t) = \pm \vec{w}(t)$, also $|\vec{u}(t) \times \vec{v}(t) - \vec{w}(t)|$ entweder 0 oder 2. Dieser Betrag ist aber anfangs Null wegen $\hat{x} \times \hat{y} = \hat{z}$, und er hängt wegen der Stetigkeit der Drehung und nach Auskunft der Formel (5) (wegen der Bilinearität von $\times$) stetig von t ab, also ist er auch am Ende Null, woraus $\vec{u} \times \vec{v} = \vec{w}$ folgt. $\square$

Damit ist der Satz bewiesen und das Vektorprodukt $\mathcal{U} \times \mathcal{U} \to \mathcal{U}$ definiert, und wir haben dabei auch gelernt, dass es bilinear ist und die Eigenschaften (1) - (8) hat. —

Mit dem Vektorprodukt in $\mathcal{U}$ ist nun aber in kanonischer Weise das Vektorprodukt von beliebigen physikalischen Vektoren durch

$$\mathcal{U}[a] \times \mathcal{U}[b] \longrightarrow \mathcal{U}[ab]$$
$$(a\vec{u}, b\vec{v}) \longmapsto ab(\vec{u} \times \vec{v})$$

definiert und seine Eigenschaften ergeben sich sofort aus denen des Vektorprodukts in dem orientierten 3-dimensionalen euklidischen Vektorraum $\mathcal{U}$, der hier wieder die Verbindung zwischen abstrakter linearer Algebra und physikalischer Vektorrechnung aufrecht erhält.

Einen noch nicht orientierten abstrakten 3-dimensionalen euklidischen Vektorraum muss man erst orientieren, bevor man wie oben das Vektorprodukt erklären kann. Dazu muss man *eine* Basis willkürlich für "rechtshändig" oder "positiv orientiert" erklären; welche anderen dann auch als rechtshändig gelten, ergibt sich aus Determinanten- oder Drehungsbedingungen, auf die ich hier nicht eingehen will. Im Zahlentripelraum $\mathbb{R}^3$ nennt man üblicherweise die kanonische Basis (e_1, e_2, e_3) positiv orientiert, das Vektorprodukt im $\mathbb{R}^3$ ist nach (5) deshalb durch

$$\begin{pmatrix} x_1 \\ x_2 \\ x_3 \end{pmatrix} \times \begin{pmatrix} y_1 \\ y_2 \\ y_3 \end{pmatrix} = \begin{pmatrix} x_2 y_3 - x_3 y_2 \\ x_3 y_1 - x_1 y_3 \\ x_1 y_2 - x_2 y_1 \end{pmatrix} \in \mathbb{R}^3$$

gegeben, (1) - (8) gelten entsprechend.

Zum Schluss wollen wir aus (6) und (7) noch die übliche geometrische Beschreibung des Vektorprodukts ableiten. Aus (6) folgt für $\vec{u} = \vec{u}\,' \neq 0$ und $\vec{v} = \vec{v}\,' \neq 0$, dass

$$(9) \qquad |\vec{u} \times \vec{v}| = \sqrt{|\vec{u}|^2 |\vec{v}|^2 - (\vec{u} \cdot \vec{v})^2}$$

$$= |\vec{u}||\vec{v}| \sqrt{1 - \cos^2 \alpha(\vec{u}, \vec{v})}$$

$$= |\vec{u}||\vec{v}| \sin \alpha(\vec{u}, \vec{v})$$

gilt. Für Ortsvektoren $\vec{u}, \vec{v} \in \mathcal{A}_O$ ist das gerade der Flächeninhalt des von $\vec{u}$ und $\vec{v}$ aufgespannten Parallelogramms, $|\vec{u} \times \vec{v}| \in \mathbb{R}[\,\mathrm{cm}^2\,]$:

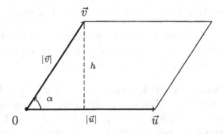

und man nennt $|\vec{u}||\vec{v}| \sin \alpha(\vec{u}, \vec{v})$ deshalb auch in anderen Fällen den Flächeninhalt des Parallelogramms, also auch wenn $\vec{u}, \vec{v}$ keine Ortsvektoren und $|\vec{u}||\vec{v}|$ deshalb in einem anderen Skalarbereich oder, in der mathematischen linearen Algebra, in $\mathbb{R}$ liegt. — Nach (7) steht $\vec{u} \times \vec{v}$ senkrecht auf $\vec{u}$ und $\vec{v}$, und ist $\vec{u} \times \vec{v} \neq 0$, so folgt ähnlich wie oben, dass $(\vec{u}, \vec{v}, \vec{u} \times \vec{v})$ rechtshändig ist, wenn man diesen Begriff in der naheliegenden Weise von Orthonormalbasen auf beliebige Basen ausdehnt. Man kann also sagen:

Sind $\vec{u}, \vec{v}$ linear unabhängig, so ist $\vec{u} \times \vec{v}$ derjenige der beiden auf $\vec{u}$ und $\vec{v}$ senkrecht stehenden Vektoren mit dem Flächeninhalt des Parallelogramms als Betrag, der $(\vec{u}, \vec{v})$ rechtshändig ergänzt, und für linear abhängige $\vec{u}, \vec{v}$ ist der Flächeninhalt und damit das Vektorprodukt natürlich Null.

3.6 Der "Steinitzsche Austauschsatz"

Historische Notiz

Der folgende Satz wird in Lehrbüchern der Linearen Algebra gewöhnlich der "Austauschsatz von Steinitz" genannt (vergl. z.B. Kowalsky [10], Seite 37)

Satz: *Hat ein Vektorraum V eine Basis aus p Vektoren und ist $(v_1, \ldots, v_r)$ linear unabhängig in V, dann gibt es auch eine Basis von V aus p Vektoren, unter denen $v_1, \ldots, v_r$ alle vorkommen.*

Wir haben diesen Satz in § 3 natürlich mitbewiesen: denn dass überhaupt eine Basis existiert, die $v_1, \ldots, v_r$ enthält, folgt aus dem Basisergänzungssatz, und dass diese Basis die Länge p hat, folgt aus Satz 1. Bei Steinitz steht dieser Satz in einer Arbeit vom Jahr 1913 und lautet dort

"Besitzt der Modul M eine Basis von p Zahlen, und enthält er r linear unabhängige Zahlen $\beta_1, \ldots, \beta_r$ so besitzt er auch eine Basis von p Zahlen, unter denen die Zahlen $\beta_1, \ldots, \beta_r$ sämtlich vorkommen."

Wenn man Steinitz' Terminologie in unsere übersetzt, erhält man gerade den oben erwähnten Satz. — Ein unter Mathematikern gelegentlich zitiertes bon mot besagt: Wenn ein Satz nach jemanden benannt ist, so ist das ein Zeichen dafür, dass der Betreffende diesen Satz *nicht* als erster bewiesen hat. So scheint es auch in diesem Falle zu sein: Ich habe in dem Buch [18] von H. Schwerdtfeger auf Seite 23 die Fußnote gefunden: "This theorem (Austauschsatz) is usually ascribed to E. Steinitz alone. It has been pointed out, however, by H.G. Forder in his book 'The Calculus of Extensions', Cambridge 1941, p. 219, that H. Grassmann has published this theorem in 1862, i.e. 52 years before Steinitz."

Nun, Ernst Steinitz, der von 1871 bis 1928 lebte und ein bedeutender Algebraiker war, hätte sicher keine Prioritätsansprüche auf diesen Satz gelten machen wollen. Die Arbeit [19], in der der Satz vorkommt, heißt "Bedingt konvergente Reihen und konvexe Systeme", erschienen im Journal für die reine und angewandte Mathematik (dem so genannten "Crelle-Journal") Band 143 (1913), der zweite Teil dieser Arbeit erschien dann im Band 144. Zu Beginn dieser Arbeit, bevor er sein eigentliches Thema in Angriff nimmt, gibt Steinitz eine kurze Einführung in die Grundbegriffe der linearen Algebra, in der auch der bewusste "Austauschsatz" steht. Er entschuldigt sich dafür noch mit den Worten: "Die Grundlagen der n-dimensionalen Geometrie, welche hier überall gebraucht werden, hätten als bekannt vorausgesetzt werden können. Ich habe es aber vorgezogen, sie nochmals abzuleiten. Dabei kommt natürlich alles auf die Darstellung an. Ich glaube, dass die hier gewählte ihre Vorzüge besitzt und darum nicht überflüssig erscheinen wird."

Sie tun also Steinitz gewiss unrecht, wenn Sie nur im Gedächtnis behalten: "Steinitz? Ach ja, der den Austauschsatz bewiesen hat!" Es ist doch auch klar, dass eine so einfache Sache wie der Austauschsatz 1913 nicht mehr als bemerkenswertes wissenschaftliches Resultat gelten konnte; Sie brauchen nur daran zu denken, dass z.B. in den Jahren ab 1905 die Relativitätstheorie konzipiert wurde!

Sie werden die Namen vieler Mathematiker dadurch kennenlernen, dass Begriffe und Sätze nach ihnen benannt sind. Ziehen Sie daraus nicht allzu viele Schlüsse auf diese Mathematiker und den Wissensstand ihrer Zeit. Manchmal ist ein Satz unter dem Niveau seines Namens (wie hier beim Steinitzschen Austauschsatz), manchmal dagegen ist ein tiefer Satz der modernen Mathematik nach einem alten Mathematiker benannt, der vielleicht nur einen ganz einfachen Spezialfall davon bewiesen hatte. Das ist es, was ich Ihnen eigentlich in dieser "Historischen Notiz" erzählen wollte.

3.7 LITERATURHINWEIS

Diesmal soll der Literaturhinweis Ihnen helfen, sich mit dem Buch Lineare Algebra von H.-J. Kowalsky [10] anzufreunden. Unser §3 entspricht etwa den §§5 und 6 in Kowalsky's Buch. Fangen Sie ruhig auf Seite 29 an zu lesen, gravierende Unterschiede in der Terminologie gibt es nicht. Dass Vektoren mit deutschen Buchstaben bezeichnet werden, wird Sie nicht stören. Statt $\subset$ schreibt der Autor $\subseteq$, so dass er einfach $\subset$ schreiben kann wo wir $\subsetneqq$ schreiben müssen. Untervektorraum heißt Unterraum, und $U \subseteq |X$ bedeutet, dass U "Unterraum" von X ist. Bei der Bezeichnung von Mengen steht $\{x : \ldots\}$ wo wir $\{x| \ldots\}$ schreiben würden. Die Menge der Linearkombinationen wird statt durch $L(\ldots)$ durch $[\ldots]$ bezeichnet (vergl. Definition 5b und 5.3 auf S. 31 in [10]), und wird für beliebige Mengen statt wie bei uns für r-tupel definiert (Definition 6b auf S. 33), eine Basis ist dann auch eine *Menge* und kein n-tupel: diese Unterschiede muss man nun doch beachten und im Auge behalten. Unendliche Basen sind auch zugelassen, man kann dann zeigen, dass in diesem Sinne jeder Vektorraum eine Basis hat. — Ich glaube, dass Sie nun die §§5 und 6 in Kowalsky's Buch ohne weitere Vorbereitung lesen können.

3.8 Übungen

Aufgabe 3.1: Sei V ein reeller Vektorraum und $a, b, c, d \in V$. Sei

$$
\begin{aligned}
v_1 &= a + b + c + d \\
v_2 &= 2a + 2b + c - d \\
v_3 &= a + b + 3c - d \\
v_4 &= a \quad\quad - c + d \\
v_5 &= \quad\quad - b + c - d
\end{aligned}
$$

Man beweise, dass $(v_1, \ldots, v_5)$ linear abhängig ist.

Man kann diese Aufgabe dadurch lösen, dass man eines der v_i als Linearkombination der anderen vier darstellt. Es gibt aber auch einen Beweis, bei dem man überhaupt nicht zu rechnen braucht!

Aufgabe 3.2: Sei V ein Vektorraum über $\mathbb{K}$ und U_1, U_2 Untervektorräume von V. Man sagt, U_1 und U_2 seien *komplementäre* Unterräume, wenn $U_1 + U_2 = V$ und $U_1 \cap U_2 = \{0\}$. Skizze zu einem Beispiel im $\mathbb{R}^3$:

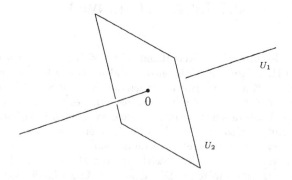

$U_1 = V$ und $U_2 = \{0\}$ sind natürlich auch komplementär zueinander. — Man beweise: Ist V ein n-dimensionaler Vektorraum über $\mathbb{K}$ und U_1 ein p-dimensionaler Untervektorraum von V, dann gibt es einen zu U_1 komplementären Untervektorraum U_2 und jeder solche Untervektorraum U_2 hat die Dimension $n - p$.

Aufgabe 3.3: In Satz 2 hatten wir gezeigt, dass in einem endlichdimensionalen Vektorraum V ein linear unabhängiges r-tupel $(v_1, \ldots, v_r)$ höchstens die Länge dim V haben kann. Man beweise nun: In jedem *unendlichdimensionalen* Raum V gibt es eine unendliche Folge $v_1, v_2, \ldots$ von Vektoren, so dass für jedes r das r-tupel $(v_1, \ldots, v_r)$ linear unabhängig ist.

DIE *-AUFGABE:

AUFGABE 3*: Aus einem komplexen Vektorraum V kann man stets dadurch einen reellen machen, dass man die Skalarmultiplikation $\mathbb{C} \times V \to V$ einfach auf $\mathbb{R} \times V$ einschränkt. Da die Begriffe "lineare Hülle" und "Dimension" bei dieser Einschränkung einen anderen Sinn annehmen, wollen wir $L_\mathbb{C}$, $\dim_\mathbb{C}$ bzw. $L_\mathbb{R}$, $\dim_\mathbb{R}$ schreiben, je nachdem ob V als komplexer oder reeller Vektorraum aufgefasst wird. Aufgabe: Man bestimme für jedes $n \geq 0$, für welche Zahlenpaare (r, s) es einen komplexen Vektorraum und Vektoren $v_1, \ldots, v_n$ darin gibt, so dass $r = \dim_\mathbb{R} L_\mathbb{C}(v_1, \ldots, v_n)$ und $s = \dim_\mathbb{R} L_\mathbb{R}(v_1, \ldots, v_n)$.

ÜBUNGEN FÜR PHYSIKER:

AUFGABE 3.1P: = Aufgabe 3.1 (für Mathematiker)

AUFGABE 3.2P: = Aufgabe 3.2 (für Mathematiker)

AUFGABE 3.3P: Wir betrachten im $\mathbb{R}^3$ die beiden Geraden g_1 und g_2, die durch

$$g_i := \{p_i + tv_i \mid t \in \mathbb{R}\}, \quad i = 1, 2$$

beschrieben sind, wobei

$$p_1 := (1, 1, 2)$$
$$p_2 := (0, -1, 3)$$
$$v_1 := (2, 0, 1)$$
$$v_2 := (1, 1, 1)$$

Wie groß ist der Abstand a zwischen g_1 und g_2?

Diese Aufgabe hat mit dem Vektorprodukt zu tun, denn sind $q_1 \in g_1$ und $q_2 \in g_2$ die beiden Punkte auf den Geraden mit dem geringsten Abstand, also $\|q_2 - q_1\| = a$, so steht ja $q_2 - q_1 \in \mathbb{R}^3$ senkrecht auf beiden Geraden, d.h. auf deren Richtungen v_1 und v_2. (Zur Kontrolle: die dritte und vierte Stelle nach dem Komma heißen 1 und 2).

4. Lineare Abbildungen

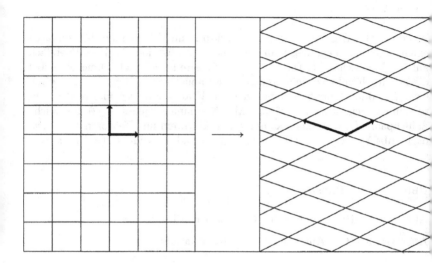

4.1 LINEARE ABBILDUNGEN

Bisher haben wir immer einen Vektorraum V betrachtet und darin irgendwelche Objekte studiert: r-tupel linear unabhängiger Vektoren oder Untervektorräume oder Basen etc. Jetzt wollen wir *zwei* Vektorräume V und W betrachten und Beziehungen zwischen Vorgängen in V und Vorgängen in W studieren. Solche Beziehungen werden durch so genannte "lineare Abbildungen" oder "Homomorphismen" hergestellt. Eine Abbildung $f : V \to W$ heißt linear, wenn sie mit den Vektorraum-Verknüpfungen $+$ und $\cdot$ in V und W "verträglich" ist, d.h. wenn es gleichgültig ist, ob ich zwei Elemente in V erst addiere und dann die Summe abbilde oder ob ich sie erst abbilde und dann ihre Bilder addiere — entsprechend für die skalare Multiplikation.

Definition: Seien V und W Vektorräume über $\mathbb{K}$. Eine Abbildung $f : V \to W$ heißt *linear* oder ein *Homomorphismus*, wenn

$$f(x + y) = f(x) + f(y) \quad \text{und} \quad f(\lambda x) = \lambda f(x)$$

für alle $x, y \in V$, $\lambda \in \mathbb{K}$ gilt. Die Menge der Homomorphismen von V nach W wird mit $\mathrm{Hom}(V, W)$ bezeichnet.

Notiz 1: Sind $V \xrightarrow{f} W \xrightarrow{g} Y$ lineare Abbildungen, dann ist auch $gf : V \to Y$ eine lineare Abbildung, und die Identität $\mathrm{Id}_V : V \to V$ ist stets linear.

Notiz 2: Definiert man für alle $f, g \in \mathrm{Hom}(V, W)$ und $\lambda \in \mathbb{K}$ die Elemente $f + g \in \mathrm{Hom}(V, W)$ und $\lambda f \in \mathrm{Hom}(V, W)$ auf die naheliegende Weise, so ist $\mathrm{Hom}(V, W)$ mit diesen beiden Verknüpfungen ein Vektorraum über $\mathbb{K}$.

Die "naheliegende Weise" oder auch "kanonische Weise" besteht natürlich darin, $(f + g)(x)$ als $f(x) + g(x)$ zu erklären und $(\lambda f)(x)$ als $\lambda f(x)$. Ich nehme an, dass Sie in der Handhabung der Grundbegriffe inzwischen so sicher sind, dass Sie auf die "Beweise" solcher Notizen gerne verzichten. — Zwei Vektorräume sind für jede lineare Abbildung $f : V \to W$ besonders wichtig (außer V und W natürlich!), nämlich das "*Bild* von f", so nennt man den Untervektorraum $f(V) = \{f(v) \mid v \in V\}$ von W, und der "*Kern* von f", so nennt man den Untervektorraum $f^{-1}(0) = \{v \in V \mid f(v) = 0\}$ von V. Dass es sich wirklich um Untervektorräume handelt, ist sofort aus den Definitionen der Begriffe *Untervektorraum* (im Abschnitt 3.1) und *lineare Abbildung* zu sehen. Beispiel in $\mathbb{R}^2$:

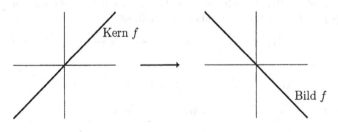

$$f : \mathbb{R}^2 \to \mathbb{R}^2, \quad (x, y) \mapsto (x - y, y - x)$$

Notiz 3 und Definition: Sei $f : V \to W$ eine lineare Abbildung. Dann ist Bild $f := f(V)$ ein Untervektorraum von W und Kern $f := \{v \in V \mid f(v) = 0\}$ ein Untervektorraum von V. Die lineare Abbildung f ist genau dann injektiv, wenn Kern $f = \{0\}$ ist, denn $f(x) = f(y)$ bedeutet $x - y \in$ Kern f.

Für lineare Abbildungen mit besonderen Eigenschaften gibt es einige nützliche, sich durch ihre griechischen Vorsilben beinahe selbst erklärende Bezeichnungen:

Definition: Eine lineare Abbildung $f : V \to W$ heißt ein
Monomorphismus, wenn sie injektiv,
Epimorphismus, wenn sie surjektiv,
Isomorphismus, wenn sie bijektiv,
Endomorphismus, wenn $V = W$ und schließlich ein
Automorphismus, wenn sie bijektiv und $V = W$ ist.

Von besonderer Bedeutung sind die *Isomorphismen*. Dass die Hintereinanderanwendung gf zweier Isomorphismen $f : V \to W$ und $g : W \to Y$ wieder ein Isomorphismus ist, ist nach Notiz 1 wohl klar. Notierenswert ist jedoch

---

Bemerkung 1: Ist $f : V \to W$ ein Isomorphismus, so ist auch $f^{-1} : W \to V$ ein Isomorphismus.

BEWEIS: Dass f^{-1} wieder bijektiv ist, wissen wir schon aus §1, wir müssen uns daher nur noch davon überzeugen, dass f^{-1} auch linear ist. Die Elemente $w, w' \in W$, die wir jetzt zu betrachten haben, dürfen wir ja als $w = f(v)$ und $w' = f(v')$ schreiben. Deshalb ist

$$f^{-1}(w+w') = f^{-1}(f(v)+f(v')) = f^{-1}(f(v+v')) = v+v' = f^{-1}(w) + f^{-1}(w')$$

und ebenso

$$f^{-1}(\lambda w) = f^{-1}(\lambda f(v)) = f^{-1}(f(\lambda v)) = \lambda v = \lambda f^{-1}(w),$$

für alle $w, w' \in W$ und $\lambda \in \mathbb{K}$, also ist f^{-1} linear. $\qquad\square$

Um die Bedeutung der Isomorphismen richtig zu verstehen, sollten Sie sich folgendes klarmachen: Angenommen, wir haben einen Vektorraum V

und darin irgendwelche Objekte: Teilmengen, Untervektorräume, Basen oder dergleichen. Wenn nun $\varphi : V \to W$ ein Isomorphismus ist, so können wir in W die Bilder unserer "Objekte" betrachten.

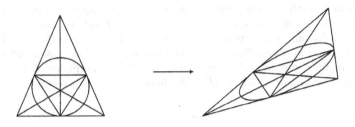

Dann haben diese Bilder in W dieselben "linearen Eigenschaften" wie die ursprünglichen Objekte in V! "Lineare Eigenschaften" sind dabei diejenigen, etwas vage gesprochen, die sich mittels der Vektorraumdaten Menge, Addition, Skalarmultiplikation formulieren lassen. Beispiel: Seien U_1, U_2 zwei Untervektorräume von V, und $U_1 \cap U_2$ habe die Dimension fünf. Dann hat auch der Untervektorraum $\varphi(U_1) \cap \varphi(U_2)$ von W die Dimension fünf. Oder: Ist $(v_1, \ldots, v_r)$ ein linear unabhängiges r-tupel von Vektoren in V, dann ist auch $(\varphi(v_1), \ldots, \varphi(v_r))$ ein linear unabhängiges r-tupel von Vektoren in W.

Beispiele nicht linearer Eigenschaften: Sei zum Beispiel $V = \mathbb{R}^2$. Dann ist jedes $x \in V$ ein Zahlenpaar. Ist nun $\varphi : V \to W$ ein Isomorphismus, so braucht $\varphi(x)$ keineswegs ein Zahlenpaar zu sein, W kann ja etwa ein Vektorraum sein, dessen Elemente Funktionen sind oder dergleichen. Oder: Sei $V = W = \mathbb{R}^2$. Sei $U \subset \mathbb{R}^2$ ein Kreis: $U = \{(x_1, x_2) \in \mathbb{R}^2 \mid x_1^2 + x_2^2 = 1\}$. Ist $\varphi : \mathbb{R}^2 \to \mathbb{R}^2$ ein Isomorphismus, so braucht deshalb $\varphi(U) \subset \mathbb{R}^2$ kein Kreis zu sein: $\mathbb{R}^2 \to \mathbb{R}^2$, $(x_1, x_2) \to (2x_1, x_2)$ ist z.B. ein Isomorphismus:

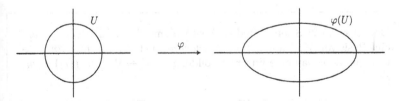

Wir wollen hier nicht versuchen, den Begriff "lineare Eigenschaft" formaler zu fassen. Im Laufe der Zeit werden Sie viele Beispiele von "isomorphieinvarianten" Eigenschaften kennenlernen. — Man kann aber nicht nur Vektorräume, sondern auch lineare Abbildungen durch Isomorphismen in Beziehung zueinander setzen. Stellen Sie sich vor, wir seien an einer bestimmten linearen Abbildung $f : V \to V$ interessiert, die aber zunächst schwer zu durchschauen ist — etwa weil V ein Funktionenraum ist und f ein komplizierter Differential- oder Integraloperator der Analysis. Stellen Sie sich weiter vor, wir hätten einige konkrete "lineare" Fragen an die Abbildung f, z.B. ob sie injektiv, ob sie surjektiv ist, wie groß die Dimension des Bildes $f(V)$ sei, ob es Vektoren $v \neq 0$ in V gibt, die von f auf ein Vielfaches λv von sich selbst abgebildet werden (so genannte "Eigenvektoren") und dergleichen. Nun, in dieser Situation ist es manchmal möglich, einen anderen Vektorraum V' und einen Isomorphismus $\Phi : V' \cong V$ zu finden, der aus f eine ganz leicht zu durchschauende Abbildung $f' := \Phi^{-1} \circ f \circ \Phi$ macht,

$$
\begin{array}{ccc}
V & \xrightarrow{\quad f \quad} & V \\[4pt]
\Phi \uparrow \cong & & \Phi \uparrow \cong \\[4pt]
V' & \xrightarrow{\quad f' \quad} & V'
\end{array}
$$

für die wir die analogen Fragen sofort beantworten können. Diese Antworten lassen sich dann mittels Φ auf f, an dem wir ja eigentlich interessiert sind, übertragen: ist z.B. $v' \in V'$ ein Eigenvektor von f' mit $f'(v') = \lambda v'$, dann gilt für $v := \Phi(v')$ auch $f(v) = \lambda v$ usw. — Damit soll unsere kleine Plauderei über die Bedeutung des Isomorphiebegriffes aber beendet sein, und wir wenden uns wieder den Details unseres § 4 zu.

Wir wollen jetzt V als *endlichdimensional* annehmen und einige damit zusammenhängende allgemeine Aussagen über lineare Abbildungen $f : V \to W$ notieren. Wem bisher zuwenige Beispiele von linearen Abbildungen vorgekommen sind, der wird sich durch die folgende Bemerkung reichlich entschädigt finden.

Bemerkung 2: Seien V und W Vektorräume über $\mathbb{K}$ und $(v_1, \ldots, v_n)$ eine Basis von V. Dann gibt es zu *jedem* n-tupel $(w_1, \ldots, w_n)$ von Vektoren in W genau eine lineare Abbildung $f : V \to W$ mit $f(v_i) = w_i$, $i = 1, \ldots, n$.

BEWEIS: Bei solchen "es gibt genau ein"-Aussagen ist es meistens zweckmäßig, den Beweis der Existenz ("es gibt ein") und den der Eindeutigkeit ("es gibt höchstens ein") getrennt zu führen. Und zwar fängt man am besten mit der Eindeutigkeit an, denn bei den Überlegungen dazu ("angenommen, es gäbe zwei. Dann wäre ... ") bekommt man manchmal eine Idee für den

Existenzbeweis, seltener umgekehrt. Unsere Bemerkung 2 ist allerdings kein sehr gutes Beispiel dafür, weil hier beide Teile des Beweises ganz leicht sind. Also:

(a) **Beweis der Eindeutigkeit:** Seien $f, f' : V \to W$ lineare Abbildungen mit $f(v_i) = f'(v_i) = w_i$, $i = 1, \ldots, n$. Da jedes $v \in V$ sich als $v = \lambda_1 v_1 + \cdots + \lambda_n v_n$, $\lambda_i \in \mathbb{K}$, schreiben lässt, gilt:

$$
\begin{aligned}
f(v) &= f(\lambda_1 v_1 + \cdots + \lambda_n v_n) \\
&= \lambda_1 f(v_1) + \cdots + \lambda_n f(v_n) \\
&= \lambda_1 w_1 + \cdots + \lambda_n w_n \\
&= \lambda_1 f'(v_1) + \cdots + \lambda_n f'(v_n) \\
&= f'(\lambda_1 v_1 + \cdots + \lambda_n v_n) = f'(v),
\end{aligned}
$$

also $f(v) = f'(v)$ für alle $v \in V$, d.h. $f = f'$. $\square$

(b) **Beweis der Existenz:** Für $v = \lambda_1 v_1 + \cdots + \lambda_n v_n$ definieren wir $f(v) := \lambda_1 w_1 + \cdots + \lambda_n w_n$. Da sich jedes $v \in V$ nur auf *eine* Weise als Linearkombination der Basisvektoren schreiben lässt (vergl. Bemerkung 2 in Abschnitt 3.1), ist dadurch wirklich eine Abbildung $f : V \to W$ definiert. Offenbar ist f linear und hat die Eigenschaft $f(v_i) = w_i$, $i = 1, \ldots, n$. $\square$

Diese unscheinbare und so leicht zu beweisende Bemerkung 2 spricht einen sehr bedeutsamen Sachverhalt aus: *Die gesamte Information über eine lineare Abbildung ist bereits in den Bildern der Basisvektoren enthalten!* Nehmen Sie $V = \mathbb{K}^n$ mit der kanonischen Basis und $W = \mathbb{K}^m$ als Beispiel. Eine lineare Abbildung $\mathbb{K}^n \to \mathbb{K}^m$ anzugeben, heißt nach Bemerkung 2 soviel wie n m-tupel $w_1, \ldots, w_n \in \mathbb{K}^m$ zu benennen, also insgesamt $n \cdot m$ Zahlen aus $\mathbb{K}$, in denen die lineare Abbildung dann gleichsam codiert ist. Das ist der Grund, weshalb man mit linearen Abbildungen, pauschal gesagt, in Computern effektiv rechnen kann und weshalb man immer bestrebt ist, nichtlineare Probleme nach Möglichkeit durch theoretische Überlegungen auf lineare zu reduzieren.

Bemerkung 3: Seien V und W Vektorräume über $\mathbb{K}$ und $(v_1, \ldots, v_n)$ eine Basis von V. Eine lineare Abbildung $f : V \to W$ ist genau dann ein Isomorphismus, wenn $(f(v_1), \ldots, f(v_n))$ eine Basis von W ist.

BEWEIS: Wenn Sie die Definition der Begriffe "Basis" und "Isomorphismus" sich ins Gedächtnis rufen, dann die Spitze Ihres Kugelschreibers aufs Papier setzen und die Hand ein klein wenig bewegen, kommt der Beweis ganz von selber heraus. Die Terminologie denkt für Sie! Wir müssen bald damit aufhören, solche Beweise jedesmal aufzuschreiben. Diesen noch, zum Abgewöhnen. Also:

(a) "$\Rightarrow$": Sei also f ein Isomorphismus. Wir prüfen zuerst die lineare Unabhängigkeit von $(f(v_1), \ldots, f(v_n))$ in W. Sei $\lambda_1 f(v_1) + \cdots + \lambda_n f(v_n) = 0$. Dann ist wegen der Linearität von f auch $f(\lambda_1 v_1 + \cdots + \lambda_n v_n) = 0$. Da f injektiv ist und $f(0) = 0$ gilt, muss $\lambda_1 v_1 + \cdots + \lambda_n v_n = 0$ sein. Da $(v_1, \ldots, v_n)$ linear unabhängig ist, folgt daraus $\lambda_1 = \cdots = \lambda_n = 0$, also ist $(f(v_1), \ldots, f(v_n))$ linear unabhängig.

Nun prüfen wir, dass $L(f(v_1), \ldots, f(v_n)) = W$ ist. Sei $w \in W$. Da f surjektiv ist, gibt es ein $v \in V$ mit $f(v) = w$. Da $L(v_1, \ldots, v_n) = V$ gilt, gibt es $\lambda_1, \ldots, \lambda_n \in \mathbb{K}$ mit $v = \lambda_1 v_1 + \cdots + \lambda_n v_n$. Da f linear ist, gilt $w = f(v) = \lambda_1 f(v_1) + \cdots + \lambda_n f(v_n)$. Also kann jedes Element von W aus $(f(v_1), \ldots, f(v_n))$ linearkombiniert werden. "$\Rightarrow$" $\square$

(b) "$\Leftarrow$": Sei also $(f(v_1), \ldots, f(v_n))$ eine Basis von W. Wir prüfen zuerst die Injektivität von f. Sei $f(v) = 0$. Da $(v_1, \ldots, v_n)$ eine Basis von V ist, gibt es $\lambda_1, \ldots \lambda_n \in \mathbb{K}$ mit $v = \lambda_1 v_1 + \cdots + \lambda_n v_n$. Dann ist wegen der Linearität von f auch $\lambda_1 f(v_1) + \cdots + \lambda_n f(v_n) = 0$, und weil $(f(v_1), \ldots, f(v_n))$ linear unabhängig ist, folgt daraus $\lambda_1 = \cdots = \lambda_n = 0$, also $v = 0$, also ist f injektiv.

Nun prüfen wir die Surjektivität von f. Sei $w \in W$. Da $(f(v_1), \ldots, f(v_n))$ ganz W erzeugt, gibt es $\lambda_1, \ldots, \lambda_n$ mit $w = \lambda_1 f(v_1) + \cdots + \lambda_n f(v_n)$. Sei $v = \lambda_1 v_1 + \cdots + \lambda_n v_n$. Dann gilt wegen der Linearität:

$$f(v) = \lambda_1 f(v_1) + \cdots + \lambda_n f(v_n) = w,$$

also ist f surjektiv. "$\Leftarrow$" $\square$

Aus den Bemerkungen 2 und 3 zusammen ergibt sich nun die

Notiz 4: Je zwei n-dimensionale Vektorräume über $\mathbb{K}$ sind isomorph! (Dass V und W isomorph sind, soll natürlich heißen, dass es einen Isomorphismus $f : V \cong W$ gibt.)

Auch das ist sehr bemerkenswert. "Bis auf Isomorphie", wie man sagt, gibt es nur einen n-dimensionalen Vektorraum über $\mathbb{K}$. Trotzdem wäre es nicht sinnvoll, nur den $\mathbb{K}^n$ zu studieren, denn es laufen uns andere konkrete Vektorräume ungefragt über den Weg (Lösungsräume, Funktionenräume, Tangentialräume usw.), und schon um sie zu verstehen und mit dem $\mathbb{K}^n$ in Beziehung zu setzen, brauchen wir den allgemeinen Vektorraumbegriff.

Wenn man in der Linearen Algebra mit mehreren Vektorräumen gleichzeitig zu tun hat ist es oft sehr nützlich, eine *Dimensionsformel* zu haben, die einem die Dimensionen der einzelnen Räume miteinander in Beziehung setzt. In §3 hatten wir z.B. eine solche Dimensionsformel für Untervektorräume U_1, U_2 von V bewiesen:

$$\dim(U_1 \cap U_2) + \dim(U_1 + U_2) = \dim U_1 + \dim U_2.$$

Jetzt wollen wir eine Dimensionsformel für lineare Abbildungen herleiten.

Definition: Sei $f : V \to W$ eine lineare Abbildung. Ist Bild f endlichdimensional, dann heißt $\operatorname{rg} f := \dim \operatorname{Bild} f$ der *Rang* von f.

Dimensionsformel für lineare Abbildungen: Sei V ein n-dimensionaler Vektorraum und $f : V \to W$ eine lineare Abbildung. Dann ist
$$\dim \operatorname{Kern} f + \operatorname{rg} f = n.$$

BEWEIS: Wir ergänzen eine Basis $(v_1, \ldots, v_k)$ von Kern f zu einer Basis $(v_1, \ldots, v_k, v_{k+1}, \ldots, v_n)$ von ganz V und setzen $w_i = f(v_{k+i})$ für $i = 1, \ldots, n - k$. Wenn wir zeigen können, dass $(w_1, \ldots, w_{n-k})$ eine Basis von Bild f ist, dann haben wir $\dim \operatorname{Bild} f = n - k$ gezeigt und sind fertig. — Jedenfalls ist
$$f(\lambda_1 v_1 + \cdots + \lambda_n v_n) = \lambda_{k+1} w_1 + \cdots + \lambda_n w_{n-k}$$
und daher Bild $f = L(w_1, \ldots, w_{n-k})$. Außerdem ist $(w_1, \ldots, w_{n-k})$ linear unabhängig, denn aus, sagen wir, $\alpha_1 w_1 + \cdots + \alpha_{n-k} w_{n-k} = 0$ würde $\alpha_1 v_{k+1} + \cdots + \alpha_{n-k} v_n \in \operatorname{Kern} f$ folgen, also
$$\alpha_1 v_{k+1} + \cdots + \alpha_{n-k} v_n = \lambda_1 v_1 + \cdots + \lambda_k v_k$$
für geeignete $\lambda_1, \ldots, \lambda_k$, aber $(v_1, \ldots, v_n)$ ist linear unabhängig, und deshalb wäre $\alpha_1 = \cdots = \alpha_{n-k} = \lambda_1 = \cdots = \lambda_k = 0$. Also ist $(w_1, \ldots, w_{n-k})$ tatsächlich eine *Basis* von Bild f, und zu $\dim \operatorname{Kern} f = k$ wissen wir jetzt auch noch $\operatorname{rg} f = n - k$. $\square$

Als eine erste Anwendung der Dimensionsformel notieren wir

> **Notiz 5:** Eine lineare Abbildung zwischen Räumen der gleichen Dimension n ist genau dann surjektiv, wenn sie injektiv ist.

Das kommt einfach daher, dass injektiv "dim Kern $f = 0$" und surjektiv "$n - \mathrm{rg}\, f = 0$" bedeutet, aber wegen der Formel dim Kern $f = n - \mathrm{rg}\, f$ gilt.

4.2 Matrizen

Definition: Eine $m \times n$-*Matrix über* $\mathbb{K}$ ist eine Anordnung von mn Elementen von $\mathbb{K}$ nach folgendem Schema

$$\begin{pmatrix} a_{11} & \cdots\cdots\cdots & a_{1n} \\ \vdots & & \vdots \\ a_{m1} & \cdots\cdots\cdots & a_{mn} \end{pmatrix}.$$

Die $a_{ij} \in \mathbb{K}$ nennt man auch die *Koeffizienten* der Matrix. Die waagrecht geschriebenen n-tupel

$$\begin{pmatrix} a_{i1} & \cdots\cdots & a_{in} \end{pmatrix}$$

heißen die *Zeilen* und die senkrecht geschriebenen m-tupel

$$\begin{pmatrix} a_{1j} \\ \vdots \\ a_{mj} \end{pmatrix}$$

die *Spalten* der Matrix.

Spalte

Zeile

Die Menge aller $m \times n$-Matrizen über $\mathbb{K}$ wird mit $M(m \times n, \mathbb{K})$ bezeichnet.

Mit Hilfe von Matrizen lassen sich eine Reihe wichtiger mathematischer Begriffsbildungen beschreiben und numerisch handhaben, im Bereich der linearen Algebra zum Beispiel lineare Abbildungen, lineare Gleichungssysteme, quadratische Formen und Hyperflächen zweiter Ordnung. In der Differentialrechnung in mehreren Variablen begegnen Ihnen Jacobi-Matrix und Hesse-Matrix als Beschreibungen der höherdimensionalen ersten und zweiten Ableitung und später einmal lernen Sie, wie Lie-Gruppen und Lie-Algebren durch Matrizengruppen und Matrizenalgebren "dargestellt" werden. Jetzt aber interessieren uns die Matrizen wegen ihrer Bedeutung für die linearen Abbildungen.

Definition: Für $x = (x_1, \ldots, x_n) \in \mathbb{K}^n$ wird $Ax \in \mathbb{K}^m$ durch $Ax = (\sum\limits_{j=1}^{n} a_{1j}x_j, \ \sum\limits_{j=1}^{n} a_{2j}x_j, \ldots, \sum\limits_{j=1}^{n} a_{mj}x_j)$ definiert.

Es gibt eine sehr suggestive andere Schreibweise für dieses "Anwenden" einer Matrix A auf ein Element $x \in \mathbb{K}^n$.

Schreibweise: Im Zusammenhang mit der Anwendung von $m \times n$-Matrizen auf n-tupel ist es üblich, die Elemente von $\mathbb{K}^n$ und $\mathbb{K}^m$ als Spalten zu schreiben:

$$\begin{pmatrix} a_{11} \cdots\cdots\cdots a_{1n} \\ \vdots \qquad\qquad \vdots \\ a_{m1} \cdots\cdots\cdots a_{mn} \end{pmatrix} \begin{pmatrix} x_1 \\ \vdots \\ \vdots \\ x_n \end{pmatrix} = \begin{pmatrix} a_{11}x_1 + \cdots + a_{1n}x_n \\ \vdots \\ a_{m1}x_1 + \cdots + a_{mn}x_n \end{pmatrix}$$

Die rechte Seite scheint, bei flüchtigem Hinsehen, rechteckig zu sein, beachten Sie aber, dass es wirklich keine $m \times n$-Matrix ist, sondern nur ein m-tupel, als Spalte geschrieben! Ein Element von $\mathbb{K}^m$ eben, wie es sein soll.

Bevor wir uns etwas näher mit diesen Abbildungen $\mathbb{K}^n \to \mathbb{K}^m$, $x \mapsto Ax$ beschäftigen wollen, noch eine Bemerkung zur bloßen Schreibweise, zum Gewöhnen an die vielen Indices. Formeln mit vielen Indices, so wie die obige

Definition von Ax, kann man sich ja eigentlich nur merken, wenn man irgendwelche Gedächtnisstützen dafür hat. Eine solche Gedächtnisstütze stellt diese Vorstellung dar:

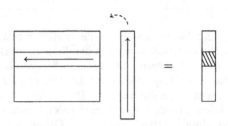

Man kann sich nämlich die Gewinnung der Spalte Ax so vorstellen:

Zur Gewinnung der $\boxed{x_1 \cdots x_n}$ ersten

$\boxed{x_1 \cdots x_n}$ zweiten

$\boxed{x_1 \cdots x_n}$ ...

$\boxed{x_1 \cdots x_n}$ ...

$\boxed{x_1 \cdots x_n}$ letzten Komponente von Ax

legt man die Spalte x nacheinander auf die Zeilen von A, indem man sie so um 90^0 dreht, wie einen Stab. Dann multipliziert man die dabei übereinander zu liegen kommenden Elemente a_{ij} und x_j miteinander und summiert jeweils auf: $a_{i1}x_1 + \cdots + a_{in}x_n$. Natürlich muss man sich dabei merken, dass a_{ij} in der i-ten Zeile und j-ten Spalte steht, nicht umgekehrt. Der erste Index heißt der Zeilenindex, der zweite der Spaltenindex. (Vielleicht merkt man sich das, wenn man daran denkt, dass man gewohnt ist, in Zeilen zu lesen und die Zeilen daher, als die näherliegende Unterteilung der Matrix, den ersten Index für sich beanspruchen können?)

Satz: Sei $A \in M(m \times n, \mathbb{K})$. Dann ist die Abbildung

$$\mathbb{K}^n \longrightarrow \mathbb{K}^m$$
$$x \longmapsto Ax$$

linear, und ist umgekehrt $f : \mathbb{K}^n \to \mathbb{K}^m$ eine lineare Abbildung, dann gibt es genau eine Matrix $A \in M(m \times n, \mathbb{K})$ mit $f(x) = Ax$ für alle $x \in \mathbb{K}^n$.

Jeder Matrix die zugehörige lineare Abbildung $\mathbb{K}^n \to \mathbb{K}^m$ zuzuordnen definiert also eine bijektive Abbildung $M(m \times n, \mathbb{K}) \to \mathrm{Hom}(\mathbb{K}^n, \mathbb{K}^m)$! Deshalb kann man die $m \times n$-Matrizen auch als die linearen Abbildungen von $\mathbb{K}^n$ nach $\mathbb{K}^m$ *interpretieren* oder *auffassen*.

BEWEIS: Dass $A(x+y) = Ax + Ay$ und $A(\lambda x) = \lambda(Ax)$, für alle $x, y \in \mathbb{K}^n$, $\lambda \in \mathbb{K}$ gilt, liest man sofort aus der Definition von Ax ab. Die durch $x \mapsto Ax$ gegebene Abbildung ist also linear. Sei nun $f : \mathbb{K}^n \to \mathbb{K}^m$ irgendeine lineare Abbildung. Wir müssen zeigen, dass es genau eine Matrix $A \in M(m \times n, \mathbb{K})$ gibt, so dass $f(x) = Ax$ für alle $x \in \mathbb{K}^n$ gilt. Wir teilen diesen "es gibt genau ein"-Beweis wieder in Eindeutigkeitsbeweis und Existenzbeweis:

(a) BEWEIS DER EINDEUTIGKEIT: Seien also $A, B \in M(m \times n, \mathbb{K})$ und $f(x) = Ax = Bx$ für alle $x \in \mathbb{K}^n$. Dann muss insbesondere für die "kanonischen Einheitsvektoren" e_j, d.h. für

$$e_1 = \begin{pmatrix} 1 \\ 0 \\ \vdots \\ 0 \end{pmatrix}, \ldots, \quad e_n = \begin{pmatrix} 0 \\ \vdots \\ 0 \\ 1 \end{pmatrix} \in \mathbb{K}^n,$$

gelten: $Ae_j = Be_j$, $j = 1, \ldots, n$. Was ist aber Ae_j? Ae_j ist genau die j-te Spalte von A! Also haben A und B dieselben Spalten und sind daher gleich.

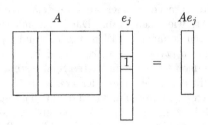

Oder etwas förmlicher hingeschrieben: Bezeichnen wir mit δ_{ij}, $i = 1, \ldots, n$ die Komponenten von e_j, also ("Kronecker-Symbol")

$$\delta_{ij} := \begin{cases} 1 & \text{für } i = j \\ 0 & \text{für } i \neq j \end{cases},$$

dann ist die i-te Komponente von Ae_j, also $(Ae_j)_i$, gegeben durch

$$(Ae_j)_i = \sum_{k=1}^{n} a_{ik}\delta_{kj} = a_{ij} ,$$

also haben wir $a_{ij} = (Ae_j)_i = (Be_j)_i = b_{ij}$ für alle $j = 1, \ldots, n$ und $i = 1, \ldots, m$, also $A = B$. $\qquad\square$

(b) BEWEIS DER EXISTENZ: Für *jede* $m \times n$-Matrix A gilt, wie wir beim Eindeutigkeitsbeweis gerade gesehen haben, dass die Bilder der kanonischen Einheitsvektoren $e_j \in \mathbb{K}^n$ bei der Abbildung

$$\mathbb{K}^n \longrightarrow \mathbb{K}^m$$
$$x \longmapsto Ax$$

gerade die Spalten der Matrix sind.

DIE SPALTEN
SIND DIE BILDER DER
KANONISCHEN EINHEITSVEKTOREN

ist überhaupt ein nützlicher Merkvers für die Matrizenrechnung. Wenn nun $Ax = f(x)$ sein soll, so *müssen* wir A so definieren, dass

$$f(e_j) =: v_j =: \begin{pmatrix} v_{1j} \\ \vdots \\ v_{mj} \end{pmatrix} \in \mathbb{K}^m$$

gerade die j-te Spalte wird, wir setzen also hoffnungsvoll

$$A := \begin{pmatrix} v_{11} & \cdots\cdots & v_{1n} \\ \vdots & & \vdots \\ v_{m1} & \cdots\cdots & v_{mn} \end{pmatrix}$$

und haben damit immerhin schon eine Matrix, für die $Ae_j = f(e_j)$, $j = 1, \ldots, n$ gilt. Wegen der Linearität von f und der durch $x \mapsto Ax$ gegebenen Abbildung folgt daraus aber

$$A(\lambda_1 e_1 + \cdots + \lambda_n e_n) = f(\lambda_1 e_1 + \cdots + \lambda_n e_n)$$

für beliebige $\lambda_j \in \mathbb{K}$, und da $(e_1, \ldots, e_n)$ eine Basis von $\mathbb{K}^n$ ist, bedeutet das $Ax = f(x)$ für alle $x \in \mathbb{K}^n$. $\qquad \square$

Was hat das alles mit den linearen Abbildungen eines Vektorraumes V in einen Vektorraum W zu tun? Nun dies: Wenn V und W endlichdimensional sind und wir Basen $(v_1, \ldots, v_n)$ und $(w_1, \ldots, w_m)$ in V und W wählen, dann können wir sofort jede lineare Abbildung in die Matrizensprache übersetzen. Dazu notieren wir zunächst:

Definition: Ist V ein Vektorraum über $\mathbb{K}$, und ist $(v_1, \ldots, v_n)$ eine Basis von V, so nennen wir

$$\mathbb{K}^n \xrightarrow{\;\cong\;} V$$
$$(\lambda_1, \ldots, \lambda_n) \longmapsto \lambda_1 v_1 + \cdots + \lambda_n v_n$$

den *kanonischen Basisisomorphismus*. Falls eine Bezeichnung benötigt wird, schreiben wir $\Phi_{(v_1, \ldots, v_n)}$ für diesen Isomorphismus.

Der Basisisomorphismus ist gerade der nach Bemerkungen 2 und 3 vorhandene und eindeutig bestimmte Isomorphismus, der die Einheitsvektoren in $\mathbb{K}^n$ auf die Vektoren der gegebenen Basis abbildet. Sind nun $(v_1, \ldots, v_n)$ und $(w_1, \ldots, w_m)$ Basen von V bzw. W und $f : V \to W$ eine lineare Abbildung, so ist

$$\Phi_{(w_1, \ldots, w_m)}^{-1} \circ f \circ \Phi_{(v_1, \ldots, v_n)}$$

eine lineare Abbildung von $\mathbb{K}^n$ nach $\mathbb{K}^m$ und deshalb durch eine $m \times n$-Matrix A gegeben. Am übersichtlichsten zeigt uns ein kommutatives Diagramm die Beziehung zwischen f und A:

Definition: Sei $f : V \to W$ eine lineare Abbildung zwischen Vektorräumen über $\mathbb{K}$, und seien $(v_1, \ldots, v_n)$ und $(w_1, \ldots, w_m)$ Basen für V bzw. W. Dann heißt die durch das kommutative Diagramm

$$
\begin{array}{ccc}
V & \xrightarrow{\;\;f\;\;} & W \\[1ex]
\Phi_{(v_1,\ldots,v_n)} \Big\uparrow \cong & & \cong \Big\uparrow \Phi_{(w_1,\ldots,w_m)} \\[1ex]
\mathbb{K}^n & \xrightarrow{\;\;A\;\;} & \mathbb{K}^m
\end{array}
$$

bestimmte Matrix $A \in M(m \times n, \mathbb{K})$ die *zu* f bezüglich der beiden gewählten Basen *gehörige* Matrix.

Hat man also lineare Abbildungen zwischen endlichdimensionalen Vektorräumen zu betrachten, so kann man immer durch Wahl von Basen zu den zugehörigen Matrizen übergehen. Umgekehrt kann man natürlich aus der Matrix auch f wieder rekonstruieren, denn es ist ja dann

$$
\Phi_{(w_1,\ldots,w_m)} \circ A \circ \Phi^{-1}_{(v_1,\ldots,v_n)} = f.
$$

Insbesondere ist die durch festgewählte Basen bewirkte Zuordnung

$$
\mathrm{Hom}(V, W) \to M(m \times n, \mathbb{K}), \; f \mapsto A
$$

tatsächlich *bijektiv*.

———

Zum Durchführen konkreter Rechnungen ist der Übergang zu den Matrizen oft zweckmäßig, und selbst bei theoretischen Überlegungen kann er nützen, es kommt auf die näheren Umstände an. Über eines muss man sich aber im Klaren sein: ändert man die Basen, so ändert sich auch die Matrix, die f beschreibt. Das ist manchmal ein Segen, weil man durch geschickte Basiswahl zu sehr einfachen Matrizen gelangen kann, und manchmal ein Fluch, weil eine genaue Beobachtung der Änderung bei Basiswechsel, des "Transformationsverhaltens", notwendig und lästig werden kann.

4.3 TEST

(1) Eine Abbildung $f : V \to W$, zwischen Vektorräumen V und W über $\mathbb{K}$ ist linear, wenn

☐ $f(\lambda x + \mu y) = \lambda f(x) + \mu f(y)$ für alle $x, y \in V$, $\lambda, \mu \in \mathbb{K}$
☐ f eine Matrix ist
☐ Bild $f \subset W$ ein Untervektorraum von W ist.

(2) Unter dem *Kern* einer linearen Abbildung $f : V \to W$ versteht man

☐ $\{w \in W \mid f(0) = w\}$
☐ $\{f(v) \mid v = 0\}$
☐ $\{v \in V \mid f(v) = 0\}$

(3) Welche der folgenden Aussagen sind richtig: Ist $f : V \to W$ eine lineare Abbildung, so gilt:

☐ $f(0) = 0$
☐ $f(-x) = -f(x)$ für alle $x \in V$
☐ $f(\lambda v) = f(\lambda) + f(v)$ für alle $\lambda \in \mathbb{K}$, $v \in V$

(4) Eine lineare Abbildung $f : V \to W$ heißt Isomorphismus, wenn

☐ es eine lineare Abbildung $g : W \to V$ gibt mit $fg = Id_W$, $gf = Id_V$
☐ V und W isomorph sind
☐ $(f(v_1), \ldots, f(v_n))$ für jedes n-tupel $(v_1, \ldots, v_n)$ in V eine Basis von W ist

(5) Unter dem Rang $\mathrm{rg}\,f$ einer linearen Abbildung $f : V \to W$ versteht man

☐ $\dim \mathrm{Kern}\, f$ ☐ $\dim \mathrm{Bild}\, f$ ☐ $\dim W$

(6) $\begin{pmatrix} 1 & -1 \\ 2 & 0 \end{pmatrix} \begin{pmatrix} 3 \\ 1 \end{pmatrix} =$

☐ $\begin{pmatrix} 2 \\ 6 \end{pmatrix}$ ☐ $\begin{pmatrix} 5 \\ -3 \end{pmatrix}$ ☐ $\begin{pmatrix} 0 \\ 2 \end{pmatrix}$

(7) Die Abbildung

$$\mathbb{R}^2 \longrightarrow \mathbb{R}^2$$
$$(x,y) \longrightarrow (x+y, y-x)$$

ist durch die folgende Matrix gegeben ("Die Spalten sind die ... ")

$\square \quad \begin{pmatrix} 1 & 1 \\ 1 & -1 \end{pmatrix} \qquad \square \quad \begin{pmatrix} 0 & 2 \\ -2 & 0 \end{pmatrix} \qquad \square \quad \begin{pmatrix} 1 & 1 \\ -1 & 1 \end{pmatrix}$

(8) Es seien V und W zwei dreidimensionale Vektorräume mit Basen (v_1, v_2, v_3) und (w_1, w_2, w_3), und sei $f : V \to W$ die lineare Abbildung mit $f(v_i) = w_i$. Dann ist die "zugehörige" Matrix

$\square \quad A = \begin{pmatrix} 1 & 1 & 1 \\ 1 & 1 & 1 \\ 1 & 1 & 1 \end{pmatrix}$

$\square \quad A = \begin{pmatrix} 1 & 0 & 0 \\ 0 & 1 & 0 \\ 0 & 0 & 1 \end{pmatrix}$

$\square \quad A = \begin{pmatrix} 0 & 0 & 0 \\ 0 & 0 & 0 \\ 0 & 0 & 0 \end{pmatrix}$

(9) Eine lineare Abbildung $f : V \to W$ ist genau dann injektiv, wenn

$\square$ f surjektiv ist,
$\square$ $\dim \mathrm{Kern}\, f = 0$,
$\square$ $\mathrm{rg}\, f = 0$ ist.

(10) Es sei $f : V \to W$ eine surjektive lineare Abbildung und $\dim V = 5$, $\dim W = 3$. Dann ist

$\square$ $\dim \mathrm{Kern}\, f \geq 3$
$\square$ $\dim \mathrm{Kern}\, f$ null, eins oder zwei, jeder dieser Fälle kann vorkommen
$\square$ $\dim \mathrm{Kern}\, f = 2$

4.4 QUOTIENTENVEKTORRÄUME

EIN ABSCHNITT FÜR MATHEMATIKER

Sei V ein Vektorraum über einem Körper $\mathbb{K}$ und $U \subset V$ ein Untervektorraum. Wir wollen den Quotienten "V nach U" oder "V durch U" erklären, und das wird wieder ein Vektorraum über $\mathbb{K}$ sein. Ein Vektorraum besteht ja bekanntlich aus dreierlei: Menge, Addition, Skalarmultiplikation. In unserem Falle soll die Menge mit V/U bezeichnet werden, wir haben also dreierlei zu definieren:

(a) die Menge V/U

(b) die Addition $V/U \times V/U \to V/U$

(c) die Skalarmultiplikation $\mathbb{K} \times V/U \to V/U$.

Und dann müssen natürlich noch die acht Axiome geprüft werden!

ZU (a): Für $x \in V$ sei $x + U := \{x + u \mid u \in U\}$, und V/U soll die Menge aller $x + U$ sein, d.h.

$$V/U = \{x + U \mid x \in V\}.$$

Die Elemente von V/U sind also, wohlgemerkt, nicht etwa diejenigen Elemente von V, die die Form $x + u$, $u \in U$ haben, sondern jedes Element von V/U ist selbst eine Menge $\{x + u \mid u \in U\}$.

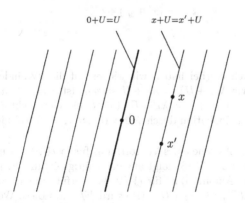

U selbst ist natürlich auch ein Element von V/U, nämlich $0 + U$.

Zu (b): Wir wollen die Addition in V/U durch $(x + U) + (y + U) := (x + y) + U$ erklären. Dabei tritt nun eine ganz merkwürdige Schwierigkeit auf. Obwohl wir eine so klare Formel für die Summe hinschreiben können:

$$(x + U) + (y + U) := (x + y) + U,$$

müssen wir uns fragen, ob $(x + U) + (y + U)$ dadurch wirklich *wohldefiniert* ist. Es kann nämlich vorkommen, dass $x + U = x' + U$ ist, obwohl $x \neq x'$ ist! Erst wenn wir gezeigt haben, dass aus $x + U = x' + U$ und $y + U = y' + U$ auch $(x + y) + U = (x' + y') + U$ folgt, dürfen wir sagen, dass durch $(x + U) + (y + U) := (x + y) + U$ für alle $x, y \in V$ wirklich eine Verknüpfung $V/U \times V/U \to V/U$ definiert ist. Wollen wir das also nachweisen: Sei $x+U = x'+U$ und $y+U = y'+U$. Daraus folgt $x+0 = x \in x'+U$, $y \in y' + U$, also gibt es $a, b \in U$ mit $x = x' + a$, $y = y' + b$, also ist

$$\begin{aligned}
(x + y) + U &= (x' + a) + (y' + b) + U \\
&= ((x' + y') + (a + b)) + U \\
&= \{x' + y' + a + b + u \mid u \in U\}.
\end{aligned}$$

Da nun $a, b \in U$ sind, ist mit $u \in U$ auch $a + b + u \in U$, und umgekehrt, jedes Element von U kann als $a + b + u$, $u \in U$, geschrieben werden, denn für $z \in U$ ist $z = a + b + (z - a - b)$. Also ist

$$\begin{aligned}
(x + y) + U &= \{x' + y' + (a + b + u) \mid u \in U\} \\
&= \{x' + y' + u' \mid u' \in U\} \\
&= (x' + y') + U.
\end{aligned}$$

$\square$

Zu (c): Auch hierbei haben wir wieder auf die "Wohldefiniertheit" zu achten, wenn wir $\lambda(x + U) := \lambda x + U$ setzen. Ist $x = x' + a$, $a \in U$, dann ist $\lambda x + U = \lambda x' + \lambda a + U = \lambda x' + U$, weil U ein Untervektorraum ist. Also ist die Skalarmultiplikation durch $\lambda(x + U) := \lambda x + U$ wohldefiniert.

Sind die acht Axiome eines Vektorraums für $(V/U, +, \cdot)$ erfüllt? Für die Axiome (1), (2) und (5)-(8) folgt aus der Gültigkeit für $(V, +, \cdot)$ sofort die für $(V/U, +, \cdot)$. Axiom (3) ist für $(V/U, +, \cdot)$ erfüllt mit $U =: 0 \in V/U$ und (4) mit $-(x + U) := (-x) + U$. Also wird V/U auf diese Weise tatsächlich zu einem Vektorraum über $\mathbb{K}$.

Bemerkung und Definition: Sei V ein Vektorraum über $\mathbb{K}$, $U \subset V$ ein Untervektorraum. Sei V/U die Menge aller "Nebenklassen" $x + U := \{x + u \mid u \in U\}$ von U, also $V/U = \{x + U \mid x \in V\}$. Dann sind durch

$$(x + U) + (y + U) := (x + y) + U$$
$$\lambda(x + U) := \lambda x + U$$

für alle $x, y \in V$, $\lambda \in \mathbb{K}$, eine Addition und eine Skalarmultiplikation für V/U wohldefiniert, durch die V/U zu einem Vektorraum über $\mathbb{K}$ wird. V/U heißt der Quotientenvektorraum V nach U.

Beweis: Da U Untervektorraum von V ist, ist $x + U$ genau dann gleich $x' + U$, wenn $x - x' \in U$ gilt. Daraus ergibt sich leicht die Wohldefiniertheit der Verknüpfungen. Setzt man $U =: 0 \in V/U$ und $-(x+U) := (-x)+U$, so ergibt sich die Gültigkeit der acht Vektorraumaxiome für $(V/U, +, \cdot)$ sofort aus der Gültigkeit der entsprechenden Axiome für V. Also ist $(V/U, +, \cdot)$ ein Vektorraum. $\qquad\square$

Unmittelbar aus der Definition folgt, dass V/V nur aus einem Element besteht, denn $x + V = V$ für alle $x \in V$. Also ist V/V der nur aus der Null bestehende Vektorraum. $V/\{0\}$ dagegen ist "beinahe dasselbe" wie V: Durch $V \to V/\{0\}$, $v \mapsto \{v\}$ ist ein Isomorphismus von V nach $V/\{0\}$ erklärt. — Um nicht bei allen Überlegungen auf die Definition zurückgreifen zu müssen ist es zweckmäßig, sich zwei oder drei Grundtatsachen über Quotientenvektorräume direkt zu merken.

Notiz 1: Die Abbildung $\pi : V \to V/U$, $v \mapsto v + U$ ist ein Epimorphismus mit Kern $\pi = U$. Man nennt π die "Projektion" der Quotientenbildung.

Notiz 2: Ist V endlichdimensional, so gilt:

$$\dim V/U = \dim V - \dim U.$$

Lemma: Ist $f : V \to W$ irgendeine lineare Abbildung mit $U \subset \mathrm{Kern}\, f$, so gibt es genau eine lineare Abbildung

$$\varphi : V/U \to W,$$

für die das Diagramm

$$V \xrightarrow{\quad f \quad} W$$
$$\downarrow \qquad \nearrow_{\varphi}$$
$$V/U$$

kommutativ ist.

BEWEIS: Ein solches φ müsste jedenfalls $\varphi(v + U) = f(v)$ erfüllen, deshalb kann es nicht mehrere geben. Andererseits ist φ durch $\varphi(v + U) := f(v)$ auch wohldefiniert, denn $f(v) = f(v + a)$ für $a \in U$ folgt aus der Linearität von f und $U \subset \mathrm{Kern}\, f$. Schließlich folgt die Linearität von φ aus der von f, da $\varphi((v+U)+(v'+U)) = f(v+v') = f(v)+f(v') = \varphi(v+U)+\varphi(v'+U)$, analog für $\varphi(\lambda(v + U))$. $\qquad\square$

Wozu braucht man Quotientenvektorräume? In der *Linearen Algebra I* braucht man sie nicht unbedingt. In der höheren Mathematik, besonders in Algebra und Topologie, kommen Quotientenbildungen aber so häufig vor, dass ich Sie gerne schon einmal mit einer bekannt machen wollte. Von einem allgemeineren Standpunkt aus gesehen, ist die in dem Lemma ausgesprochene so genannte *universelle Eigenschaft* der Quotientenbildung das Entscheidende: der Quotient V/U ist der natürliche Lebensraum für die auf V definierten Homomorphismen, welche auf U verschwinden. — Es wäre ganz begreiflich, wenn Ihnen gefühlsmäßig V und U einstweilen angenehmer vorkommen als V/U: ein Vektorraum, dessen Vektoren Teilmengen von V sind? Sie werden aber später U, V und V/U als gleichberechtigte Partner ("Faser, Totalraum und Basis") in einer geometrischen oder algebraischen Situation anzusehen lernen, ja oft sogar V/U als das eigentlich nützliche Objekt erleben, für das V und U nur Vorläufer und Rohmaterial waren.

4.5 DREHUNGEN UND SPIEGELUNGEN DES $\mathbb{R}^2$

EIN ABSCHNITT FÜR PHYSIKER

Wir betrachten den euklidischen Vektorraum $\mathbb{R}^2$ und legen uns die Frage vor: Welche linearen Abbildungen $\mathbb{R}^2 \to \mathbb{R}^2$ respektieren das Skalarprodukt, d.h. für welche 2×2-Matrizen A gilt

$$\langle Ax, Ay \rangle = \langle x, y \rangle$$

für alle $x, y \in \mathbb{R}^2$? Wir wollen diese Frage zunächst einmal durch ganz anschauliche Überlegungen zu beantworten suchen. Die Spalten sind ja bekanntlich die Bilder der Einheitsvektoren. Betrachten wir also die beiden Einheitsvektoren $e_1 = (1,0)$ und $e_2 = (0,1)$. Der Bildvektor von e_1, also Ae_1, muss ebenfalls die Länge 1 haben, denn

$$\| Ae_1 \|^2 = \langle Ae_1, Ae_1 \rangle = \langle e_1, e_1 \rangle = 1.$$

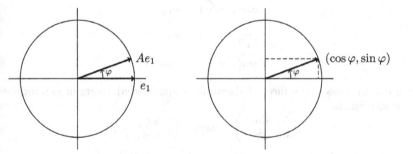

Den Winkel, den e_1 überstreicht, wenn wir es im mathematisch positiven Sinne nach Ae_1 führen (also entgegen dem Uhrzeigersinn) nennen wir φ. Dann ist Ae_1 als Spalte geschrieben:

$$\begin{pmatrix} \cos \varphi \\ \sin \varphi \end{pmatrix}$$

Also wissen wir schon, wie die erste Spalte von A aussehen muss ,

$$A = \begin{pmatrix} \cos \varphi & * \\ \sin \varphi & * \end{pmatrix} .$$

Was geschieht nun mit e_2? Wieder muss $\| Ae_2 \| = 1$, und außerdem muss $\langle Ae_2, Ae_1 \rangle = \langle e_2, e_1 \rangle = 0$ sein, also Ae_2 steht senkrecht auf Ae_1. Deshalb kommen nur die beiden Möglichkeiten in Frage:

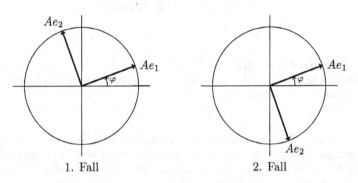

1. Fall　　　　　　　　　　2. Fall

Der Winkel, den Ae_2 mit e_1 bildet, ist also entweder $\varphi + \pi/2$ oder $\varphi - \pi/2$. Da nun

$$\cos(\varphi + \frac{\pi}{2}) = -\sin\varphi$$

$$\cos(\varphi - \frac{\pi}{2}) = \sin\varphi$$

$$\sin(\varphi + \frac{\pi}{2}) = \cos\varphi$$

$$\sin(\varphi - \frac{\pi}{2}) = -\cos\varphi$$

gilt (hier muss ich an Ihre Schulkenntnisse appellieren), so ergibt sich für die zweite Spalte

$$\begin{pmatrix} -\sin\varphi \\ \cos\varphi \end{pmatrix} \quad \text{bzw.} \quad \begin{pmatrix} \sin\varphi \\ -\cos\varphi \end{pmatrix},$$

so dass wir also als Antwort auf unsere Frage erhalten haben:

Satz: Eine 2×2-Matrix A hat die Eigenschaft $\langle Ax, Ay \rangle = \langle x, y \rangle$ für alle $x, y \in \mathbb{R}^2$ genau dann, wenn es ein φ gibt, so dass entweder

$$A = \begin{pmatrix} \cos\varphi & -\sin\varphi \\ \sin\varphi & \cos\varphi \end{pmatrix} \quad \text{oder aber} \quad A = \begin{pmatrix} \cos\varphi & \sin\varphi \\ \sin\varphi & -\cos\varphi \end{pmatrix}$$

gilt.

Ohne nur anschauliche Argumente, jedoch Kenntnisse über Sinus und Cosinus voraussetzend, ergibt sich das so: Sei $A = (a_{ij})$ und $\langle Ax, Ay \rangle = \langle x, y \rangle$ für alle $x, y \in \mathbb{R}^2$. Wegen

$$\langle Ae_1, Ae_1 \rangle = a_{11}^2 + a_{21}^2 = 1 \quad \text{und} \quad \langle Ae_2, Ae_2 \rangle = a_{12}^2 + a_{22}^2 = 1$$

gibt es reelle Zahlen φ und ψ mit $a_{11} = \cos\varphi$, $a_{21} = \sin\varphi$, $a_{22} = \cos\psi$, $a_{12} = -\sin\psi$. Dann liefert $\langle Ae_1, Ae_2 \rangle = a_{11}a_{12} + a_{21}a_{22} = 0$, dass

$$-\cos\varphi\sin\psi + \sin\varphi\cos\psi = \sin(\varphi - \psi) = 0,$$

also $\varphi = \psi + k\pi$ für geeignetes $k \in \mathbb{Z}$. Also gilt entweder $\cos\varphi = \cos\psi$ und $\sin\varphi = \sin\psi$ (nämlich wenn k gerade ist) oder $\cos\varphi = -\cos\psi$ und $\sin\varphi = -\sin\psi$ (nämlich wenn k ungerade ist). Daraus folgt, dass A von der angegebenen Gestalt sein muss . Dass umgekehrt jede solche Matrix das Skalarprodukt respektiert, rechnet man sofort nach. Damit ist dann der Satz bewiesen. $\qquad\square$

Definition: Die Menge aller in dem obigen Satz genannten reellen 2×2-Matrizen bezeichnet man mit $O(2)$ (von "orthogonal"), die Teilmenge

$$\{A \in O(2) \mid A = \begin{pmatrix} \cos\varphi & -\sin\varphi \\ \sin\varphi & \cos\varphi \end{pmatrix}, \; \varphi \in \mathbb{R}\}$$

wird mit $SO(2)$ bezeichnet.

Wenn man sich überlegt, wohin eine gegebene Matrix $A \in O(2)$ die beiden Einheitsvektoren e_1, e_2 abbildet und daran denkt, dass aus $x = \lambda_1 e_1 + \lambda_2 e_2$ auch $Ax = \lambda_1 Ae_1 + \lambda_2 Ae_2$ folgt, so kann man sich leicht den geometrischen Mechanismus von A klarmachen. Dabei ergibt sich, dass zwischen den Matrizen aus $SO(2)$ und denen aus $O(2) \setminus SO(2)$ ein wesentlicher Unterschied besteht.

Geometrisch, nämlich als Abbildung $\mathbb{R}^2 \to \mathbb{R}^2$, beschreibt die Matrix

$$A = \begin{pmatrix} \cos\varphi & -\sin\varphi \\ \sin\varphi & \cos\varphi \end{pmatrix} \in SO(2)$$

eine *Drehung* um den Nullpunkt, und zwar die Drehung im mathematisch positiven Sinne um den Winkel φ,

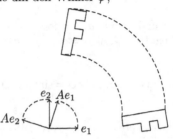

während die Matrix

$$B = \begin{pmatrix} \cos\varphi & \sin\varphi \\ \sin\varphi & -\cos\varphi \end{pmatrix} \in O(2) \smallsetminus SO(2)$$

die *Spiegelung* an der Achse, die gegen $\mathbb{R} \times 0$ mit dem Winkel $\varphi/2$ geneigt ist:

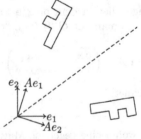

Bitte beachten Sie, dass wir durch

$$\mathbb{R}^2 \longrightarrow \mathbb{R}^2$$
$$\begin{pmatrix} x_1 \\ x_2 \end{pmatrix} \longmapsto \begin{pmatrix} \cos\varphi & -\sin\varphi \\ \sin\varphi & \cos\varphi \end{pmatrix} \begin{pmatrix} x_1 \\ x_2 \end{pmatrix}$$

eine Drehung des ganzen $\mathbb{R}^2$ um den Winkel φ bewirken, nicht etwa nur eine Drehung des "Koordinatensystems" und Angabe der Koordinaten des Punktes x "in" dem neuen Koordinatensystem. Das ist ein ganz anderer Vorgang! Und über den wollen wir doch auch noch kurz sprechen.

Das "Einführen neuer Koordinatensysteme" kann man, glaube ich, am besten verstehen, wenn der Vektorraum, dem man ein neues Koordinatensystem geben will, gar kein *altes* Koordinatensystem zu haben braucht, durch das man verwirrt werden könnte. Sei V ein 2-dimensionaler reeller Vektorraum. Ein "Koordinatensystem" ist durch eine Basis (v_1, v_2) gegeben. Man nennt $L(v_1)$ und $L(v_2)$ die Koordinatenachsen. Dann haben wir den kanonischen Basis-Isomorphismus $\Phi : \mathbb{R}^2 \xrightarrow{\cong} V$, $(\lambda_1, \lambda_2) \mapsto \lambda_1 v_1 + \lambda_2 v_2$. Die Umkehrabbildung

$$\Phi^{-1} : V \xrightarrow{\cong} \mathbb{R}^2$$

$$v \longmapsto (\lambda_1, \lambda_2), \quad \text{wobei } v = \lambda_1 v_1 + \lambda_2 v_2,$$

ist dann gerade die Abbildung, die jedem Vektor *seine Koordinaten* zuordnet.

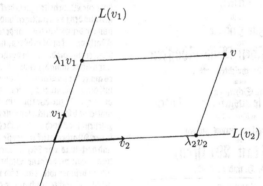

— Wenn nun, als Spezialfall, $V = \mathbb{R}^2$ ist und die Basis des "neuen Koordinatensystems" aus der kanonischen Basis durch Drehen um den Winkel φ entsteht, dann ist $\Phi : \mathbb{R}^2 \xrightarrow{\cong} \mathbb{R}^2$ die durch

$$\begin{pmatrix} \cos \varphi & -\sin \varphi \\ \sin \varphi & \cos \varphi \end{pmatrix}$$

gegebene Abbildung (wie wir vorhin gerade überlegt hatten), und wenn man sich für $\Phi^{-1} : \mathbb{R}^2 \to \mathbb{R}^2$ interessiert, also jedem Vektor aus $\mathbb{R}^2$ seine "neuen Koordinaten" zuordnen will, dann ist diese Abbildung gerade durch die Matrix gegeben, die der Drehung um $-\varphi$ entspricht, also

$$\begin{pmatrix} \cos \varphi & \sin \varphi \\ -\sin \varphi & \cos \varphi \end{pmatrix} .$$

4.6 Historische Notiz

Es gibt ja die verschiedensten Motive für das Studium der Mathematik. Ohne Kommentar lasse ich hier Christian Wolff zu Wort kommen.

Mathematisches

LEXICON,

Darinnen
die in allen Theilen der Mathematick üblichen Kunst-Wörter
erkläret,
und
Zur Historie
der
Mathematischen Wissenschafften
dienliche Nachrichten ertheilet,
Auch
die Schrifften,
wo iede Materie ausgeführet zu finden,
angeführet werden:
Auff Begehren heraus gegeben
von
Christian Wolffen,
K. P. H. und P. P. O.

Leipzig,
Bey Joh. Friedrich Gleditschens seel. Sohn.
1716.

Vorrede.

Ch habe bey mir von Jugend auff eine unersättliche Begierde die Wahrheit gewiß zu erkennen und anderen zu dienen gefunden. Daher als ich bey Zeiten vernahm, daß man der Mathematick eine ungezweiffelte Gewißheit zuschreibe, und absonderlich die Algebra als eine richtige Kunst verborgene Wahrheiten zuentdecken rühme; Hingegen aus den so vielfältigen und wiedrigen Meinungen der Gelehrten in anderen Sachen, die zur Mathematick nicht gehören, und aus den steten Aenderung, die darinnen vorgenommen werden, mir auch dazumahl genung begreiflich war, daß es ausser der Mathematick an einer völligen Gewißheit meistentheils fehle; Erweckte bey mir die Begierde zur Warheit eine Liebe zur Mathematick und sonderlich eine Lust zur Algebra, um zusehen, was doch die Ursache sey, warum man in der Mathematick so grosse Gewißheit habe, und nach was vor Regeln man daselbst dencke, wenn man verborgene Wahrheiten zum Vorscheine bringen will, damit ich mich desto sicherer bemühen möchte auch ausser der Mathematick dergleichen Gewißheit zu suchen und die Wahr-
a 2   bei-

4.7 Literaturhinweis

Zunächst weitere Hinweise für eventuelle Halmos- bzw. Kowalsky-Leser:

(a) Halmos: Der bisher in der Vorlesung behandelte Stoff entspricht in Halmos' Buch den Paragraphen 1-12, ferner §§ 21, 22 und §§ 32-37. Soviel ich sehe kann man diese Paragraphen auch ruhig in dieser Reihenfolge lesen, die dazwischen liegenden einstweilen weglassend.

(b) Kowalsky: Der in unserem § 4 neu hinzugekommene Stoff ist in Kowalsky's Buch auf den Seiten 49-58 behandelt. Kowalsky schreibt $L(X,Y)$ statt $\mathrm{Hom}(X,Y)$. Die "elementaren Umformungen", die bei K. schon im § 7 vorkommen, erscheinen in unserem Skriptum erst in § 5.

Die Hörer einer Vorlesung wollen vom Dozenten natürlich gern ein Buch genannt haben, das leicht zu lesen ist, mit der Vorlesung gut zusammenpasst und wenig kostet. Diese Bedingungen erfüllte damals wohl das B.I. Hochschultaschenbuch [12] von R. Lingenberg am besten.

Einige Abweichungen: Vektoren werden in [12] mit deutschen Buchstaben bezeichnet, lineare Hülle durch $< \cdots >$ oder, wenn es sich um die lineare Hülle eines linear unabhängigen n-tupels von Vektoren handelt, mit $\ll \cdots \gg$. Natürlich ist das Skriptum [12] mit insgesamt 156 Seiten viel knapper geschrieben als das vorliegende.

Heute wäre hier natürlich vor allem der eigentliche Renner unter den seither erschienenen deutschsprachigen Büchern über lineare Algebra zu nennen, nämlich die Lineare Algebra [3] von Gerd Fischer.

4.8 Übungen

Übungen für Mathematiker:

Aufgabe 4.1: Seien V und W Vektorräume über $\mathbb{K}$, sei $(v_1, \ldots, v_n)$ eine Basis von V und $f : V \to W$ eine lineare Abbildung. Man beweise: f ist injektiv $\iff (f(v_1), \ldots, f(v_n))$ ist linear unabhängig.

Aufgabe 4.2: Sei $\mathbb{K}$ ein Körper und

$$\mathcal{P}_n = \{\lambda_0 + \lambda_1 t + \cdots + \lambda_n t^n \mid \lambda_i \in \mathbb{K}\}$$

der Vektorraum der Polynome in einer Unbestimmten t von einem Grade $\leq n$ mit Koeffizienten in $\mathbb{K}$. Ist $f(t) \in \mathcal{P}_n$ und $g(t) \in \mathcal{P}_m$, dann ist das Produkt $f(t)g(t) \in \mathcal{P}_{n+m}$ in der naheliegenden Weise erklärt. Wenn es Sie stört, dass Sie nicht so recht wissen was eine "Unbestimmte" ist und die ganze Definition von $\mathcal{P}_n$ für Sie deshalb etwas in der Luft hängt (und ich hoffe eigentlich, dass sie das stört!), dann können Sie $\mathcal{P}_n$ auch einfach als $\mathbb{K}^{n+1}$ definieren, ein Polynom also als $(\lambda_0, \ldots, \lambda_n)$, $\lambda_i \in \mathbb{K}$, und können das Produkt durch

$$(\lambda_0, \ldots, \lambda_n)(\mu_0, \ldots, \mu_m) := (\sum_{i+j=0} \lambda_i \mu_j \quad, \ldots, \sum_{i+j=n+m} \lambda_i \mu_j)$$

definieren. Aber nachdem Sie nun wissen, wie man durch eine einfache Formalisierung der "Unbestimmtheit des Begriffes Unbestimmte" entgehen kann, können Sie auch die obige, sehr bequeme Sprech- und Schreibweise annehmen.

Wir nennen $(1, t, \ldots, t^n)$ die kanonische Basis von $\mathcal{P}_n$. Man bestimme die Matrix der linearen Abbildung $\mathcal{P}_3 \to \mathcal{P}_4$, $f(t) \mapsto (2 - t)f(t)$ bezüglich der kanonischen Basen.

AUFGABE 4.3: Unter einem endlichen Kettenkomplex C versteht man eine Folge von Homomorphismen

$$0 \xrightarrow{f_{n+1}} V_n \xrightarrow{f_n} \cdots \xrightarrow{f_2} V_1 \xrightarrow{f_1} V_0 \xrightarrow{f_0} 0$$

mit der Eigenschaft $f_i \circ f_{i+1} = 0$, d.h. Bild $f_{i+1} \subset$ Kern f_i. Der Quotientenvektorraum

$$H_i(C) := \text{Kern } f_i / \text{Bild } f_{i+1}$$

heißt die i-te Homologie des Komplexes. Man beweise: Sind alle V_i endlichdimensional, so gilt

$$\sum_{i=0}^{n} (-1)^i \dim V_i = \sum_{i=0}^{n} (-1)^i \dim H_i(C)$$

DIE ∗-AUFGABE:

AUFGABE 4∗: In dem kommutativen Diagramm

$$
\begin{array}{ccccccccc}
V_4 & \xrightarrow{f_4} & V_3 & \xrightarrow{f_3} & V_2 & \xrightarrow{f_2} & V_1 & \xrightarrow{f_1} & V_0 \\
\text{surj.} \downarrow \varphi_4 & & \cong \downarrow \varphi_3 & & \downarrow \varphi_2 & & \cong \downarrow \varphi_1 & & \text{inj.} \downarrow \varphi_0 \\
W_4 & \xrightarrow{g_4} & W_3 & \xrightarrow{g_3} & W_2 & \xrightarrow{g_2} & W_1 & \xrightarrow{g_1} & W_0
\end{array}
$$

von Vektorräumen und Homomorphismen seien die beiden Zeilen "exakt", d.h. $\operatorname{Kern} f_i = \operatorname{Bild} f_{i+1}$ und $\operatorname{Kern} g_i = \operatorname{Bild} g_{i+1}$ für $i = 1, 2, 3$. Die "senkrechten" Homomorphismen mögen die im Diagramm angegebenen Eigenschaften haben, also φ_4 surjektiv, φ_3 und φ_1 Isomorphismen, φ_0 injektiv. Man zeige: Unter diesen Umständen muss φ_2 ein Isomorphismus sein.

ÜBUNGEN FÜR PHYSIKER:

AUFGABE 4.1P: $=$ Aufgabe 4.1 (für Mathematiker)

AUFGABE 4.2P: Sei $(V, \langle \cdot, \cdot \rangle)$ ein euklidischer Vektorraum und $f : V \to V$ eine lineare Abbildung. Man beweise: Genau dann gilt $\langle f(x), f(y) \rangle = \langle x, y \rangle$ für alle $x, y \in V$, wenn $\|f(x)\| = \|x\|$ für alle $x \in V$.

AUFGABE 4.3P: Sei $(V, \langle \cdot, \cdot \rangle)$ ein zweidimensionaler euklidischer Vektorraum, $f : V \to V$ eine orthogonale lineare Abbildung, d.h. $\langle f(x), f(y) \rangle = \langle x, y \rangle$ für alle $x, y \in V$. Es gebe ferner ein $v_0 \in V$, $v_0 \neq 0$ mit $f(v_0) = v_0$, es sei jedoch $f \neq \operatorname{Id}_V$. Man beweise: Ist (e_1, e_2) eine orthonormale Basis von V, dann ist die Matrix des Endomorphismus f bezüglich dieser Basis ein Element von $O(2) \smallsetminus SO(2)$.

5. Matrizenrechnung

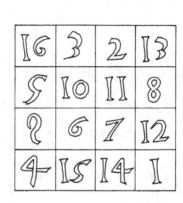

5.1 MULTIPLIKATION

Wir werden uns gleich ausführlich mit der Multiplikation von Matrizen beschäftigen. Zuvor aber ein Wort über die *Addition* und *Skalarmultiplikation* in $M(m \times n, \mathbb{K})$. Statt $A = \begin{pmatrix} a_{11} & \cdots & a_{1n} \\ \vdots & & \vdots \\ a_{m1} & \cdots & a_{mn} \end{pmatrix}$ kann man auch kurz $A = (a_{ij})_{i=1,..,m;\,j=1,..,n}$ schreiben oder, wenn auf andere Weise gesagt wurde, wieviele Zeilen und Spalten A hat, auch einfach $A = (a_{ij})$. Addition und Skalarmultiplikation geschehen nun elementweise, wie bei r-tupeln:

Definition: Sind (a_{ij}), $(b_{ij}) \in M(m \times n, \mathbb{K})$ und $\lambda \in \mathbb{K}$, so ist

$$(a_{ij}) + (b_{ij}) := (a_{ij} + b_{ij}) \in M(m \times n, \mathbb{K}) \quad \text{und}$$
$$\lambda(a_{ij}) := (\lambda a_{ij}) \in M(m \times n, \mathbb{K}).$$

Notiz 1: $M(m \times n, \mathbb{K})$ wird dadurch zu einem Vektorraum über $\mathbb{K}$. Da sich dieser Vektorraum offenbar nur durch die Schreibweise der Elemente (im Rechteck statt in einer langen Zeile) von $\mathbb{K}^{mn}$ unterscheidet, hat er die Dimension mn.

Notiz 2: Die Abbildung $M(m \times n, \mathbb{K}) \to \text{Hom}(\mathbb{K}^n, \mathbb{K}^m)$, die dadurch definiert ist, dass man jeder Matrix A die lineare Abbildung $\mathbb{K}^n \to \mathbb{K}^m$, $x \mapsto Ax$ zuordnet, ist ein Isomorphismus der Vektorräume.

Nun zur Multiplikation. Alles, was hier über Matrizen gesagt wird, hat zwei Seiten: eine begriffliche und eine mechanisch-rechnerische, je nachdem ob wir die Matrizen als lineare Abbildungen $\mathbb{K}^n \to \mathbb{K}^m$ oder als Zahlenschemata auffassen. Dieser doppelten Bedeutung wollen wir auch in der Notation durch eine "Doppelbedeutung" Rechnung tragen:

Vereinbarung: Für Matrizen $A \in M(m \times n, \mathbb{K})$ bezeichnen wir die zugehörige lineare Abbildung $\mathbb{K}^n \to \mathbb{K}^m$ mit demselben Symbol, also $A : \mathbb{K}^n \to \mathbb{K}^m$.

Natürlich soll Sie das nicht auf den Gedanken bringen, eine Matrix und eine lineare Abbildung seien überhaupt dasselbe! Aber so naive Warnungen brauche ich wohl nicht auszusprechen, Sie haben ja schon einige Erfahrung im Umgang mit Doppelbedeutungen. —

Ein Entschluss zu einer Doppelbedeutung in der Notation bringt gewisse Verpflichtungen mit sich, es dürfen ja keine Verwechslungen entstehen. Zum Beispiel: Wenn wir für $A, B \in M(m \times n, \mathbb{K})$ die Abbildung $A + B : \mathbb{K}^n \to \mathbb{K}^m$ betrachten: ist das dann die Matrizensumme als lineare Abbildung aufgefasst oder ist es die Summe der linearen Abbildungen $A, B : \mathbb{K}^n \to \mathbb{K}^m$? Nun, das ist eben beide Male ganz dieselbe Abbildung, deshalb besteht hier gar keine Verwechslungsgefahr, und für λA, $\lambda \in \mathbb{K}$, gilt das nämliche. Ebenso verhält es sich nun bei der zu definierenden Matrizenmultiplikation: Das Produkt zweier Matrizen soll als lineare Abbildung gerade die Hintereinanderanwendung sein:

$$AB : \mathbb{K}^n \xrightarrow{\ B\ } \mathbb{K}^m \xrightarrow{\ A\ } \mathbb{K}^r$$

Was bedeutet das für das Ausrechnen der Matrix AB als Zahlenschema? Nun, zunächst sehen wir einmal, dass man nicht beliebige Matrizen miteinander multiplizieren kann, denn

$$\mathbb{K}^n \xrightarrow{\ B\ } \mathbb{K}^s, \quad \mathbb{K}^m \xrightarrow{\ A\ } \mathbb{K}^r$$

kann man ja nur zu AB zusammensetzen, wenn $s = m$ ist. Das Matrizenprodukt definiert also eine Abbildung

$$M(r \times m, \mathbb{K}) \times M(m \times n, \mathbb{K}) \longrightarrow M(r \times n, \mathbb{K}).$$

Um nun die Formel für AB zu bestimmen, muss man einfach das Bild des j-ten kanonischen Einheitsvektors berechnen:

$$e_j \longmapsto Be_j \longmapsto ABe_j,$$

das ist dann die j-te Spalte von AB:

$$\begin{pmatrix} 0 \\ \vdots \\ 1 \\ \vdots \\ 0 \end{pmatrix} \longmapsto \begin{pmatrix} b_{1j} \\ \vdots \\ \vdots \\ b_{mj} \end{pmatrix} \longmapsto \begin{pmatrix} a_{11}b_{1j} + \cdots + a_{1m}b_{mj} \\ \vdots \\ \vdots \\ a_{r1}b_{1j} + \cdots + a_{rm}b_{mj} \end{pmatrix}$$

(vergl. Abschnitt 4.2). Also ist $\sum_{k=1}^{m} a_{ik}b_{kj}$ das i-te Element der j-ten Spalte von AB. Wir wollen das als Definition des Produkts im Haupttext verwenden und die Bedeutung als Hintereinanderanwendung linearer Abbildungen notieren:

Definition: Das Produkt AB zweier Matrizen $A = (a_{ik}) \in M(r \times m, \mathbb{K})$ und $B = (b_{kj}) \in M(m \times n, \mathbb{K})$ wird durch

$$AB := \Big(\sum_{k=1}^{m} a_{ik}b_{kj} \Big)_{\substack{i=1,\cdots,r \\ j=1,\cdots,n}} \in M(r \times n, \mathbb{K})$$

definiert.

Notiz 3: Wie man leicht ausrechnen kann, entspricht das Matrizenprodukt genau dem Zusammensetzen der zugehörigen linearen Abbildungen:

$$\begin{CD} \mathbb{K}^n @>B>> \mathbb{K}^m \\ @. @VVAV \\ @. \mathbb{K}^r \end{CD}$$

ist kommutativ.

Insbesondere birgt unsere Bezeichnungsvereinbarung keine Verwechslungsgefahr infolge der scheinbar unterschiedlichen Definitionen von AB als Matrizenprodukt und AB als Zusammensetzung linearer Abbildungen.

Dasselbe gilt auch, wenn wir die Homomorphismen von endlich-dimensionalen Vektorräumen vermöge Basen in diesen Räumen durch Matrizen beschreiben: Sind V, W und Y Vektorräume und $(v_1, \ldots, v_n)$, $(w_1, \ldots, w_m)$ und $(y_1, \ldots, y_r)$ jeweils Basen, so gilt wegen der Kommutativität des Diagramms

$$
\begin{array}{ccccc}
V & \xrightarrow{\ f\ } & W & \xrightarrow{\ g\ } & Y \\
\cong \uparrow & & \cong \uparrow & & \cong \uparrow \\
\mathbb{K}^n & \xrightarrow{\ B\ } & \mathbb{K}^m & \xrightarrow{\ A\ } & \mathbb{K}^r,
\end{array}
$$

in dem die senkrechten Pfeile die Basisisomorphismen, A und B also die vermöge dieser Basen zu g und f gehörigen Matrizen sind, dass die Matrix AB gerade dem Homomorphismus gf entspricht.

Es ist gut, sich für die explizite Berechnung eines Matrizenproduktes das folgende Schema zu merken:

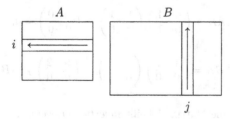

Es soll andeuten, dass man das Element, das im Produkt in der i-ten Zeile und j-ten Spalte steht, mittels der i-ten Zeile von A und der j-ten Spalte von B berechnet — und zwar durch "Übereinanderlegen - Multiplizieren - Aufsummieren", wie es in Abschnitt 4.2 schon bei der Anwendung einer $m \times n$-Matrix auf ein als Spalte geschriebenes n-tupel vorgekommen war. Für die j-te Spalte von AB spielt also von B nur die j-te Spalte eine Rolle. Ist z.B. die j-te Spalte von B Null, so auch die j-te Spalte von AB. Ähnliches gilt für die Zeilen von AB und A. — Noch etwas kann man sich an diesem

Schema gut merken: dass nämlich die Zeilen von A genau so lang wie die Spalten von B sein müssen, wenn es möglich sein soll, das Produkt AB zu bilden, d.h. A muss genau so viele Spalten wie B Zeilen haben.

Notiz 4: Die Matrizenmultiplikation ist assoziativ: $(AB)C = A(BC)$ und bezüglich der Addition distributiv: $A(B + C) = AB + AC$ und $(A + B)C = AC + BC$. Das ergibt sich sofort aus den entsprechenden Eigenschaften linearer Abbildungen.

Das sind Eigenschaften, die man von einer "Multiplikation" auch erwarten würde. Bei der Matrizenmultiplikation gibt es aber auch ganz schwerwiegende Abweichungen von den Rechenregeln, die wir für die Multiplikation von Zahlen kennen, nämlich

---

Bemerkung 1: Die Matrizenmultiplikation ist nicht kommutativ und nicht "nullteilerfrei", d.h.

(1) Es gibt (quadratische) Matrizen A, B mit $AB \neq BA$

(2) Es gibt Matrizen $A \neq 0$, $B \neq 0$ mit $AB = 0$.

Beweis: Wählen wir etwa $A = \begin{pmatrix} 0 & 1 \\ 0 & 1 \end{pmatrix}$, $B = \begin{pmatrix} 1 & 1 \\ 0 & 0 \end{pmatrix}$, so haben wir gleich ein Beispiel für beide Phänomene:

$$AB = \begin{pmatrix} 0 & 1 \\ 0 & 1 \end{pmatrix} \begin{pmatrix} 1 & 1 \\ 0 & 0 \end{pmatrix} = \begin{pmatrix} 0 & 0 \\ 0 & 0 \end{pmatrix} = 0,$$

und

$$BA = \begin{pmatrix} 1 & 1 \\ 0 & 0 \end{pmatrix} \begin{pmatrix} 0 & 1 \\ 0 & 1 \end{pmatrix} = \begin{pmatrix} 0 & 2 \\ 0 & 0 \end{pmatrix} \neq AB$$

Definition: Eine Matrix A heißt *invertierbar*, wenn die zugehörige lineare Abbildung ein Isomorphismus ist. Die Matrix der Umkehrabbildung heißt dann die zu A *inverse Matrix* und wird mit A^{-1} bezeichnet.

Eine ganze Reihe von Aussagen über die inverse Matrix können wir aufgrund unserer bisherigen Kenntnisse über lineare Abbildungen einfach aus dem Ärmel schütteln:

Bemerkungen 2:

(1) Jede invertierbare Matrix A ist quadratisch, das heißt $A \in M(n \times n, \mathbb{K})$.

(2) Sind $A, B \in M(n \times n, \mathbb{K})$ und bezeichnet E_n oder kurz $E \in M(n \times n, \mathbb{K})$ die Matrix der Identität $\mathbb{K}^n \to \mathbb{K}^n$, d.h.

$$E = \begin{pmatrix} 1 & & \\ & \ddots & \\ & & 1 \end{pmatrix},$$

so ist B genau dann die zu A inverse Matrix, wenn sowohl AB als auch BA gleich E sind.

Sogar *eine* dieser beiden Bedingungen genügt schon:

(3) Sind $A, B \in M(n \times n, \mathbb{K})$, also quadratisch, so ist $AB = E \Longleftrightarrow BA = E \Longleftrightarrow B = A^{-1}$.

(4) Ist $A \in M(n \times n, \mathbb{K})$ invertierbar, so auch A^{-1}, und $(A^{-1})^{-1} = A$.

(5) Sind $A, B \in M(n \times n, \mathbb{K})$ invertierbar, so auch AB und es gilt $(AB)^{-1} = B^{-1}A^{-1}$.

BEWEISE: Invertierbare Matrizen sind quadratisch, weil $\mathbb{K}^n \not\cong \mathbb{K}^m$ für $n \neq m$. Behauptung (2) folgt aus Aufgabe 2 des § 1, (4) und (5) sind wohl sowieso klar:

$$\mathbb{K}^n \underset{B^{-1}}{\overset{B}{\rightleftarrows}} \mathbb{K}^n \underset{A^{-1}}{\overset{A}{\rightleftarrows}} \mathbb{K}^n.$$

Bleibt (3). Dass aus $B = A^{-1}$ die anderen beiden Aussagen folgen, wissen wir schon. Sei also zunächst $AB = E$. Dann ist A surjektiv, denn für jedes $y \in \mathbb{K}^n$ ist $A(By) = Ey = y$. Nun wenden wir Notiz 5 vom Ende des Abschnitts 4.1 an: Danach ist A sogar bijektiv! Also existiert A^{-1}, wir müssen nur noch prüfen, ob wirklich $A^{-1} = B$ gilt. Dazu würde es genügen, wenn wir außer $AB = E$ auch $BA = E$ wüssten. Es ist aber

$$BA = (A^{-1}A)BA = A^{-1}(AB)A = A^{-1}EA = A^{-1}A = E.$$

Damit haben wir $AB = E \Longleftrightarrow BA = E$ gezeigt, und (3) folgt aus (2). □

Was wir aber nicht so aus dem Ärmel schütteln können, ist eine Methode zur expliziten Berechnung von A^{-1}. Darauf werden wir in dem Abschnitt 5.5 zurückkommen.

5.2 RANG EINER MATRIX

In 4.1 hatten wir den Rang einer linearen Abbildung f als dim Bild f definiert. Entsprechend versteht man also auch unter dem Rang einer Matrix $A \in M(m \times n, \mathbb{K})$ die Dimension des Bildes von $A : \mathbb{K}^n \to \mathbb{K}^m$. Diese Zahl ist gleichzeitig die maximale Länge eines linear unabhängigen r-tupels von Spalten von A, denn die Spalten, als Bilder der kanonischen Einheitsvektoren, erzeugen Bild A, nach dem Basisergänzungssatz gibt es also eine Basis von Bild A, die aus Spalten von A besteht, und ein längeres linear unabhängiges r-tupel von Spalten kann es dann nicht geben. (Warum?)

Definition: Ist $A \in M(m \times n, \mathbb{K})$, so nennt man

$$\text{rg } A := \dim \text{Bild}(A : \mathbb{K}^n \to \mathbb{K}^m)$$

den *Rang* von A. Die Maximalzahl linear unabhängiger Spalten nennt man den *Spaltenrang* von A, die Maximalzahl linear unabhängiger Zeilen den *Zeilenrang* von A.

Notiz: rg A = Spaltenrang A.

Satz: Spaltenrang A = Zeilenrang A.

BEWEIS: Wir wollen (für die Zwecke dieses Beweises) eine Spalte oder Zeile *linear überflüssig* nennen, wenn sie aus den übrigen Spalten bzw. Zeilen linearkombiniert werden kann. Verkleinert man eine Matrix durch Weglassen einer linear überflüssigen Spalte, so ändert sich natürlich der Spaltenrang nicht. Wir werden jetzt zeigen, dass sich dabei auch der Zeilenrang nicht ändert. — Angenommen, in einer Matrix A sei die j-te Spalte linear überflüssig. Dann ist nicht nur für jede Zeile, sondern auch für jede *Linearkombination von Zeilen* die j-te Komponente linear überflüssig (im eindimensionalen Vektorraum $\mathbb{K}$!). Das ist klar: mit denselben Koeffizienten, mit denen man die j-te Spalte aus den übrigen kombiniert, kombiniert man auch das j-te Element in einer Zeilenkombination aus den übrigen Elementen. — Daraus folgt, dass eine Linearkombination von Zeilen von A *genau dann* Null ist, wenn die entsprechende Zeilenkombination der durch Weglassen der j-ten Spalte verkleinerten Matrix Null ist. Deshalb haben A und die durch Weglassen einer linear überflüssigen Spalte entstehende Matrix dieselbe Maximalzahl linear unabhängiger Zeilen, also denselben Zeilenrang. Das war es, was wir zunächst beweisen wollten. — Ebenso gilt natürlich, dass das Weglassen einer linear überflüssigen Zeile den Spaltenrang nicht ändert (den Zeilenrang ja sowieso nicht). Nun verkleinern wir unsere Matrix A durch sukzessives Weglassen linear überflüssiger Zeilen und Spalten solange, bis das nicht mehr geht. Dann erhalten wir eine (vielleicht viel kleinere) Matrix A', die aber noch denselben Zeilenrang und denselben Spaltenrang wie A hat. — Dass A' keine linear überflüssigen Zeilen und Spalten hat bedeutet, dass sowohl die Zeilen als auch die Spalten von A' linear unabhängig sind: Zeilenrang = Zeilenzahl, Spaltenrang = Spaltenzahl. Dann muss aber A' quadratisch sein, da die Länge eines linear unabhängigen r-tupels von Vektoren die Dimension des Raumes nicht übersteigen kann! Also ist Zeilenrang = Spaltenrang. □

Mit einem anderen Beweis, der etwas mehr Vorbereitung erfordert, dann aber vielleicht übersichtlicher ist, beschäftigt sich die Übungsaufgabe 11.1 im § 11.

5.3 ELEMENTARE UMFORMUNGEN

Die vielleicht praktisch wichtigsten Techniken in der Matrizenrechnung sind die so genannten "elementaren Zeilenumformungen" und "elementaren Spaltenumformungen". In diesem Paragraphen brauchen wir sie zur Rangbestimmung, im nächsten zur Determinantenberechnung und in § 7 zur Lösung von linearen Gleichungssystemen.

Definition: Man unterscheidet drei Typen elementarer Zeilenumformungen einer Matrix $A \in M(m \times n, \mathbb{K})$, nämlich

Typ 1: Vertauschung zweier Zeilen,
Typ 2: Multiplikation einer Zeile mit einem Skalar $\lambda \neq 0$, $\lambda \in \mathbb{K}$,
Typ 3: Addition eines beliebigen Vielfachen einer Zeile zu einer anderen (nicht derselben!) Zeile.

Analog sind elementare Spaltenumformungen definiert.

Nach einer Serie elementarer Umformungen mag eine Matrix kaum wieder-
zuerkennen sein, beobachten Sie zum Beispiel, wie die folgende 3×3-Matrix
durch Umformungen vom Typ 3 gleichsam "abgeräumt" wird:

$$\begin{pmatrix} 1 & 1 & 1 \\ 2 & 2 & 2 \\ 3 & 3 & 3 \end{pmatrix} \rightarrow \begin{pmatrix} 1 & 1 & 1 \\ 0 & 0 & 0 \\ 3 & 3 & 3 \end{pmatrix} \rightarrow \begin{pmatrix} 1 & 1 & 1 \\ 0 & 0 & 0 \\ 0 & 0 & 0 \end{pmatrix} \rightarrow \begin{pmatrix} 1 & 1 & 0 \\ 0 & 0 & 0 \\ 0 & 0 & 0 \end{pmatrix} \rightarrow \begin{pmatrix} 1 & 0 & 0 \\ 0 & 0 & 0 \\ 0 & 0 & 0 \end{pmatrix}$$

Trotz dieser starken Veränderungen bleibt ein wichtiges Merkmal der Matrix erhalten, nämlich der Rang:

Bemerkung 1: Elementare Umformungen ändern den Rang einer Matrix nicht.

BEWEIS: Elementare Zeilenumformungen ändern offenbar die lineare Hülle
der Zeilen nicht, also erst recht nicht den Zeilenrang, der ja die Dimension
dieser linearen Hülle ist. Entsprechend ändern elementare Spaltenumformungen den Spaltenrang nicht. Wegen Zeilenrang = Spaltenrang = Rang folgt
daraus die Richtigkeit der Bemerkung. $\square$

Diese Bemerkung führt nun zu einem wunderbar einfachen Verfahren zur
Bestimmung des Ranges einer Matrix. Es gibt nämlich Matrizen, denen man
ihren Rang einfach *ansehen* kann, da braucht man gar nicht mehr zu rechnen.
Ich gebe einmal einen Typ von solchen Matrizen an, Sie können sich dann
leicht noch andere ausdenken. Zuvor noch eine Bezeichnung:

Definition: Die Elemente a_{ii} in einer Matrix heißen die *Hauptdiagonalelemente*, von den anderen Elementen a_{ij} sagt man, sie stünden "ober-
halb" bzw. "unterhalb" der Hauptdiagonalen, je nachdem ob $i < j$ oder
$i > j$ ist.

Bemerkung 2: Ist A eine Matrix mit m Zeilen, bei der die ersten r
Hauptdiagonalelemente von Null verschieden sind, die letzten $m - r$ Zeilen
sowie alle Elemente unterhalb der Hauptdiagonalen jedoch gleich Null
sind, so ist $\operatorname{rg} A = r$.

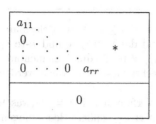

(Ein $*$ in einer solchen schematischen Angabe einer Matrix bedeutet stets, dass es für die betreffende Aussage keine Rolle spielt, welche Elemente in dem durch den $*$ bezeichneten Bereich stehen).

BEWEIS DER BEMERKUNG 2: Weglassen der letzten $m - r$ Zeilen ändert den Rang nicht, da Null-Zeilen immer linear überflüssig sind, und die ersten r Zeilen sind linear unabhängig, denn aus

$$\lambda_1 \cdot (\text{Erste Zeile}) + \lambda_2 \cdot (\text{Zweite Zeile}) + \cdots + \lambda_r \cdot (r\text{-te Zeile}) = 0$$

folgt zunächst $\lambda_1 = 0$ wegen $a_{11} \neq 0$, dann $\lambda_2 = 0$ wegen $a_{22} \neq 0$ usw. Also ist Zeilenrang $= r$. $\qquad\square$

Das Verfahren zur Rangbestimmung besteht nun einfach darin, eine gegebene Matrix A durch elementare Umformung in die in Bemerkung 2 angegebene Gestalt zu bringen.

Verfahren zur Bestimmung des Ranges einer Matrix: Sei $A \in M(m \times n, \mathbb{K})$ bereits in der links angegebenen Gestalt:

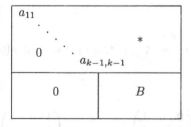 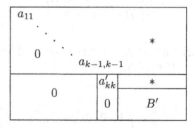

wobei $a_{11} \neq 0, \ldots, a_{k-1,k-1} \neq 0$ gilt und B eine $(m-k+1) \times (n-k+1)$-Matrix ist. Ist $B = 0$, so ist $\operatorname{rg} A = k - 1$. Ist $B \neq 0$, so gibt es also ein $a_{ij} \neq 0$ mit $i \geq k$ und $j \geq k$. Vertauscht man in A nötigenfalls die i-te und k-te Zeile und dann die j-te und k-te Spalte, so erhält man eine Matrix A' mit $a'_{kk} \neq 0$, die durch elementare Zeilenumformungen vom Typ (3) in die rechte Gestalt gebracht werden kann.

Beginnt man dieses Verfahren bei $k = 0$ (was heißen soll, dass die Matrix zu Beginn keinerlei besondere Bedingungen erfüllen muss) und setzt es solange fort, bis die Restmatrix, die zuletzt mit B' bezeichnet wurde, Null ist bzw. mangels Zeilen oder Spalten nicht mehr vorhanden ist, so erhält man eine Matrix, die die in Bemerkung 2 angegebene Gestalt hat, deren Rang man also kennt, und der Rang dieser Matrix ist dann der gesuchte Rang der vorgegebenen Matrix A.

5.4 TEST

(1) Sei $A \in M(2 \times 3, \mathbb{K})$, $B \in M(2 \times 3, \mathbb{K})$. Dann ist

☐ $A + B \in M(2 \times 3, \mathbb{K})$
☐ $A + B \in M(4 \times 6, \mathbb{K})$
☐ $A + B \in M(4 \times 9, \mathbb{K})$

(2) Für welche der folgenden 3×3-Matrizen A gilt $AB = BA = B$ für alle $B \in M(3 \times 3, \mathbb{K})$:

☐ $A = \begin{pmatrix} 1 & 0 & 0 \\ 0 & 1 & 0 \\ 0 & 0 & 1 \end{pmatrix}$ ☐ $A = \begin{pmatrix} 0 & 0 & 1 \\ 0 & 1 & 0 \\ 1 & 0 & 0 \end{pmatrix}$ ☐ $A = \begin{pmatrix} 1 & 1 & 1 \\ 1 & 1 & 1 \\ 1 & 1 & 1 \end{pmatrix}$

(3) Für $A \in M(m \times n, \mathbb{K})$ gilt:

☐ A hat m Zeilen und n Spalten
☐ A hat n Zeilen und m Spalten
☐ Die Zeilen von A haben die Länge m und die Spalten von A haben die Länge n

(4) Welches der folgenden Produkte von Matrizen ist Null:

☐ $\begin{pmatrix} 1 & -1 \\ 1 & -1 \end{pmatrix} \begin{pmatrix} 2 & 3 \\ -2 & -3 \end{pmatrix}$

☐ $\begin{pmatrix} -1 & 1 \\ -1 & 1 \end{pmatrix} \begin{pmatrix} 2 & 3 \\ 2 & 3 \end{pmatrix}$

☐ $\begin{pmatrix} 1 & -1 \\ 1 & -1 \end{pmatrix} \begin{pmatrix} 2 & 2 \\ 3 & 3 \end{pmatrix}$

(5) Welche der folgenden Eigenschaften hat die Matrizenmultiplikation nicht:

☐ Assoziativität   ☐ Kommutativität   ☐ Distributivität

(6) Für $A \in M(n \times n, \mathbb{K})$ gilt:

☐ $\operatorname{rg} A = n \implies A$ ist invertierbar, aber es gibt invertierbare A mit $\operatorname{rg} A \neq n$
☐ A ist invertierbar $\implies \operatorname{rg} A = n$, aber es gibt A mit $\operatorname{rg} A = n$, die nicht invertierbar sind
☐ $\operatorname{rg} A = n \iff A$ invertierbar

(7) Welcher der folgenden Übergänge kann nicht durch eine elementare Umformung geschehen sein:

☐ $\begin{pmatrix} 2 & 7 \\ 1 & 1 \end{pmatrix} \longrightarrow \begin{pmatrix} 2 & 7 \\ 3 & 8 \end{pmatrix}$

☐ $\begin{pmatrix} 1 & 1 \\ 2 & 7 \end{pmatrix} \longrightarrow \begin{pmatrix} 1 & 4 \\ 2 & 8 \end{pmatrix}$

☐ $\begin{pmatrix} 1 & 2 \\ 7 & 1 \end{pmatrix} \longrightarrow \begin{pmatrix} -11 & 2 \\ 1 & 1 \end{pmatrix}$

(8) Sei $A \in M(m \times n, \mathbb{K})$, $B \in M(n \times m, \mathbb{K})$ also $\mathbb{K}^n \xrightarrow{A} \mathbb{K}^m \xrightarrow{B} \mathbb{K}^n$. Sei $BA = E_n$ ($= \mathrm{Id}_{\mathbb{K}^n}$ als lineare Abbildung). Dann gilt:

☐ $m \geqq n$, A injektiv, B surjektiv

☐ $m \leqq n$, A surjektiv, B injektiv

☐ $m = n$, A und B invertierbar (bijektiv)

(9) Der Rang der reellen Matrix

$$\begin{pmatrix} 5 & 5 & 5 \\ 5 & 5 & 5 \\ 5 & 5 & 5 \end{pmatrix}$$

ist

☐ 1   ☐ 3   ☐ 5

(10) Für $A \in M(m \times n, \mathbb{K})$ mit $m \leq n$ gilt stets

☐ $\mathrm{rg}\, A \leqq m$ ☐ $m \leqq \mathrm{rg}\, A \leq n$ ☐ $n \leqq \mathrm{rg}\, A$

5.5 WIE INVERTIERT MAN EINE MATRIX?

EIN ABSCHNITT FÜR MATHEMATIKER

Es gibt ein schönes Rezept zur Matrizeninversion, aber es ist zu empfehlen, nicht das Rezept auswendig zu lernen, sondern sich dessen Begründung zu merken. Denn wenn Sie an die Begründung auch nur eine vage Erinnerung behalten, haben Sie eine Chance, das Rezept zu rekonstruieren, aber wenn Sie ein Detail des Rezepts vergessen, dann ist es eben weg. Also: Denken wir noch einmal an die Multiplikation von Matrizen. Nehmen wir ruhig gleich $n \times n$-Matrizen, nur diese kommen ja für die Inversion in Frage.

Was geschieht mit der Produktmatrix AB, wenn man in A (nicht in B!) zwei Zeilen vertauscht?

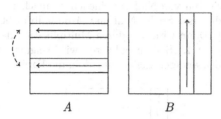

$$A \qquad\qquad B$$

Nun, offenbar werden in der Produktmatrix eben dieselben zwei Zeilen vertauscht, denn die i-te Zeile des Produkts entsteht ja aus der i-ten Zeile des ersten Faktors in der bekannten Weise durch "Kombination" mit den Spalten des zweiten. Ebenso bewirkt die Multiplikation der i-ten Zeile von A mit $\lambda \in \mathbb{K}$ dasselbe im Produkt, und auch die Addition eines Vielfachen der i-ten Zeile zur j-ten Zeile überträgt sich auf das Produkt. Man darf also notieren:

Notiz 1: Gilt für drei Matrizen $A, B, C \in M(n \times n, \mathbb{K})$ die Gleichung $AB = C$ und überführt man A und C durch die gleichen elementaren Zeilenumformungen in Matrizen A' und C', so gilt auch $A'B = C'$.

Da nun $AA^{-1} = E$ gilt, so heißt die Nutzanwendung dieser Notiz auf unser Problem

Notiz 2: Erhält man E durch elementare Zeilenumformungen aus A, so verwandeln dieselben Zeilenumformungen die Matrix E in A^{-1}.

Man muss sich nun also nur noch überlegen, *wie* man eine gegebene invertierbare Matrix A durch Zeilenumformungen in die Einheitsmatrix verwandelt. Dazu noch einmal kurz zur Erinnerung die Typen:

    (1) Vertauschung,

    (2) Multiplikation,

    (3) Addition eines Vielfachen.

Verfahren zur Matrizeninversion: Sei A eine $n \times n$-Matrix über $\mathbb{K}$. Wir versuchen zuerst, falls nötig, durch Vertauschung von Zeilen den "ersten" Koeffizienten von Null verschieden zu machen. Ist das nicht möglich, so ist die erste Spalte Null und A deshalb nicht invertierbar. Sei also $a_{11} \neq 0$. Dann wird a_{11} durch Multiplikation der ersten Zeile mit $\lambda := 1/a_{11}$ zu 1. Sodann addieren wir geeignete Vielfache der ersten Zeile zu den anderen Zeilen, um A in die Form

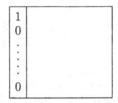

zu bringen. Damit ist der erste Schritt abgeschlossen. — Im zweiten Schritt sucht man die Form

$$
\begin{array}{|c|c|}
\hline
\begin{matrix} 1 \\ 0 \\ \cdot \\ \cdot \\ \cdot \\ 0 \end{matrix} & \begin{matrix} 0 \\ 1 \\ 0 \\ \cdot \\ \cdot \\ 0 \end{matrix} \quad \\
\hline
\end{array}
$$

zu erreichen. Dazu wollen wir zunächst $a_{22} \neq 0$, falls das nicht ohnehin schon gilt, durch eine Zeilenvertauschung bewirken, ohne jedoch dabei die erste Zeile einzubeziehen. Ist das nicht möglich, so ist die zweite Spalte ein Vielfaches der ersten, die Matrix deshalb nicht invertierbar. Sei also $a_{22} \neq 0$. Dann bringt man die Matrix durch Multiplikation in der zweiten Zeile mit $1/a_{22}$ und durch Addition geeigneter Vielfacher der zweiten Zeile zu den übrigen Zeilen in die gewünschte Form, und der zweite Schritt ist abgeschlossen. — Entweder überführt nun dieses Verfahren die Matrix A nach n Schritten in die Einheitsmatrix E, oder A stellt sich als nicht invertierbar heraus. Ist A jedoch invertierbar, so erhält man die gesuchte Matrix A^{-1}, indem man alle die elementaren Zeilenumformungen, die A in E überführt haben, in derselben Reihenfolge auf E anwendet. Dies wird zweckmäßig parallel zu der Verwandlung $A \to E$ geschehen.

Es ist wohl nicht nötig, den k-ten Schritt genau zu beschreiben. Ist A wirklich invertierbar, dann sichert die lineare Unabhängigkeit der Spalten nach $k - 1$ Schritten die Existenz eines Elements $a_{ik} \neq 0$ mit $i \geq k$ und man verfährt dann analog. — Ein Beispiel sollte ich wohl angeben, zum *Nachrechnen* und Vergleichen. Ein solches numerisches Beispiel zu "lesen" wäre nicht sehr sinnvoll.

$$\text{Sei} \quad A = \begin{pmatrix} 1 & 0 & 1 & 1 \\ 1 & 1 & 2 & 1 \\ 0 & -1 & 0 & 1 \\ 1 & 0 & 0 & 2 \end{pmatrix} \quad \in \quad M(4 \times 4, \mathbb{R})$$

Wir rechnen:

Anfang $\quad A = \begin{pmatrix} 1 & 0 & 1 & 1 \\ 1 & 1 & 2 & 1 \\ 0 & -1 & 0 & 1 \\ 1 & 0 & 0 & 2 \end{pmatrix}, \begin{pmatrix} 1 & 0 & 0 & 0 \\ 0 & 1 & 0 & 0 \\ 0 & 0 & 1 & 0 \\ 0 & 0 & 0 & 1 \end{pmatrix} = E$

1. Schritt $\quad \begin{pmatrix} 1 & 0 & 1 & 1 \\ 0 & 1 & 1 & 0 \\ 0 & -1 & 0 & 1 \\ 0 & 0 & -1 & 1 \end{pmatrix}, \begin{pmatrix} 1 & 0 & 0 & 0 \\ -1 & 1 & 0 & 0 \\ 0 & 0 & 1 & 0 \\ -1 & 0 & 0 & 1 \end{pmatrix}$

2. Schritt $\quad \begin{pmatrix} 1 & 0 & 1 & 1 \\ 0 & 1 & 1 & 0 \\ 0 & 0 & 1 & 1 \\ 0 & 0 & -1 & 1 \end{pmatrix}, \begin{pmatrix} 1 & 0 & 0 & 0 \\ -1 & 1 & 0 & 0 \\ -1 & 1 & 1 & 0 \\ -1 & 0 & 0 & 1 \end{pmatrix}$

3. Schritt $\quad \begin{pmatrix} 1 & 0 & 0 & 0 \\ 0 & 1 & 0 & -1 \\ 0 & 0 & 1 & 1 \\ 0 & 0 & 0 & 2 \end{pmatrix}, \begin{pmatrix} 2 & -1 & -1 & 0 \\ 0 & 0 & -1 & 0 \\ -1 & 1 & 1 & 0 \\ -2 & 1 & 1 & 1 \end{pmatrix}$

4. Schritt $\quad E = \begin{pmatrix} 1 & 0 & 0 & 0 \\ 0 & 1 & 0 & 0 \\ 0 & 0 & 1 & 0 \\ 0 & 0 & 0 & 1 \end{pmatrix}, \begin{pmatrix} 2 & -1 & -1 & 0 \\ -1 & \frac{1}{2} & -\frac{1}{2} & \frac{1}{2} \\ 0 & \frac{1}{2} & \frac{1}{2} & -\frac{1}{2} \\ -1 & \frac{1}{2} & \frac{1}{2} & \frac{1}{2} \end{pmatrix} = A^{-1}.$

Ergebnis: Die Matrix A ist invertierbar und es gilt:

$$A^{-1} = \begin{pmatrix} 2 & -1 & -1 & 0 \\ -1 & \frac{1}{2} & -\frac{1}{2} & \frac{1}{2} \\ 0 & \frac{1}{2} & \frac{1}{2} & -\frac{1}{2} \\ -1 & \frac{1}{2} & \frac{1}{2} & \frac{1}{2} \end{pmatrix}$$

Stimmt's?

5.6 MEHR ÜBER DREHUNGEN UND SPIEGELUNGEN

EIN ABSCHNITT FÜR PHYSIKER

Für $\varphi \in \mathbb{R}$ führen wir als abkürzende Bezeichnungen ein:

$$A_\varphi := \begin{pmatrix} \cos\varphi & -\sin\varphi \\ \sin\varphi & \cos\varphi \end{pmatrix} \in SO(2)$$

$$B_\varphi := \begin{pmatrix} \cos\varphi & \sin\varphi \\ \sin\varphi & -\cos\varphi \end{pmatrix} \in O(2) \smallsetminus SO(2).$$

Die Abbildung $A_\varphi : \mathbb{R}^2 \to \mathbb{R}^2$ ist also die Drehung um den Winkel φ und B_φ die Spiegelung an der gegen $\mathbb{R} \times 0$ um $\varphi/2$ geneigten Achse.

Wie verhalten sich nun diese Matrizen bei Multiplikation, d.h. was sind $A_\varphi A_\psi$, $A_\varphi B_\psi$, $B_\psi A_\varphi$ und $B_\varphi B_\psi$? Bevor wir rechnen, überlegen wir uns jeweils anhand der geometrischen Interpretationen, was herauskommen muss.

Drehen wir erst um den Winkel ψ, dann um den Winkel φ, so haben wir insgesamt um den Winkel $\varphi + \psi$ gedreht:

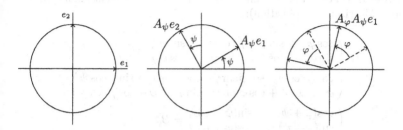

Also müsste $A_\varphi A_\psi = A_{\varphi+\psi}$ sein, und so ist es auch:

$$\begin{pmatrix} \cos\varphi & -\sin\varphi \\ \sin\varphi & \cos\varphi \end{pmatrix} \begin{pmatrix} \cos\psi & -\sin\psi \\ \sin\psi & \cos\psi \end{pmatrix} =$$

$$\begin{pmatrix} \cos\varphi\cos\psi - \sin\varphi\sin\psi & -\cos\varphi\sin\psi - \sin\varphi\cos\psi \\ \sin\varphi\cos\psi + \cos\varphi\sin\psi & -\sin\varphi\sin\psi + \cos\varphi\cos\psi \end{pmatrix} =$$

$$\begin{pmatrix} \cos(\varphi+\psi) & -\sin(\varphi+\psi) \\ \sin(\varphi+\psi) & \cos(\varphi+\psi) \end{pmatrix},$$

wobei wir, wie auch im folgenden, die "Additionstheoreme" für Sinus und Cosinus, nämlich

$$\sin(\varphi+\psi) = \sin\varphi\cos\psi + \cos\varphi\sin\psi$$
$$\cos(\varphi+\psi) = \cos\varphi\cos\psi - \sin\varphi\sin\psi$$

als bekannt vorausgesetzt haben. — Nun betrachten wir $A_\varphi B_\psi$, d.h. wir spiegeln erst an der Achse mit dem Winkel $\psi/2$ und drehen dann um den Winkel φ. Was geschieht mit den kanonischen Einheitsvektoren? (Spalten!):

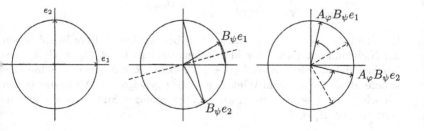

Geometrisch ergibt sich somit $A_\varphi B_\psi = B_{\varphi+\psi}$. Wer's nicht glaubt, rechne es aus (Matrizenmultiplikation):

$$\begin{pmatrix} \cos\varphi & -\sin\varphi \\ \sin\varphi & \cos\varphi \end{pmatrix} \begin{pmatrix} \cos\psi & \sin\psi \\ \sin\psi & -\cos\psi \end{pmatrix} =$$

$$\begin{pmatrix} \cos\varphi\cos\psi - \sin\varphi\sin\psi & \cos\varphi\sin\psi + \sin\varphi\cos\psi \\ \sin\varphi\cos\psi + \cos\varphi\sin\psi & \sin\varphi\sin\psi - \cos\varphi\cos\psi \end{pmatrix} =$$

$$\begin{pmatrix} \cos(\varphi+\psi) & \sin(\varphi+\psi) \\ \sin(\varphi+\psi) & -\cos(\varphi+\psi) \end{pmatrix} = B_{\varphi+\psi}.$$

Wenn wir aber *erst* um den Winkel φ drehen und *dann* an $\psi/2$ spiegeln,

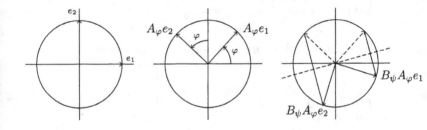

so ergibt sich $B_\psi A_\varphi = B_{\psi-\varphi}$:

$$\begin{pmatrix} \cos\psi & \sin\psi \\ \sin\psi & -\cos\psi \end{pmatrix} \begin{pmatrix} \cos\varphi & -\sin\varphi \\ \sin\varphi & \cos\varphi \end{pmatrix} =$$

$$\begin{pmatrix} \cos\psi\cos\varphi + \sin\psi\sin\varphi & -\cos\psi\sin\varphi + \sin\psi\cos\varphi \\ \sin\psi\cos\varphi - \cos\psi\sin\varphi & -\sin\psi\sin\varphi - \cos\varphi\cos\psi \end{pmatrix} =$$

$$\begin{pmatrix} \cos(\psi-\varphi) & \sin(\psi-\varphi) \\ \sin(\psi-\varphi) & -\cos(\psi-\varphi) \end{pmatrix} = B_{\psi-\varphi}.$$

Da im allgemeinen $B_{\varphi+\psi} \neq B_{\psi-\varphi}$ ist, haben wir hier weitere Beispiele von der Nichtkommutativität der Matrizenmultiplikation: $A_\varphi B_\psi \neq B_\psi A_\varphi$, sofern nur die mit dem Winkel $(\psi+\varphi)/2$ gegen $\mathbb{R} \times 0$ geneigte Achse eine andere ist als die mit dem Winkel $(\psi-\varphi)/2$ geneigte. — Als letztes wollen wir sehen, was geschieht, wenn wir zwei Spiegelungen hintereinander anwenden: Was ist $B_\varphi B_\psi$?

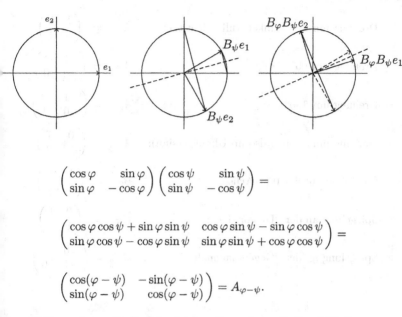

$$\begin{pmatrix} \cos\varphi & \sin\varphi \\ \sin\varphi & -\cos\varphi \end{pmatrix} \begin{pmatrix} \cos\psi & \sin\psi \\ \sin\psi & -\cos\psi \end{pmatrix} =$$

$$\begin{pmatrix} \cos\varphi\cos\psi + \sin\varphi\sin\psi & \cos\varphi\sin\psi - \sin\varphi\cos\psi \\ \sin\varphi\cos\psi - \cos\varphi\sin\psi & \sin\varphi\sin\psi + \cos\varphi\cos\psi \end{pmatrix} =$$

$$\begin{pmatrix} \cos(\varphi-\psi) & -\sin(\varphi-\psi) \\ \sin(\varphi-\psi) & \cos(\varphi-\psi) \end{pmatrix} = A_{\varphi-\psi}.$$

also $B_\varphi B_\psi = A_{\varphi-\psi}$, und wieder ist im allgemeinen $B_\varphi B_\psi \neq B_\psi B_\varphi$.

———

Was soll man nun von diesen Formeln im Kopf behalten? Ich schlage vor: Man soll $A_\varphi A_\psi = A_{\varphi+\psi}$ wissen und außerdem ganz generell für Matrizen in $O(2)$:

Drehung nach Drehung ist Drehung,
Drehung nach Spiegelung ist Spiegelung,
Spiegelung nach Drehung ist Spiegelung,
Spiegelung nach Spiegelung ist Drehung.

Um jeweils welche Winkel, überlegt man sich am besten von Fall zu Fall neu.

———

Zum Nachprüfen:

Drehung um den Winkel Null (Identität): $A_0 = \begin{pmatrix} 1 & 0 \\ 0 & 1 \end{pmatrix}$

Drehung um 90° : $A_{\frac{\pi}{2}} = \begin{pmatrix} 0 & -1 \\ 1 & 0 \end{pmatrix}$

Drehung um 180° : $A_\pi = \begin{pmatrix} -1 & 0 \\ 0 & -1 \end{pmatrix}$

Drehung um $-90°$ (also im Uhrzeigersinn): $A_{-\frac{\pi}{2}} = \begin{pmatrix} 0 & 1 \\ -1 & 0 \end{pmatrix}$

Spiegelung an $\mathbb{R} \times 0$ (x-Achse:) $B_0 = \begin{pmatrix} 1 & 0 \\ 0 & -1 \end{pmatrix}$

Spiegelung an der "Diagonalen": $B_{\frac{\pi}{2}} = \begin{pmatrix} 0 & 1 \\ 1 & 0 \end{pmatrix}$

Spiegelung an der "Gegendiagonalen" $B_{-\frac{\pi}{2}} = \begin{pmatrix} 0 & -1 \\ -1 & 0 \end{pmatrix}$

Was sind die Inversen der Elemente in $O(2)$? Wegen $A_0 = E$ und $A_\varphi A_{-\varphi} = A_{\varphi-\varphi} = A_0$ und $B_\varphi B_\varphi = A_{\varphi-\varphi} = A_0$ ergibt sich, wie ja auch anschaulich klar ist, dass $A_\varphi^{-1} = A_{-\varphi}$ und $B_\varphi^{-1} = B_\varphi$ gilt, oder ausgeschrieben:

$$\begin{pmatrix} \cos\varphi & -\sin\varphi \\ \sin\varphi & \cos\varphi \end{pmatrix}^{-1} = \begin{pmatrix} \cos\varphi & \sin\varphi \\ -\sin\varphi & \cos\varphi \end{pmatrix}$$

$$\begin{pmatrix} \cos\varphi & \sin\varphi \\ \sin\varphi & -\cos\varphi \end{pmatrix}^{-1} = \begin{pmatrix} \cos\varphi & \sin\varphi \\ \sin\varphi & -\cos\varphi \end{pmatrix}.$$

Die Elemente $B \in O(2) \smallsetminus SO(2)$ haben also alle die Eigenschaft

$$B^2 := BB = E,$$

oder als lineare Abbildungen: $BB = \mathrm{Id}_{\mathbb{R}^2}$. Solche Abbildungen, die zweimal angewandt die Identität ergeben, also ihr eigenes Inverses sind, heißen *Involutionen*. Unter den Elementen von $SO(2)$ sind auch zwei Involutionen (welche?).

5.7 HISTORISCHE NOTIZ

Was schätzen Sie wohl, wie alt die Matrizenrechnung ist? 10 Jahre, 100 Jahre, 1000 Jahre? Schon den alten Ägyptern bekannt?

Die Matrizenrechnung gibt es seit anderthalb Jahrhunderten, als ihr Begründer gilt der englische Mathematiker Arthur Cayley. Im Jahre 1855 erschienen in Crelles Journal mehrere Noten von Cayley, und in einer davon wurde zum erstenmal die Bezeichnung Matrizen für rechteckige (insbesondere dort für quadratische) Zahlenschemata eingeführt:

No. 3.

Remarques sur la notation des fonctions algébriques.

Je me sers de la notation

$$\begin{vmatrix} \alpha, & \beta, & \gamma, & \dots \\ \alpha', & \beta', & \gamma', & \dots \\ \alpha'', & \beta'', & \gamma'', & \dots \\ \dots & \dots & \dots & \end{vmatrix}$$

pour représenter ce que j'appelle une *matrice;* savoir un *système* de quantités rangées en forme de *carré,* mais d'ailleurs tout à fait *indépendantes* (je ne parle pas ici des *matrices rectangulaires*). Cette notation me paraît très commode pour la théorie des équations *linéaires;* j'écris par ex:

$$(\xi, \eta, \zeta \dots) = \begin{vmatrix} \alpha, & \beta, & \gamma & \dots \\ \alpha', & \beta', & \gamma' & \dots \\ \alpha'', & \beta'', & \gamma'' & \dots \\ \dots & \dots & \dots & \end{vmatrix} (x, y, z \dots)$$

Drei Jahre später erschien Cayleys grundlegende Arbeit über Matrizenrechnung. — Natürlich "kannte" man rechteckige Zahlenschemata schon lange (man denke etwa an Albrecht Dürers Magisches Quadrat, das sich auf seinem Kupferstich "Melancholie" aus dem Jahre 1514 findet). Aber was heißt denn hier "kennen"? Ein rechteckiges Zahlenschema kann sich jeder hinschreiben, der Zahlen kennt. Die mit der Einführung der Matrizen verbundene gedankliche Leistung Cayleys besteht vor allem darin, dass er als erster die Matrizen als mathematische Objekte in ihrem eigenen Recht auffasste, mit denen man algebraische Operationen vornehmen kann. Die leichte Hand, mit der wir heute neue mathematische Objekte definieren ("Ein Vektorraum ist ein Tripel $(V, +, \cdot)$, bestehend aus ..."), haben wir noch nicht lange, und vorher waren eben Zahlen und geometrische Figuren im Wesentlichen die einzigen Gegenstände der Mathematik. Vor diesem Hintergrund muss man die Einführung der Matrizen sehen.

5.8 LITERATURHINWEIS

Die Matrizenrechnung ist gewiss sehr wichtig. Trotzdem hielte ich es für leicht übertrieben, wenn Sie jetzt ein ganzes Buch über Matrizenrechnung durcharbeiten wollten. Deshalb wird die Brauchbarkeit eines Buches über Matrizenrechnung für Sie davon abhängen, ob es sich zum Nachschlagen eignet, d.h. ob Sie es auch verstehen können, wenn Sie es in der Mitte aufschlagen. Unter diesem Gesichtspunkt leicht zugänglich dürfte für Sie das BI-Taschenbuch [1] von Aitken sein. Einige Bezeichnungsunterschiede: Determinanten (die wir in § 6 behandeln werden), bezeichnet Aitken, wie übrigens einige andere Autoren auch, statt mit "det" mit senkrechten Strichen $|\ldots|$. Die transponierte Matrix einer Matrix A wird mit A' (bei uns in § 6 mit A^t) bezeichnet. Außerdem möchte ich Sie auf zwei Sonderbarkeiten der Aitken'schen Schreibweise aufmerksam machen: Zur Platzersparnis schreibt der Autor $\{a_{1j}, \ldots, a_{nj}\}$ statt

$$\begin{pmatrix} a_{1j} \\ \vdots \\ a_{nj} \end{pmatrix}$$

(Verwechslungsgefahr mit unserer Mengenklammer $\{\ldots\}$!), und außerdem schreibt er diese Spalte auch als $a_{(j}$ und eine Zeile $[b_{i1}, \ldots, b_{in}]$ als $b'_{(i}$. (Vergleiche Seite 17 des Buches).

Sehr schön ist das kleine Buch [8] von R. Kochendörffer über Determinanten und Matrizen. Kochendörffer schreibt ebenfalls $|A|$ statt $\det A$ und bezeichnet Vektoren mit deutschen Buchstaben.

5.9 ÜBUNGEN

ÜBUNGEN FÜR MATHEMATIKER:

AUFGABE 5.1: Es ist nicht so einfach, zu diesem Paragraphen "begriffliche" Aufgaben zu stellen. Begrifflich ist dieser Paragraph ja ganz arm gewesen: Zusammensetzung und Rang linearer Abbildungen, inverse Abbildung zu einem Isomorphismus sind uns aus § 4 ja schon bekannt gewesen, im § 5 ging es mehr um das konkrete Rechnen. Sie müssen eben auch einmal wirklich eine Rangbestimmung durchgeführt und eine Matrix invertiert haben. — Die einzige begriffliche Aufgabe, die ich doch stellen will, hat auch nur scheinbar mit Matrizen zu tun. Nämlich: Man beweise: Für $A, B \in M(n \times n, \mathbb{K})$ gilt $\operatorname{rg} A + \operatorname{rg} B - n \leqq \operatorname{rg} AB \leqq \min(\operatorname{rg} A, \operatorname{rg} B)$. — Die Dimensionsformel für lineare Abbildungen ist hierbei sehr nützlich.

AUFGABE 5.2: Sei (v_1, v_2, v_3, v_4) linear unabhängig in dem reellen Vektorraum V. Man zeige: Ist

$$
\begin{aligned}
w_1 &= v_2 - v_3 + 2v_4 \\
w_2 &= v_1 + 2v_2 - v_3 - v_4 \\
w_3 &= -v_1 + v_2 + v_3 + v_4 \,,
\end{aligned}
$$

so ist (w_1, w_2, w_3) linear unabhängig. — Hierbei hilft nun kein theoretisches Argument wie in Aufgabe 3.1, hier kommt es auf die Koeffizienten wirklich an, man muss rechnen. Vorschlag: Zuerst beweisen, dass die lineare Unabhängigkeit von (w_1, w_2, w_3) gleichbedeutend damit ist, dass eine gewisse reelle Matrix den Rang 3 hat, und dann mit Hilfe des Rangbestimmungsverfahrens den Rang dieser Matrix berechnen.

AUFGABE 5.3: Man bestimme, für welche $\lambda \in \mathbb{R}$ die reelle Matrix

$$
A_\lambda := \begin{pmatrix} 1 & \lambda & 0 & 0 \\ \lambda & 1 & 0 & 0 \\ 0 & \lambda & 1 & 0 \\ 0 & 0 & \lambda & 1 \end{pmatrix}
$$

invertierbar ist und berechne für diese λ die inverse Matrix A_λ^{-1}.

DIE *-AUFGABE:

AUFGABE 5*: Sei V ein endlichdimensionaler Vektorraum über $\mathbb{K}$ und $f : V \to V$ ein Endomorphismus. Man beweise: Hat f bezüglich jeder Basis von V dieselbe Matrix A, d.h. $A = \Phi^{-1} f \Phi$ für alle Isomorphismen $\Phi : \mathbb{K}^n \xrightarrow{\cong} V$, so gibt es ein $\lambda \in \mathbb{K}$ mit $f = \lambda \operatorname{Id}_V$.

AUFGABE 5.1P: Man gebe zwei Matrizen $A, B \in M(6 \times 6, \mathbb{R})$ explizit an, die folgende Eigenschaften haben: $\operatorname{rg} A = \operatorname{rg} B = 3$, $AB = 0$. (Mit der "Angabe" solcher Matrizen muss natürlich der Beweis (soweit nicht selbstverständlich) verbunden sein, dass A und B die genannten Eigenschaften wirklich haben!)

AUFGABE 5.2P: = Aufgabe 5.2 (für Mathematiker)

AUFGABE 5.3P: Es sei

$$H_t := \begin{pmatrix} \sin 2\pi t & \sin \frac{\pi}{6} t \\ \cos 2\pi t & \cos \frac{\pi}{6} t \end{pmatrix} \quad \text{für } t \in \mathbb{R}.$$

Man bestimme für jedes t mit $0 \leq t < 12$ den Rang der Matrix H_t und gebe insbesondere an, für wieviele dieser t der Rang gleich Eins ist. Bei der Lösung dieser Aufgabe dürfen Sie Ihre Schul- oder sonstigen Kenntnisse über die elementaren Eigenschaften der Funktionen $\sin : \mathbb{R} \to \mathbb{R}$ und $\cos : \mathbb{R} \to \mathbb{R}$ ohne weiteren Kommentar verwenden.

6. Die Determinante

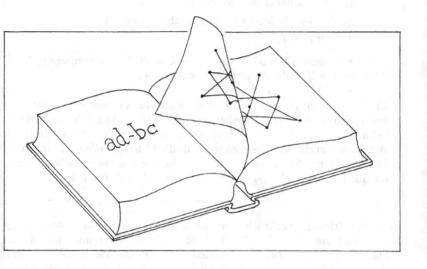

6.1 DIE DETERMINANTE

Jede quadratische Matrix A über $\mathbb{K}$ hat eine so genannte "Determinante" det $A \in \mathbb{K}$. Wir brauchen den Begriff der Determinanten in der linearen Algebra zunächst für einige (mehr theoretische) Überlegungen im Zusammenhang mit der Matrizeninversion und der Lösung linearer Gleichungssysteme. Später werden wir der Determinante bei der Eigenwerttheorie wieder begegnen. Außerhalb der linearen Algebra ist die Determinante zum Beispiel für die Integrationstheorie für Funktionen mehrerer Variabler wichtig, weil sie eng mit dem Begriff des *Volumens* zusammenhängt. Damit wollen wir uns jetzt aber nicht beschäftigen, sondern wir wollen die Determinante einfach als einen Gegenstand der Matrizenrechnung betrachten und lernen, was die Determinante ist und wie man damit umgeht.

Satz 1 und dadurch ermöglichte Definition: Es gibt genau eine Abbildung det : $M(n \times n, \mathbb{K}) \to \mathbb{K}$ mit den folgenden Eigenschaften:

(i) det ist linear in jeder Zeile

(ii) Ist der (Zeilen-)Rang kleiner als n, so ist det $A = 0$

(iii) det $E = 1$.

Diese Abbildung det : $M(n \times n, \mathbb{K}) \to \mathbb{K}$ heißt *die Determinante*, die Zahl det $A \in \mathbb{K}$ heißt *die Determinante von A*.

Unter "linear in jeder Zeile" ist dabei folgendes zu verstehen: Sind in einem Matrix-Schema alle Zeilen bis auf eine fest vorgegeben, so liefert jedes Element $x \in \mathbb{K}^n$ eine Ergänzung zu einer vollen $n \times n$-Matrix A_x: man braucht nur dieses Element als die fehlende Zeile einzutragen. Die Abbildung det : $M(n \times n, \mathbb{K}) \to \mathbb{K}$ ist linear in dieser Zeile, wenn die durch $x \mapsto \det A_x$ gegebene Abbildung $\mathbb{K}^n \to \mathbb{K}$ linear ist.

Diese Definition ist natürlich keine praktische Anleitung zum Ausrechnen der Determinante einer Matrix. Falls Sie noch die Vorstellung haben, das Wichtigste, was man über ein mathematisches Objekt wissen muss, sei eine "Formel" zum "Ausrechnen", dann befinden Sie sich zwar in Gesellschaft der meisten gebildeten Laien, aber als angehende Mathematiker sollten Sie solche Vorurteile allmählich über Bord werfen. In den meisten mathematischen Zusammenhängen, in denen Sie mit Determinanten in Berührung kommen, handelt es sich eben nicht darum, die Determinante einer bestimmten Matrix auf zwei Stellen hinter dem Komma auszurechnen, sondern darum, die *Eigenschaften* der gesamten Abbildung det : $M(n \times n, \mathbb{K}) \to \mathbb{K}$ zu kennen.

Das soll aber nicht heißen, man brauche gar nicht zu wissen, wie man eine Determinante ausrechnet. Das werden wir noch ausführlich besprechen! Aber auch die konkreten Berechnungsmethoden versteht man erst, wenn man mit den allgemeinen Eigenschaften der Determinantenabbildung schon vertraut ist.

BEWEIS VON SATZ 1. (a) *Beweis der Eindeutigkeit:* Wenn det und det$'$ zwei Abbildungen mit den Eigenschaften (i)-(iii) sind, dann gilt jedenfalls det $A = $ det$'$ A für alle Matrizen mit rg$A < n$, wegen (ii). Die Strategie des Beweises besteht nun darin, die Matrizen A mit rg$A = n$ durch elementare Umformungen in E zu verwandeln und zu studieren, wie det und ebenso det$'$ infolge (i) und (ii) auf elementare Umformungen reagieren, um dann aus det $E = $ det$'$ E, was ja wegen (iii) gilt, auf det $A = $ det$'$ A rückschließen zu können. Dazu dient der folgende Hilfssatz, der auch außerhalb des Beweises sehr nützlich ist.

Hilfssatz: Sei $\det : M(n \times n, \mathbb{K}) \to \mathbb{K}$ eine Abbildung mit den Eigenschaften (i) und (ii). Dann gilt:

(1) Verwandelt man die Matrix A durch Vertauschen zweier Zeilen in eine Matrix A', so gilt $\det A' = - \det A$.

(2) Verwandelt man die Matrix A durch Multiplikation einer Zeile mit $\lambda \in \mathbb{K}$ in eine Matrix A', so gilt $\det A' = \lambda \det A$.

(3) Verwandelt man die Matrix A durch Addition eines Vielfachen einer Zeile zu einer anderen Zeile in eine Matrix A', so gilt $\det A = \det A'$.

BEWEIS DES HILFSSATZES: Die Behauptung (2) folgt direkt aus der Linearität von det in den Zeilen.

Zu (3): Zunächst bilden wir einmal aus A die Matrix A'', in dem wir das Vielfache der einen Zeile nicht zu der anderen Zeile addieren, sondern indem wir diese andere Zeile durch das bewusste Vielfache *ersetzen*. Dann ist das n-tupel der Zeilen von A'' nicht linear unabhängig, also rg A'' kleiner als n, also $\det A'' = 0$. Aus der Linearität in den Zeilen (hier: in der "anderen" Zeile) folgt dann $\det A' = \det A + \det A'' = \det A$.   □

Zu (1): Seien die i-te und die j-te die beiden zu vertauschenden Zeilen. Addiert man in A zur j-ten Zeile die i-te, so bekommt man nach (3) eine Matrix A_1 mit $\det A = \det A_1$. Addiert man in A' zur j-ten Zeile die i-te, so erhält man nach (3) eine Matrix A_1' mit $\det A' = \det A_1'$. Die so gebildeten Matrizen A_1 und A_1' unterscheiden sich dann nur in der i-ten Zeile: in der j-ten steht bei beiden die Summe der i-ten und j-ten Zeile von A. Wegen der Linearität in der i-ten Zeile ist dann $\det A_1 + \det A_1'$ gleich der Determinante jener Matrix B, die sowohl in der i-ten als auch in der j-ten Zeile die Summe der i-ten und j-ten Zeile von A stehen hat. Also rg $B < n$, also $\det A_1 + \det A_1' = \det A + \det A' = 0$, also $\det A = - \det A'$. □

Damit ist nun der Hilfssatz bewiesen, und wir fahren im Beweis der Eindeutigkeitsaussage des Satzes 1 fort. Als Folgerung aus dem Hilfssatz erhalten wir: Wenn det und $\det'$ zwei Abbildungen mit den Eigenschaften (i) und (ii) sind und die Matrix B aus der Matrix A durch elementare Zeilenumformungen hervorgeht, so gilt, falls $\det A = \det' A$ ist, auch $\det B = \det' B$, und da man elementare Zeilenumformungen auch durch elementare Zeilenumformungen wieder rückgängig machen kann, gilt $\det A = \det' A$ sogar *genau dann*, wenn $\det B = \det' B$.

Angenommen nun, det und det$'$ erfüllen (i), (ii) und (iii). Wir wollen det $A = $ det$'$ A für alle $A \in M(n \times n, \mathbb{K})$ beweisen. Für A mit rg $A < n$ ist das aufgrund von (ii) sowieso klar. Sei also rg $A = n$. Dann aber lässt sich A durch elementare Zeilenumformungen in E verwandeln, wie die Leser des Abschnitts 5.5 über die Matrizeninversion schon wissen. Hier beweisen wir es nochmals durch Induktion: Ist man mittels elementarer Zeilenumformungen schon bis daher

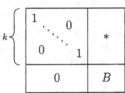

gekommen $(k < n)$, so kann man durch eventuelle Vertauschung zweier der letzten $n - k$ Zeilen den Platz $(k + 1, k + 1)$ in der Matrix durch ein von Null verschiedenes Element besetzen (denn wäre die erste Spalte von B Null, so wäre die $k+1$-te Spalte der ganzen Matrix linear überflüssig, im Widerspruch zu Rang $= n$), und dann kann man mit Umformungen vom Typ (2) und (3) den Induktionsschritt ausführen.

Also kann man A in E verwandeln, aus det $E = $ det$'$ $E = 1$ folgt det $A = $ det$'$ A, und die Eindeutigkeitsaussage in Satz 1 ist nun bewiesen.

(b) *Beweis der Existenz:* Die Existenz von det $: M(n \times n, \mathbb{K}) \to \mathbb{K}$ mit den Eigenschaften (i)-(iii) beweisen wir durch Induktion. Für $n = 1$ ist es klar, dass det $: M(1 \times 1, \mathbb{K}) \to \mathbb{K}$, $(a) \mapsto a$ diese Eigenschaften hat. Angenommen nun, wir hätten für $(n - 1) \times (n - 1)$-Matrizen schon eine Determinante.

Definition: Ist $A \in M(n \times n, \mathbb{K})$, so bezeichne A_{ij} die aus A durch Weglassen der i-ten Zeile und der j-ten Spalte entstehende $(n - 1) \times (n - 1)$-Matrix.

Mit dieser Notation und unserer Induktionsannahme können wir jetzt eine Abbildung det $: M(n \times n, \mathbb{K}) \to \mathbb{K}$ so erklären: Wir wählen ein beliebiges, aber dann festes j mit $1 \leq j \leq n$ und setzen

$$\det A := \sum_{i=1}^{n} (-1)^{i+j} a_{ij} \det A_{ij}.$$

Wir wollen zeigen, dass diese Abbildung det $: M(n \times n, \mathbb{K}) \to \mathbb{K}$ die Eigenschaften (i)-(iii) hat.

Eigenschaft (i): Um die Linearität in der k-ten Zeile von A nachzuweisen, verifizieren wir, dass jeder einzelne Summand

$$(-1)^{i+j}a_{ij}\det A_{ij}$$

linear in der k-ten Zeile von A ist. Für $k \neq i$ folgt das daraus, daß

$$\det : M(n-1 \times n-1, \mathbb{K}) \to \mathbb{K}$$

linear in den Zeilen ist, während a_{ij} von der k-ten Zeile nicht abhängt:

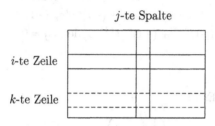

Für $k = i$ dagegen hängt A_{ij} von der i-ten Zeile von A nicht ab (die wird ja gerade weggelassen!), aber nun ist die Abbildung

$$M(n \times n, \mathbb{K}) \longrightarrow \mathbb{K}$$
$$A \longmapsto a_{ij}$$

linear in der i-ten Zeile von A. Also hat det die Eigenschaft (i).   (i)$\square$

Eigenschaft (ii): Sei rg $A < n$. Dann gibt es eine Zeile, die aus den anderen linearkombiniert werden kann. Daraus folgt, dass man durch elementare Zeilenumformungen vom Typ (3) diese Zeile zu Null machen kann. Eine Matrix mit einer Null-Zeile hat die Determinante Null, das folgt aus der schon bewiesenen Linearität. Wir müssten also zeigen, dass elementare Zeilenumformungen vom Typ (3) die Determinante nicht ändern. Wegen der bereits bewiesenen Linearität genügt dazu der Nachweis, dass die Determinante jeder Matrix verschwindet, die zwei gleiche Zeilen hat. Diesen Nachweis wollen wir jetzt führen: Wenn A zwei gleiche Zeilen hat, sagen wir die r-te und die s-te Zeile, dann ist nach Induktionsvoraussetzung

$$\sum_i (-1)^{i+j}a_{ij}\det A_{ij} = (-1)^{r+j}a_{rj}\det A_{rj} + (-1)^{s+j}a_{sj}\det A_{sj},$$

weil alle anderen Summanden nach Induktionsannahme verschwinden, da die betreffenden A_{ij} zwei gleiche Zeilen haben. Wodurch unterscheiden sich aber A_{rj} und A_{sj}? Nun, wenn r und s benachbart sind, dann ist überhaupt $A_{rj} = A_{sj}$, denn wenn zwei gleiche Zeilen aufeinanderfolgen, so ist es gleichgültig, ob ich die erste oder die zweite dieser beiden streiche.

Liegt zwischen der r-ten und der s-ten Zeile genau eine andere Zeile, also $|r - s| = 2$, dann kann man A_{rj} durch *eine* Zeilenvertauschung in A_{sj} verwandeln, allgemeiner: Gilt $|r - s| = t$, so kann man A_{rj} durch $t - 1$ Zeilenvertauschungen in A_{sj} verwandeln. Da nach Induktionsannahme Zeilenvertauschung bei $(n - 1) \times (n - 1)$-Matrizen zu Vorzeichenwechsel der Determinante führt, und da wegen der Gleichheit der r-ten und s-ten Zeile $a_{rj} = a_{sj}$ gilt, erhalten wir

$$\det A = (-1)^{r+j} a_{rj} \det A_{rj} + (-1)^{s+j} a_{sj} \det A_{sj}$$
$$= (-1)^{r+j} a_{rj} \det A_{rj} + (-1)^{s+j} a_{rj} (-1)^{r-s+1} \det A_{rj}$$
$$= ((-1)^{r+j} + (-1)^{r+j+1}) a_{rj} \det A_{rj} = 0.$$

$$\text{(ii)} \square$$

Eigenschaft (iii): Es ist

$$E_n = \begin{pmatrix} 1 & & \\ & \ddots & \\ & & 1 \end{pmatrix} = (\delta_{ij})_{i,j=1,\ldots,n},$$

wobei δ_{ij} für $i \neq j$ also Null und für $i = j$ Eins ist ("Kronecker-Symbol"). Deshalb tritt in der Summe $\det E_n = \sum_i (-1)^{i+j} \delta_{ij} \det E_{nij}$ überhaupt nur ein einziger von Null verschiedener Summand auf, nämlich $(-1)^{j+j} \delta_{jj} \det E_{njj}$, und da $E_{njj} = E_{n-1}$ gilt, ist $\det E_n = \det E_{n-1} = 1$.

$$\text{(iii)} \square$$

Damit ist Satz 1 vollständig bewiesen.

6.2 BERECHNUNG VON DETERMINANTEN

Lieferte auch der definierende Satz 1 noch keine direkte Berechnungsvorschrift für die Determinante, so haben wir doch im Verlaufe des Beweises schon Wege zur konkreten Bestimmung der Determinante kennengelernt, insbesondere die "Entwicklungsformel":

Sprechweise: Die während des obigen Beweises gewonnene Berechnungsformel

$$\det A = \sum_{i=1}^{n} (-1)^{i+j} a_{ij} \det A_{ij}$$

für die Determinante einer $n \times n$-Matrix A nennt man die *Entwicklung der Determinante nach der j-ten Spalte*.

Da für die 1×1-Matrizen (a) natürlich $\det(a) = a$ gilt, folgt durch Entwicklung nach der ersten Spalte für 2×2-Matrizen die Formel

$$\det \begin{pmatrix} a & b \\ c & d \end{pmatrix} = ad - bc,$$

und wenn uns dieses Subtrahieren der überkreuz gebildeten Produkte zur Gewohnheit geworden ist, dann rechnen wir auch die Determinante dreireihiger Matrizen durch Entwicklung leicht aus, etwa nach der ersten Spalte:

wobei dieses Schema natürlich den Rechenprozess von

$$\det \begin{pmatrix} a_{11} & a_{12} & a_{13} \\ a_{21} & a_{22} & a_{23} \\ a_{31} & a_{32} & a_{33} \end{pmatrix} =$$

$$a_{11} \det \begin{pmatrix} a_{22} & a_{23} \\ a_{32} & a_{33} \end{pmatrix} - a_{21} \det \begin{pmatrix} a_{12} & a_{13} \\ a_{32} & a_{33} \end{pmatrix} + a_{31} \det \begin{pmatrix} a_{12} & a_{13} \\ a_{22} & a_{23} \end{pmatrix}$$

veranschaulichen soll. Aber schon für 4×4-Matrizen ist die rekursive Berechnung der Determinante nach der Entwicklungsformel kein ökonomisches Verfahren mehr. Zwar leistet sie gute Dienste bei mancherlei Überlegungen, zum Beispiel zeigt man durch Induktion und Entwicklung nach der ersten Spalte sofort das folgende

Lemma: Ist $A \in M(n \times n, \mathbb{K})$ eine obere Dreiecksmatrix, d.h. sind alle Elemente unterhalb der Hauptdiagonalen Null (d.h. $a_{ij} = 0$ für $i > j$),

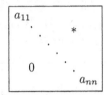

so ist die Determinante das Produkt der Hauptdiagonalelemente: $\det A = a_{11} \cdot \ldots \cdot a_{nn}$.

Um aber die Determinante einer großen wohlgefüllten Matrix numerisch auszurechnen, wird man die Entwicklungsformel nicht direkt anwenden, sondern die Matrix durch *elementare Zeilenumformungen* eben in eine obere Dreiecksmatrix verwandeln. Aus dem Hilfssatz in 6.1 wissen wir ja, wie sich die Determinante dabei verhält, und wir erhalten als Anwendung des Lemmas:

Berechnungsverfahren für die Determinante großer Matrizen:
Um die Determinante von $A \in M(n \times n, \mathbb{K})$ zu bestimmen, verwandle man A durch elementare Zeilenumformungen der Typen (1) und (3) (Vertauschungen von Zeilen und Addition von Zeilenvielfachen zu anderen Zeilen) in eine obere Dreiecksmatrix

$$
\begin{pmatrix}
a'_{11} & & * \\
& \ddots & \\
0 & & a'_{nn}
\end{pmatrix}
$$

was ersichtlich stets möglich ist. Hat man dabei r Zeilenvertauschungen angewandt, so gilt

$$\det A = (-1)^r \det A' = (-1)^r a'_{11} \cdot \ldots \cdot a'_{nn}.$$

6.3 DIE DETERMINANTE DER TRANSPONIERTEN MATRIX

Ähnlich wie wir im § 5 vom Zeilenrang und vom Spaltenrang gesprochen haben, müssten wir die durch Satz 1 definierte Determinante eigentlich die "Zeilendeterminante" nennen, weil in der Bedingung (i) gerade die Zeilen genannt sind ("linear in jeder Zeile"). Ebenso könnten wir eine "Spaltendeterminante" definieren, die dann als Abbildung $M(n \times n, \mathbb{K}) \to \mathbb{K}$ linear in jeder *Spalte* wäre. Es lässt sich aber leicht zeigen, dass die Spaltendeterminante gleich der Zeilendeterminante ist und man deshalb diese Namen gar nicht einzuführen braucht und einfach von der Determinante sprechen kann — ganz ähnlich wie beim Rang. Am besten lässt sich das mit dem Begriff der "transponierten Matrix" formulieren:

Definition: Ist $A = (a_{ij}) \in M(m \times n, \mathbb{K})$, so heißt die durch

$$a_{ij}^t := a_{ji}$$

definierte Matrix $A^t = (a_{ij}^t) \in M(n \times m, \mathbb{K})$ die *transponierte* Matrix von A.

Man erhält also A^t aus A, indem man die Zeilen als Spalten schreibt:

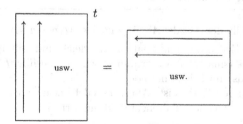

Man kann sich die Transposition aber auch als "Spiegelung an der Hauptdiagonalen" vorstellen, da jedes Matrixelement a_{ij} von seinem Platz (i,j) auf den Spiegelplatz (j,i) versetzt wird:

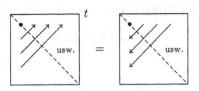

Fasst man die Matrix $A \in M(m \times n, \mathbb{K})$ als lineare Abbildung $A : \mathbb{K}^n \to \mathbb{K}^m$ auf, so ist die Transponierte eine Abbildung in die Gegenrichtung:

$$\mathbb{K}^n \xleftarrow{\quad A^t \quad} \mathbb{K}^m,$$

weil ja $A^t \in M(n \times m, \mathbb{K})$. Damit hängt auch zusammen, dass die Transponierte eines Matrizenprodukts (erst B, dann A):

$$\mathbb{K}^r \xrightarrow{\quad B \quad} \mathbb{K}^m \xrightarrow{\quad A \quad} \mathbb{K}^n$$

das Produkt der Transponierten in *umgekehrter Reihenfolge*

$$\mathbb{K}^r \xleftarrow{\quad B^t \quad} \mathbb{K}^m \xleftarrow{\quad A^t \quad} \mathbb{K}^n$$

ist (erst A^t, dann B^t):

Bemerkung: Es gilt $(AB)^t = B^t A^t$, denn für $C := AB$ ist $c_{ij} = \sum_k a_{ik} b_{kj}$, also $c^t_{ij} = c_{ji} = \sum_k a_{jk} b_{ki} = \sum_k b^t_{ik} a^t_{kj}$.

Dass im übrigen die Transposition linear ist, d.h. $(A + B)^t = A^t + B^t$ und $(\lambda A)^t = \lambda A^t$ erfüllt, und dass $(A^t)^t = A$ gilt, ist klar, und wir brauchen es nicht hervorzuheben.

In der Sprache der transponierten Matrizen können wir nun das Ziel dieses kleinen Abschnitts so formulieren:

Satz 2: Es gilt $\det A = \det A^t$ für alle $A \in M(n \times n, \mathbb{K})$.

BEWEIS: Da Zeilenrang und Spaltenrang gleich sind, gilt $\mathrm{rg} A = \mathrm{rg} A^t$, und die Einheitsmatrix E ist "symmetrisch", d.h. erfüllt $E^t = E$. Wegen Satz 1 müssen wir jetzt nur noch zeigen, dass $\det : M(n \times n, \mathbb{K}) \to \mathbb{K}$ auch linear in den *Spalten* ist. Aber: dass $\det$ linear in der j-ten Spalte ist, folgt sofort aus der Spaltenentwicklungsformel

$$\det A = \sum_i (-1)^{i+j} a_{ij} \det A_{ij},$$

denn A_{ij} hängt von der j-ten Spalte von A gar nicht ab, diese Spalte ist ja gerade gestrichen! Damit ist Satz 2 bewiesen. $\qquad\square$

Mit $\det A = \det A^t$ erhält man aus der Formel für die Entwicklung nach einer Spalte die nach einer Zeile:

Notiz: Man kann die Determinante einer $n \times n$-Matrix A auch durch "Entwicklung nach einer Zeile" berechnen:

$$\det A = \sum_{j=1}^{n} (-1)^{i+j} a_{ij} \det A_{ij}.$$

Der Unterschied zwischen den Formeln ist mit bloßem Auge kaum zu erkennen, er besteht nur darin, dass jetzt über den *Spaltenindex* j summiert wird, während der Zeilenindex i fest ist: nach der i-ten Zeile wird entwickelt.

6.4 EINE DETERMINANTENFORMEL FÜR DIE INVERSE MATRIX

Die Zeilenentwicklungsformel

$$\det A = \sum_{j=1}^{n} (-1)^{i+j} a_{ij} \det A_{ij}$$

hat eine gewisse Ähnlichkeit mit der Formel für die Matrizenmultiplikation. Um das genauer sagen zu können, definieren wir zu jeder quadratischen Matrix A eine so genannte *komplementäre* Matrix $\widetilde{A}$ wie folgt.

Definition: Für $A \in M(n \times n, \mathbb{K})$ werde die durch

$$\widetilde{a}_{ij} := (-1)^{i+j} \det A_{ji}$$

gegebene Matrix $\widetilde{A} \in M(n \times n, \mathbb{K})$ die zu A *komplementäre* Matrix genannt.

Man erhält also $\widetilde{A}$ aus der Matrix der $(n-1)$-*reihigen Unterdeterminanten* $\det A_{ij}$ (erinnere: A_{ij} entsteht aus A durch Streichen der i-ten Zeile und j-ten Spalte), indem man erstens das Schachbrettvorzeichen $(-1)^{i+j}$ anbringt und zweitens an der Hauptdiagonalen spiegelt:

$\det A_{11}$	$-\det A_{21}$	$\det A_{31}$
$-\det A_{12}$	$\det A_{22}$	$-\det A_{32}$
$\det A_{13}$	$-\det A_{23}$	$\det A_{33}$

Nach der Zeilenentwicklungsformel ist dann also $\det A = \sum_{j=1}^{n} a_{ij}\widetilde{a}_{ji}$, und das bedeutet, dass die Diagonalelemente der Produktmatrix $A\widetilde{A}$ alle gleich $\det A$ sind. Was aber steht außerhalb der Diagonalen? Was ist $\sum_{j=1}^{n} a_{ij}\widetilde{a}_{jk}$ für $i \neq k$? Hier sind wir am Kernpunkt der Überlegung: Die k-te Spalte

$$\begin{pmatrix} \widetilde{a}_{1k} \\ \vdots \\ \widetilde{a}_{nk} \end{pmatrix}$$

der komplementären Matrix $\widetilde{A}$ merkt es gar nicht, wenn wir die k-te *Zeile* von A irgendwie ändern, denn $\widetilde{a}_{jk} = (-1)^{j+k}\det A_{kj}$, und A_{kj} entsteht ja aus A durch *Streichen* der k-ten Zeile (und j-ten Spalte). Wenn wir also in A die k-te Zeile durch die i-te ersetzen und die Determinante der so entstandenen Matrix A' nach der k-ten Zeile entwickeln, so erhalten wir

$$\det A' = \sum_{j=1}^{n} a_{ij}\widetilde{a}_{jk},$$

aber $\det A'$ ist Null, weil A' zwei gleiche Zeilen hat! Es gilt also

Satz 3: Ist $\widetilde{A}$ die zu $A \in M(n \times n, \mathbb{K})$ komplementäre Matrix, so ist

$$A\widetilde{A} = \begin{pmatrix} \det A & & \\ & \ddots & \\ & & \det A \end{pmatrix}$$

und daher gilt für Matrizen A mit nichtverschwindender Determinante die Inversenformel

$$A^{-1} = \frac{1}{\det A}\widetilde{A}.$$

Für zwei- und dreireihige Matrizen ist das auch ein ganz bequemes Verfahren, A^{-1} explizit zu berechnen.

Insbesondere: Ist $ad - bc \neq 0$, so gilt

$$\begin{pmatrix} a & b \\ c & d \end{pmatrix}^{-1} = \frac{1}{ad - bc} \begin{pmatrix} d & -b \\ -c & a \end{pmatrix}$$

6.5 DETERMINANTE UND MATRIZENPRODUKT

In diesem Abschnitt wollen wir $\det(AB) = \det A \cdot \det B$ für $n \times n$-Matrizen beweisen. Daraus würde insbesondere folgen, dass Matrizen vom Rang n eine von Null verschiedene Determinante haben, denn nach der Dimensionsformel dim Kern $A + \mathrm{rg}A = n$ ist so eine Matrix invertierbar, und $\det A \neq 0$ ergäbe sich aus $\det A \cdot \det A^{-1} = \det E = 1$. Allerdings wollen wir diese Tatsache beim *Beweis* von $\det(AB) = \det A \det B$ benutzen, und deshalb ist es gut, dass wir sie ja eigentlich auch schon wissen:

Lemma: Eine $n \times n$-Matrix ist genau dann invertierbar, d.h. hat den Rang n, wenn $\det A \neq 0$ ist.

BEWEIS: Aus dem definierenden Satz 1 wissen wir schon, daß für Matrizen mit $\mathrm{rg}A < n$ die Determinante verschwindet. Sei also $\mathrm{rg}A = n$. Dann kann man A durch elementare Zeilenumformungen in die Einheitsmatrix verwandeln, das haben wir z.B. beim Beweis des Hilfssatzes in 6.1 gesehen; die Leser des Abschnittes 5.5 über die Matrizeninversion wissen es sogar schon von dort her. Deshalb kann $\det A$ nicht Null sein, denn sonst wäre nach dem Hilfssatz in 6.1 auch $\det E = 1$ gleich Null.   □

Satz 4: Für alle $A, B \in M(n \times n, \mathbb{K})$ gilt:

$$\det AB = \det A \det B \,.$$

BEWEIS: Wir wollen Satz 4 aus Satz 1 folgern, fast ohne zu rechnen. Dazu halten wir B fest und betrachten die Abbildung

$$f : M(n \times n, \mathbb{K}) \longrightarrow \mathbb{K}$$
$$A \longmapsto \det AB$$

Dann ist f linear in den Zeilen von A. Denn wenn ich nur die i-te Zeile von A ändere, dann ruft das in AB ebenfalls nur eine Änderung der i-ten Zeile hervor, und bei festgehaltenen übrigen Zeilen und festgehaltenem B ist

$$\mathbb{K}^n \longrightarrow \mathbb{K}^n$$
$$(i\text{-te Zeile von } A) \longmapsto (i\text{-te Zeile von } AB)$$

eine lineare Abbildung. Also folgt unsere Zwischenbehauptung aus Eigenschaft (i) der Determinante. — Ist $\operatorname{rg} A < n$, so ist auch $\operatorname{rg} AB < n$, weil $\operatorname{Bild} AB \subset \operatorname{Bild} A$, also ist $\det AB = f(A) = 0$. — Schließlich gilt zwar nicht unbedingt $f(E) = 1$, aber $f(E) = \det EB = \det B$, und falls $\det B \neq 0$ ist, so hat die durch $A \mapsto (\det B)^{-1} \det AB$ gegebene Abbildung die Eigenschaften (i)-(iii) aus Satz 1, also $(\det B)^{-1} \det AB = \det A$ oder $\det AB = \det A \det B$. Falls aber $\det B = 0$, so ist nach obigem Lemma $\operatorname{rg} B < n$, also $\dim \operatorname{Kern} B > 0$, also erst recht $\dim \operatorname{Kern} AB > 0$, da $\operatorname{Kern} B \subset \operatorname{Kern} AB$, also auch $\operatorname{rg} AB < n$ und deshalb $\det AB = 0$. Die Aussage $\det AB = \det A \det B$ ist also in jedem Falle richtig.   □

Korollar: Ist A invertierbar, d.h. $\det A \neq 0$, so ist

$$\det A^{-1} = (\det A)^{-1},$$

da $\det A A^{-1} = \det A \det A^{-1} = \det E = 1$ ist.

6.6 TEST

(1) Die Determinante ist eine Abbildung

  ☐ $M(n \times n, \mathbb{K}) \to M(n-1 \times n-1, \mathbb{K})$, die durch Weglassen der i-ten Zeile und j-ten Spalte definiert ist

  ☐ $M(n \times n, \mathbb{K}) \to \mathbb{K}$, die linear in den Zeilen ist, für Matrizen mit nichtmaximalem Rang verschwindet und für E den Wert 1 annimmt

  ☐ $M(n \times n, \mathbb{K}) \to \mathbb{K}^n$, die durch eine Linearkombination der Zeilen gegeben ist, für A mit rg $A < n$ verschwindet und für E den Wert 1 annimmt.

(2) Seien $A, A' \in M(n \times n, \mathbb{K})$ und A' gehe aus A durch elementare Zeilenumformungen hervor. Welche der folgenden Aussagen ist (oder sind) falsch:

  ☐ $\det A = 0 \Longleftrightarrow \det A' = 0$

  ☐ $\det A = \det A'$

  ☐ $\det A = \lambda \det A'$ für ein $\lambda \in \mathbb{K}$, $\lambda \neq 0$.

(3) Welche der folgenden Aussagen ist richtig. Für $A \in M(n \times n, \mathbb{K})$ gilt

  ☐ $\det A = 0 \Longrightarrow$ rg $A = 0$

  ☐ $\det A = 0 \Longleftrightarrow$ rg $A \leqq n - 1$

  ☐ $\det A = 0 \Longrightarrow$ rg $A = n$

(4) Welche der folgenden Aussagen ist für alle $A, B, C \in M(n \times n, \mathbb{K})$ und $\lambda \in \mathbb{K}$ richtig:

  ☐ $\det(A + B) = \det A + \det B$

  ☐ $\det \lambda A = \lambda \det A$

  ☐ $\det((AB)C) = \det A \det B \det C$

(5) Die Formel für die "Entwicklung der Determinante von $A = (a_{ij})$ nach der i-ten Zeile" heißt:

  ☐ $\det A = \sum_{i=1}^{n} (-1)^{i+j} a_{ij} \det A_{ij}$

  ☐ $\det A = \sum_{j=1}^{n} (-1)^{i+j} a_{ij} \det A_{ji}$

  ☐ $\det A = \sum_{j=1}^{n} (-1)^{i+j} a_{ij} \det A_{ij}$

(6) $\det \begin{pmatrix} 1 & 0 & 1 \\ 2 & 3 & -1 \\ 0 & 1 & 1 \end{pmatrix} =$

$\square$ 2 $\square$ 4 $\square$ 6

(7) Sei $E \in M(n \times n, \mathbb{K})$ die Einheitsmatrix. Dann ist die transponierte Matrix $E^t =$

$\square \begin{pmatrix} 1 & & \\ & \ddots & \\ & & 1 \end{pmatrix}$ $\square \begin{pmatrix} & & 1 \\ & \cdot^{\cdot^{\cdot}} & \\ 1 & & \end{pmatrix}$ $\square \begin{pmatrix} t & & \\ & \ddots & \\ & & t \end{pmatrix}$

(8) $\det \begin{pmatrix} \lambda & \lambda & \lambda \\ \lambda & \lambda & \lambda \\ \lambda & \lambda & \lambda \end{pmatrix} =$

$\square$ 0 $\square$ λ $\square$ λ^3

(9) $\det \begin{pmatrix} \cos\varphi & -\sin\varphi \\ \sin\varphi & \cos\varphi \end{pmatrix} =$

$\square$ $\cos 2\varphi$ $\square$ 0 $\square$ 1

(10) Welche der folgenden Aussagen ist (oder sind) falsch:

$\square$ $\det A = 1 \Longrightarrow A = E$

$\square$ $\det A = 1 \Longrightarrow A$ injektiv als Abbildung $\mathbb{K}^n \to \mathbb{K}^n$

$\square$ $\det A = 1 \Longrightarrow A$ surjektiv als Abbildung $\mathbb{K}^n \to \mathbb{K}^n$.

6.7 DETERMINANTE EINES ENDOMORPHISMUS

Nicht nur für $n \times n$-Matrizen, sondern auch für die Endomorphismen $f : V \to V$ eines n-dimensionalen Vektorraums ist die Determinante

$$\det f \in \mathbb{K}$$

erklärt, nämlich so: Man nimmt eine Basis $(v_1, \ldots, v_n)$ von V, benutzt den zugehörigen Basisisomorphismus $\Phi_{(v_1,\ldots,v_n)} : K^n \cong V$, um f in eine Matrix A zu verwandeln:

$$
\begin{array}{ccc}
V & \xrightarrow{\ f\ } & V \\[2pt]
\Phi \uparrow \cong & & \cong \uparrow \Phi \\[2pt]
K^n & \xrightarrow{\ A\ } & K^n
\end{array}
$$

und setzt $\det f := \det A$. Dabei tritt aber wieder einmal ein Wohldefiniertheitsproblem auf, denn wir müssen uns doch fragen: andere Basis, andere Matrix — andere Determinante? Diesen Zweifel behebt das folgende Lemma und ermöglicht dadurch erst die Definition der Determinante eines Endomorphismus.

Lemma und Definition: Ist $f : V \to V$ ein Endomorphismus eines n-dimensionalen Vektorraums, und wird f bezüglich einer Basis $(v_1, \ldots, v_n)$ durch die Matrix A und bezüglich einer anderen Basis $(v'_1, \ldots, v'_n)$ durch die Matrix B beschrieben, so gilt $\det A = \det B =:$ $\det f$.

BEWEIS: Wir betrachten noch eine dritte Matrix C, nämlich diejenige, die zwischen den beiden Basisisomorphismen Φ und Φ' vermittelt:

$$
\begin{array}{ccc}
 & & V \\[6pt]
 & {}^{\Phi'}\nearrow & \ \uparrow \Phi \\[6pt]
\mathbb{K}^n & \xrightarrow[\ C\ ]{} & \mathbb{K}^n
\end{array}
$$

also $C := \Phi^{-1} \circ \Phi'$. Dann ist B wegen $A = \Phi^{-1} \circ f \circ \Phi$ und $B = {\Phi'}^{-1} \circ f \circ \Phi'$ das Matrizenprodukt $C^{-1}AC$:

$$
\begin{array}{ccc}
& V \xrightarrow{\ f\ } V & \\
\Phi' \nearrow \quad \uparrow \Phi \qquad \Phi \uparrow \quad \nwarrow \Phi' \\
\mathbb{K}^n \xrightarrow[C]{} \mathbb{K}^n \xrightarrow[A]{} \mathbb{K}^n \xrightarrow[C^{-1}]{} \mathbb{K}^n
\end{array}
$$

und da die Determinante des Produkts gleich dem Produkt der Determinanten ist (vergl. Satz 4 in 6.5), gilt also

$$\det B = \det(C^{-1}) \det A \det C = \det A \det(C^{-1}C) = \det A.$$

$\square$

Für lineare Abbildungen $A : K^n \to K^n$, die ja durch Matrizen gegeben sind, behält $\det A$ natürlich seine alte Bedeutung, denn wir können $\Phi = \mathrm{Id}$ wählen.

Durch Betrachtung der Diagramme, in denen Endomorphismen und Matrizen durch Basisisomorphismen verbunden sind, kann man leicht von Eigenschaften der Matrizendeterminante $\det : M(n \times n, K) \to K$ auf Eigenschaften der Endomorphismendeterminante $\det : \mathrm{Hom}(V, V) \to K$ schließen. Als Beispiele notieren wir:

Notiz: Ist V ein n-dimensionaler Vektorraum über K, so hat die Abbildung $\mathrm{Hom}(V, V) \to K$, $f \mapsto \det f$ unter anderem die Eigenschaften:

(1) $\det f \neq 0 \iff f$ ist Isomorphismus,
(2) $\det gf = \det g \det f$,
(3) $\det \mathrm{Id} = 1$.

Dass man die Determinante für Endomorphismen erklären kann, ohne dabei eine Basis besonders auszuzeichnen, ist schon ein Hinweis darauf, dass es auch einen mehr begrifflichen Zugang zur Determinante gibt, als der hier von uns begangene, etwas technische Weg über die Matrizen. Die Determinante ist "eigentlich" (d.h. in gewissem Sinne) ein Gegenstand der *multilinearen Algebra*, die Sie erst im zweiten Semester kennenlernen werden. Sie werden dann ein noch besseres Verständnis für den Begriff der Determinante bekommen.

Einstweilen wollen wir aber noch eine nützliche Formel für die Determinante von Matrizen kennenlernen.

6.8 Die Leibnizsche Formel

Die Formel heißt

$$\det A = \sum_{\tau \in \mathcal{S}_n} \operatorname{sign}(\tau) a_{1\tau(1)} \cdot \ldots \cdot a_{n\tau(n)},$$

und um sie zu verstehen, muss man also wissen, was $\mathcal{S}_n$ und was $\operatorname{sign}(\tau)$ für $\tau \in \mathcal{S}_n$ bedeuten soll. Das erste ist ganz einfach: $\mathcal{S}_n$ bezeichnet die Menge der bijektiven Abbildungen

$$\tau : \{1, \ldots, n\} \xrightarrow{\;\cong\;} \{1, \ldots, n\},$$

der so genannten *Permutationen* der Zahlen von 1 bis n. Wie Sie sicher wissen, gibt es $n! := 1 \cdot 2 \cdot \ldots \cdot n$ solcher Permutationen, denn bei jeder der n Möglichkeiten, $\tau(1)$ festzulegen, behält man noch die Auswahl unter $(n-1)$ Werten für $\tau(2)$, usw. — Etwas mehr ist über das "Signum" $\operatorname{sign}(\tau) = \pm 1$ einer Permutation zu sagen.

Eine Permutation, die weiter nichts tut, als zwei benachbarte Zahlen zu vertauschen und die übrigen $(n - 2)$ Zahlen fest zu lassen, wollen wir eine *Nachbarnvertauschung* nennen. Offensichtlich kann man jede Permutation durch Hintereinanderanwendung endlich vieler Nachbarnvertauschungen herbeiführen, manche Bibliotheken weisen ihre Benutzer flehentlich auf diese Gefahr hin. Die Hintereinanderanwendung einer geraden Anzahl von Nachbarnvertauschungen nennt man eine *gerade Permutation*, die anderen heißen *ungerade Permutationen*, und das Signum einer Permutation ist

$$\operatorname{sign}(\tau) := \begin{cases} +1 & \text{falls } \tau \text{ gerade} \\ -1 & \text{falls } \tau \text{ ungerade.} \end{cases}$$

Dann ist $\operatorname{sign}(\mathrm{Id}) = +1$, und

$$\operatorname{sign}(\sigma \circ \tau) = \operatorname{sign}(\sigma) \cdot \operatorname{sign}(\tau),$$

denn wenn σ und τ beide gerade oder beide ungerade sind, dann ist $\sigma \circ \tau$ natürlich gerade, und ist nur eines von beiden ungerade, sagen wir σ, so muss wegen $\sigma = (\sigma \circ \tau) \circ \tau^{-1}$ auch $(\sigma \circ \tau)$ ungerade sein, analog für τ.

Diese Überlegungen sind ja alle ganz einfach, haben aber auch noch einen wesentlichen Mangel. Es ist nämlich nicht ohne weiteres ersichtlich, ob es überhaupt ungerade Permutationen gibt. — Wie? Ist nicht zum Beispiel eine Nachbarnvertauschung offensichtlich ungerade? — Ist schon, aber nicht offensichtlich. Klarheit schafft erst ein kleiner Trick. Eine Permutation τ wird im Allgemeinen für einige Zahlenpaare $i < j$ die Anordnung umkehren: $\tau(j) < \tau(i)$. Wir bezeichnen die Anzahl dieser "Ordnungswidrigkeiten" mit $a(\tau)$, also

$$a(\tau) := \#\{(i,j) \mid i < j, \quad \text{aber } \tau(j) < \tau(i)\},$$

das Zeichen $\#$ bedeutet "Anzahl". Ist dann σ eine Nachbarnvertauschung, so gilt

$$a(\sigma \circ \tau) = a(\tau) \pm 1,$$

denn durch σ wird entweder eine Ordnungswidrigkeit geschaffen oder eine aufgehoben. Daraus folgt nun freilich, dass $a(\tau)$ für gerade Permutationen gerade, für ungerade ungerade ist: $\text{sign}(\tau) = (-1)^{a(\tau)}$, insbesondere sind Nachbarnvertauschungen ungerade und ebenso Vertauschungen zweier nichtbenachbarter Zahlen: liegen nämlich r Zahlen zwischen i und j, so ist die so genannte "Transposition", die nur i und j vertauscht, durch $2r + 1$ Nachbarnvertauschungen zu bewirken.

Nun können wir die Leibnizformel nicht nur lesen, sondern auch beweisen. Dazu brauchen wir nur zu zeigen, dass die durch die rechte Seite erklärte Abbildung $M(n \times n, K) \to K$ die Eigenschaften (i), (ii) und (iii) hat, durch die nach Satz 1 aus 6.1 die Determinante charakterisiert ist. Ja, wenn wir das tun, ohne den Determinantenbegriff dabei zu benutzen, so haben wir sogar einen weiteren Beweis für die Existenzaussage in Satz 1 geliefert.

Eigenschaft (i), die Linearität in den Zeilen, hat offenbar jeder der $n!$ Summanden, also auch die Summe. Eigenschaft (iii) ist natürlich auch erfüllt, denn ist A die Einheitsmatrix, so ist nur ein Summand von Null verschieden, nämlich $\text{sign}(\text{Id})\delta_{11} \cdot \ldots \cdot \delta_{nn} = 1$. Es bleibt also übrig zu zeigen, dass die rechte Seite der Leibnizformel verschwindet, sobald der (Zeilen-)Rang von A kleiner als n ist. Dazu genügt es, wie an der analogen Stelle im Beweis von Satz 1 schon erläutert, dies für Matrizen A mit zwei gleichen Zeilen zu beweisen. Seien also die i-te und die j-te Zeile gleich. Ist σ die i und j vertauschende Transposition und $\mathcal{A}_n$ die Menge der geraden Permutationen, so können wir die rechte Seite der Leibnizformel als

$$\sum_{\tau \in \mathcal{A}_n} \left(\text{sign}(\tau)a_{1\tau(1)} \cdot \ldots \cdot a_{n\tau(n)} + \text{sign}(\tau \circ \sigma)a_{1\tau\sigma(1)} \cdot \ldots \cdot a_{n\tau\sigma(n)}\right)$$

schreiben. Aber $a_{1\tau(\sigma(1))} \cdot \ldots \cdot a_{n\tau(\sigma(n))}$ geht aus $a_{1\tau(1)} \cdot \ldots \cdot a_{n\tau(n)}$ dadurch hervor, dass man den i-ten Faktor $a_{i\tau(i)}$ durch $a_{i\tau(j)}$ und $a_{j\tau(j)}$ durch $a_{j\tau(i)}$ ersetzt. Wegen der Gleichheit der beiden Zeilen ($a_{ik} = a_{jk}$ für alle k) ändert das aber nichts, und die Behauptung folgt aus $\text{sign}(\tau \circ \sigma) = -\text{sign}(\tau)$. $\qquad\square$

6.9 HISTORISCHE NOTIZ

Wie wenig naheliegend es einst gewesen sein muss, die Matrizen als selbständige mathematische Gegenstände aufzufassen, geht auch aus der uns heute vielleicht erstaunenden Tatsache hervor, dass die Theorie der Determinanten wesentlich älter als die der Matrizen selbst ist. Die Determinante ist von Leibniz im Zusammenhang mit der Lösbarkeit von linearen Gleichungssystemen erstmals definiert worden, nämlich in einem Brief an L'Hospital vom 28. April 1693. Die Bezeichnung "Determinante" wurde erst von Gauß eingeführt. (Disquisitiones arithmeticae, 1801).

6.10 LITERATURHINWEIS

Wenn Sie Bedarf an einer großen Menge elementarer Übungsaufgaben mit Lösungen zum Standard-Stoff der linearen Algebra haben, dann ist [13] für Sie da, der Lineare-Algebra-Band der *Schaum's Outline Series*, in deutscher Übersetzung *Schaum Überblicke/Aufgaben*. In dreizehn Kapiteln wird jeweils erst der Stoff dargeboten, eher knapp und lakonisch, und dann folgt eine Anzahl, eine Fülle, eine überwältigende Wasserflut von Aufgaben mit Lösungsbeispielen.

Nach meiner Erfahrung spielt Schaum's Outline Series in unserem Universitätsunterricht *für Mathematiker* keine Rolle und hat eher den Status einer Art mathematischer Subkultur. Die Serie ist auch für einen viel breiteren Benutzerkreis gedacht. Die meisten Aufgaben sind elementare Zahlenbeispiele für die Anwendung von Rezepten, so dass es einem bei flüchtigem Blättern richtig schlecht werden kann. Bei näherem Hinsehen zeigt sich aber, dass in diesem großen Aufgabensammelwerk auch viele schöne und gar nicht so triviale Aufgaben enthalten sind, und dass das Ganze geschickt und zielgerichtet aufgebaut ist.

Ich kann mir verschiedene Benutzergruppen denken, die das Buch gebrauchen können. Was allerdings ein Studienanfänger in Mathematik damit machen soll, ist mir nicht recht klar. Er ertrinkt ja förmlich in dem Übungsmaterial! Oder sollte er doch genau wissen, was er sucht? Fahndet er etwa nach den Lösungen der wöchentlich zur Vorlesung gestellten Übungsaufgaben? — Ich glaube nicht, daß Sie als Mathematiker dabei oft fündig werden, und wenn einmal, dann ist noch die Frage, was es Ihnen nützt. Besser fahren Sie mit den offenen und versteckten Lösungshinweisen, die Ihre eigenhändige Vorlesungsmitschrift enthält.

6.11 Übungen

Übungen für Mathematiker:

AUFGABE 6.1: Ist $A \in M(n \times n, K)$, so nennt man jede Matrix, die durch (eventuelles) Weglassen von Zeilen und Spalten entsteht, eine Teilmatrix von A. Man beweise: Die grösste Zeilenzahl, die bei denjenigen quadratischen Teilmatrizen von A auftritt, deren Determinante nicht verschwindet, ist gleich dem Rang von A.

Wenn Sie sich den Beweis des Satzes: "Zeilenrang = Spaltenrang" in Abschnitt 5.2 noch einmal ansehen und an die Beziehung zwischen Rang und Determinante denken (Lemma in 6.5) werden Sie sicher schnell auf die Beweisidee kommen.

AUFGABE 6.2: Man berechne die Determinante der reellen $n \times n$-Matrix

$$\begin{pmatrix} & & 1 \\ & \cdot^{\cdot^{\cdot}} & \\ 1 & & \end{pmatrix}.$$

Die Entwicklungsformel für die Determinante, etwa nach der ersten Spalte, liefert den Induktionsschritt.

AUFGABE 6.3: Es bezeichne $M(n \times n, \mathbb{Z})$ die Menge der $n \times n$-Matrizen mit ganzzahligen Koeffizienten. Sei $A \in M(n \times n, \mathbb{Z})$. Man zeige: Es gibt genau dann ein $B \in M(n \times n, \mathbb{Z})$ mit $AB = E$, wenn $\det A = \pm 1$ ist.

DIE *-AUFGABE:

AUFGABE 6*: Zwei Basen $(v_1, \ldots, v_n)$ und $(v_1', \ldots, v_n')$ eines reellen Vektorraumes V heißen *gleichorientiert*, wenn der durch $f(v_i) := v_i'$, $i = 1, \ldots, n$ festgelegte Automorphismus $f : V \to V$ positive Determinante hat. Die Menge aller zu einer festen Basis $(v_1, \ldots, v_n)$ gleichorientierten Basen nennt man eine *Orientierung* von V. Jeder n-dimensionale reelle Vektorraum V mit $1 \leq n < \infty$ hat genau zwei Orientierungen.

Es hat sich übrigens als praktisch erwiesen, auch dem nulldimensionalen Vektorraum $V = \{0\}$ zwei "Orientierungen" zu geben, indem man die beiden Zahlen ± 1 die beiden "Orientierungen" von $\{0\}$ nennt. Mit der vorliegenden Aufgabe hat das aber nichts zu tun.

Einen endlichdimensionalen Vektorraum zu *orientieren* bedeutet, eine der beiden Orientierungen auszuwählen, formaler: ein orientierter Vektorraum ist ein Paar (V, or), bestehend aus einem n-dimensionalen reellen Vektorraum V und einer seiner beiden Orientierungen. Die Basen der gewählten Orientierung or heißen dann positiv orientiert.

In der gegenwärtigen Aufgabe geht es um die Unmöglichkeit, alle k-dimensionalen Untervektorräume von V so zu orientieren, dass kein plötzliches "Umschlagen" der Orientierung vorkommt. Man beweise nämlich:

Sei $1 \leq k < n$ und V ein n-dimensionaler reeller Vektorraum, oBdA $V = \mathbb{R}^n$. Dann ist es unmöglich, alle k-dimensionalen Untervektorräume $U \subset V$ gleichzeitig so zu orientieren, dass jede stetige Abbildung

$$(v_1, \ldots, v_k) : [0, 1] \to V \times \cdots \times V,$$

welche jedem $t \in [0, 1]$ ein linear unabhängiges k-tupel $(v_1(t), \ldots, v_k(t))$ zuordnet und positiv orientiert startet, auch positiv orientiert bleibt, d.h. dass $(v_1(t), \ldots, v_k(t))$ für jedes t eine positiv orientierte Basis seiner linearen Hülle ist, sofern das nur für $t = 0$ gilt.

ÜBUNGEN FÜR PHYSIKER:

AUFGABE 6.1P: = Aufgabe 6.1 (für Mathematiker)

AUFGABE 6.2P: = Aufgabe 6.2 (für Mathematiker)

AUFGABE 6.3P: Diese Aufgabe nimmt Bezug auf den Abschnitt 3.5. Sie sollen nämlich, nachdem Sie durch den § 6 nun Determinantenkenner geworden sind, die Eigenschaft $(5'')$ in 3.5 aus der Definition (5) ableiten und (7) aus $(5'')$ folgern.

7. Lineare Gleichungssysteme

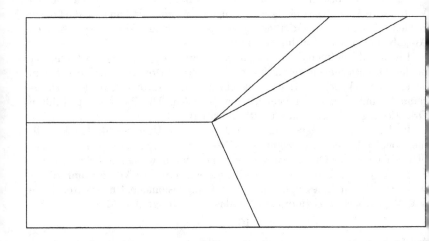

7.1 LINEARE GLEICHUNGSSYSTEME

Ist $A = (a_{ij}) \in M(m \times n, \mathbb{K})$ und $b = (b_1, \ldots, b_m) \in \mathbb{K}^m$, so heißt

$$a_{11}x_1 + \cdots + a_{1n}x_n = b_1$$
$$\vdots \qquad \qquad \vdots \qquad \vdots$$
$$a_{m1}x_1 + \cdots + a_{mn}x_n = b_m$$

ein *lineares Gleichungssystem* für $(x_1, \ldots, x_n)$ mit Koeffizienten in $\mathbb{K}$. Die $x_1, \ldots, x_n$ sind die *Unbekannten* des Systems. Sind die b_i alle Null, so nennt man das System *homogen*.

Wie schon bisher, fassen wir auch hier die Matrix $A \in M(m \times n, \mathbb{K})$ als eine lineare Abbildung $A : \mathbb{K}^n \to \mathbb{K}^m$, $x \mapsto Ax$ auf. Das Gleichungssystem heißt dann $Ax = b$.

Definition: Unter der Lösungsmenge des zu (A, b) gehörigen Gleichungssystems verstehen wir

$$\text{Lös}(A, b) := \{x \in \mathbb{K}^n \mid Ax = b\}.$$

Wir hätten statt $\text{Lös}(A, b)$ natürlich auch $A^{-1}(\{b\})$ oder, wie bei Urbildern einelementiger Mengen üblich, einfach $A^{-1}(b)$ schreiben können.

Das Gleichungssystem heißt lösbar, wenn die Lösungsmenge nicht leer ist, das brauche ich wohl nicht erst gewichtig zu verkünden.

Wir wollen nun in einer Reihe von Bemerkungen und Notizen das festhalten, was wir aufgrund unserer Kenntnisse über lineare Abbildungen und Matrizenrechnung sofort über lineare Gleichungssysteme sagen können, ohne uns anzustrengen.

Bemerkung 1: $Ax = b$ ist genau dann lösbar, wenn

$$\text{rg} \begin{pmatrix} a_{11} & \cdots & a_{1n} \\ \vdots & & \vdots \\ a_{m1} & \cdots & a_{mn} \end{pmatrix} = \text{rg} \begin{pmatrix} a_{11} & \cdots & a_{1n} & b_1 \\ \vdots & & \vdots & \vdots \\ a_{m1} & \cdots & a_{mn} & b_m \end{pmatrix}$$

BEWEIS: "$\Rightarrow$": Die Spalten von A erzeugen Bild A, ist also $b \in$ Bild A, d.h. $Ax = b$ lösbar, so lässt sich b aus den Spalten linearkombinieren, und deshalb ändert sich der Spaltenrang von A nicht, wenn man b als $(n+1)$-te Spalte hinzufügt.
"$\Leftarrow$": Die Spalten der erweiterten Matrix (A, b) erzeugen einen Untervektorraum $V \subset \mathbb{K}^m$, der sowohl Bild A als auch den Vektor b enthält. Aus der Rangbedingung $\dim V = \dim$ Bild A folgt Bild $A = V$, also auch $b \in$ Bild A. $\qquad\qquad\square$

Bemerkung 2: Ist $x_0 \in \mathbb{K}^n$ eine Lösung, d.h. $Ax_0 = b$, so gilt Lös$(A, b) = x_0 + \operatorname{Kern} A := \{x_0 + x \mid x \in \operatorname{Kern} A\}$.

BEWEIS: Ist $x \in \operatorname{Kern} A$, so ist $A(x_0 + x) = Ax_0 + Ax = Ax_0 = b$, also $x_0 + x \in$ Lös(A, b). Ist umgekehrt $v \in$ Lös(A, b), so ist $A(v - x_0) = Av - Ax_0 = b - b = 0$, also $v - x_0 \in \operatorname{Kern} A$, also $v = x_0 + x$ für ein geeignetes $x \in \operatorname{Kern} A$. □

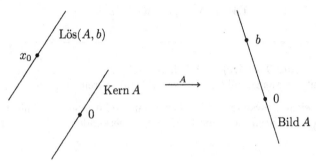

Notiz 1: Ist x_0 eine Lösung und $(v_1, \ldots, v_r)$ eine Basis von Kern A, so ist Lös$(A, b) = \{x_0 + \lambda_1 v_1 + \cdots + \lambda_r v_r \mid \lambda_i \in \mathbb{K}\}$. Dabei ist $r = \dim \operatorname{Kern} A = n - \operatorname{rg} A$.

Die Beziehung $\dim \operatorname{Kern} A = n - \operatorname{rg} A$ folgt aus der Dimensionsformel für lineare Abbildungen. Aus Bemerkung 2 ergibt sich weiter

Notiz 2: Ein lösbares Gleichungssystem $Ax = b$ ist genau dann *eindeutig* lösbar, wenn Kern $A = 0$, d.h. $\operatorname{rg} A = n$ ist.

Für den wichtigsten Fall, nämlich $n = m$ (quadratische Matrix) heißt das:

Notiz 3: Ist A quadratisch ("n Gleichungen für n Unbekannte"), so ist das Gleichungssystem $Ax = b$ genau dann eindeutig lösbar, wenn $\det A \neq 0$ ist.

In diesem Falle hängt also die Lösbarkeit gar nicht von b ab: Für jedes b gibt es genau eine Lösung. Das ist aber auch klar: $A : \mathbb{K}^n \overset{\cong}{\to} \mathbb{K}^n$ ist ja bijektiv und die Lösung nichts anderes als $x = A^{-1}b$. Mit diesem "Hauptfall", nämlich $\det A \neq 0$, wollen wir uns jetzt näher beschäftigen.

7.2 DIE CRAMERSCHE REGEL

Im Falle det $A \neq 0$ gibt es eine explizite Determinantenformel für die Lösung x des Gleichungssystems $Ax = b$, und zwar überlegt man sich das so. Da Ax die Linearkombination der Spalten der Matrix mit den Unbekannten $x_1, \ldots, x_n$ als Koeffizienten ist, können wir $Ax = b$ auch in der Form

$$x_1 \begin{pmatrix} a_{11} \\ \vdots \\ a_{n1} \end{pmatrix} + \cdots + x_n \begin{pmatrix} a_{1n} \\ \vdots \\ a_{nn} \end{pmatrix} = \begin{pmatrix} b_1 \\ \vdots \\ b_n \end{pmatrix}$$

schreiben. Wir wollen eine Formel für die Unbekannte x_i gewinnen, und dazu wenden wir nun einen kleinen Trick an. Wir bringen die Spalte b auf die andere Seite, indem wir sie dort gerade vom i-ten Summanden abziehen. Dadurch erhalten wir

$$x_1 \begin{pmatrix} a_{11} \\ \vdots \\ a_{n1} \end{pmatrix} + \cdots + \begin{pmatrix} x_i a_{1i} - b_1 \\ \vdots \\ x_i a_{ni} - b_n \end{pmatrix} + \cdots + x_n \begin{pmatrix} a_{1n} \\ \vdots \\ a_{nn} \end{pmatrix} = 0,$$

also sind die Spalten der Matrix

$$\begin{pmatrix} a_{11} & \cdots & (x_i a_{1i} - b_1) & \cdots & a_{1n} \\ \vdots & & \vdots & & \vdots \\ a_{n1} & \cdots & (x_i a_{ni} - b_n) & \cdots & a_{nn} \end{pmatrix}$$

linear abhängig, die Determinante daher Null. Wegen der Linearität der Determinante in der i-ten Spalte folgt daraus

$$x_i \det \begin{pmatrix} a_{11} & \cdots & a_{1n} \\ \vdots & & \vdots \\ a_{n1} & \cdots & a_{nn} \end{pmatrix} - \det \begin{pmatrix} a_{11} & \cdots & b_1 & \cdots & a_{1n} \\ \vdots & & \vdots & & \vdots \\ a_{n1} & \cdots & b_n & \cdots & a_{nn} \end{pmatrix} = 0,$$

wobei also die zweite Matrix aus A hervorgeht, indem man die i-te Spalte herausnimmt und b dafür einsetzt. Somit haben wir:

Satz: Ist $\det A \neq 0$ und $Ax = b$, so gilt

$$x_i = \frac{\det \begin{pmatrix} a_{11} & \cdots & b_1 & \cdots & a_{1n} \\ \vdots & & \vdots & & \vdots \\ a_{n1} & \cdots & b_n & \cdots & a_{nn} \end{pmatrix}}{\det \begin{pmatrix} a_{11} & \cdots\cdots\cdots & a_{1n} \\ \vdots & & \vdots \\ a_{n1} & \cdots\cdots\cdots & a_{nn} \end{pmatrix}}$$

für $i = 1, \ldots, n$.

Das ist die so genannte *Cramersche Regel*, eine besonders unpraktische Methode zur Berechnung der Lösung linearer Gleichungssysteme. Diese Cramersche Regel ist aber trotzdem von großem mathematischen Interesse, weil sie nämlich zeigt, wie die Lösung sich verändert, wenn man die "Daten" des Systems, also A und b ändert. Mit Hilfe der Entwicklungsformeln oder der Leibnizformel für die Determinante können wir zum Beispiel aus der Cramerschen Regel schließen, dass sich bei kleiner Änderung von (A, b) auch x nur ein wenig ändert (Sie wissen schon, wie man das mit ε etc. präzisiert), eine höchst wichtige Aussage! Mit anderen Worten: Zur Lösung eines explizit vorgegebenen Systems ist die Cramersche Regel zwar nicht sehr geeignet, aber zum Studium der durch $(A, b) \mapsto x$ definierten Abbildung

$$\{A \in M(n \times n, \mathbb{K}) \mid \det A \neq 0\} \times \mathbb{K}^n \to \mathbb{K}^n$$

ist sie sehr nützlich.

7.3 DER GAUSS'SCHE ALGORITHMUS

Nun sollen Sie aber auch *DAS* Verfahren zur praktischen Lösung von linearen Gleichungssystemen kennenlernen, nämlich den Gaußschen Algorithmus. Verändert man ein lineares Gleichungssystem dadurch, dass man zwei Gleichungen vertauscht, eine Gleichung mit $\lambda \neq 0$ multipliziert oder ein Vielfaches einer Gleichung zu einer anderen addiert, so ändert sich die Lösungsmenge nicht: denn offenbar sind die Lösungen des alten Systems auch solche des neuen, und da man die genannten Vorgänge durch ebensolche Vorgänge rückgängig machen kann, gilt auch die Umkehrung. Diese Beobachtung liegt dem Gaußschen Algorithmus zugrunde. Wir wollen sie so formulieren:

Notiz: Verändern wir die erweiterte Matrix

durch elementare Zeilenumformungen zu einer Matrix

$$\boxed{A' \mid b'}$$

so gilt $\mathrm{L\ddot{o}s}(A, b) = \mathrm{L\ddot{o}s}(A', b')$.

Elementare Spaltenumformungen von A verändern dagegen die Lösungsmenge: Vertauscht man z.B. die beiden ersten Spalten, so erhält man aus der Lösungsmenge des neuen Systems die des alten, indem man in jedem Lösungs-n-tupel $(x_1, \ldots, x_n) \in \mathbb{K}^n$ die beiden ersten Komponenten vertauscht. Man kann zwar auch Spaltenumformungen zu Hilfe nehmen, um ein System zu vereinfachen, aber dann muss man (im Gegensatz zu den Zeilenumformungen) über die Umformungen Buch führen, um die Lösung am Ende richtig interpretieren zu können.

Gaußscher Algorithmus zur Lösung linearer Gleichungssysteme. Sei $A \in M(n \times n, \mathbb{K})$, $b \in \mathbb{K}^n$ und $\det A \neq 0$. Man beginnt mit der erweiterten Matrix

und wendet darauf nötigenfalls eine Zeilenvertauschung an, um an die Stelle $(1, 1)$ der Matrix ein von Null verschiedenes Element zu bekommen.

Dann addiert man geeignete Vielfache der ersten Zeile zu den anderen, um die Elemente der ersten Spalte, die unterhalb der Hauptdiagonalen liegen, zu Null zu machen. Damit ist der erste Schritt abgeschlossen.

Nachdem der k-te Schritt abgeschlossen ist $(k < n-1)$, verläuft der $(k+1)$-te wie folgt:

Durch eventuelle Zeilenvertauschung unter den letzten $n - k$ Zeilen erreicht man, dass die Stelle $(k+1, k+1)$ in der Matrix mit einem von Null verschiedenen Element besetzt ist. Durch Addition geeigneter Vielfacher der $(k+1)$-ten Zeile zu den darunter liegenden, macht man nun die in der $(k+1)$-ten Spalte unterhalb der Hauptdiagonalen stehenden Elemente zu Null. Damit ist der $(k+1)$-te Schritt abgeschlossen.

Nach Abschluss des $(n-1)$-ten Schrittes hat die Matrix die Gestalt

$$\left(\begin{array}{ccccc} a'_{11} & \cdots & \cdots & a'_{1n} \\ & \ddots & & \vdots \\ & & \ddots & \vdots \\ 0 & & \ddots & \vdots \\ & & & a'_{nn} \end{array} \right. \left| \begin{array}{c} b'_1 \\ \vdots \\ \vdots \\ \vdots \\ b'_n \end{array} \right)$$

mit $a'_{ii} \neq 0$ für $i = 1, \ldots, n$, und man erhält die gesuchte Lösung von $Ax = b$, indem man zuerst

$$x_n = \frac{b'_n}{a'_{nn}}$$

setzt und dann die übrigen Unbekannten sukzessive berechnet:

$$x_{n-1} = \frac{1}{a'_{n-1,n-1}} (b'_{n-1} - a'_{n-1,n} x_n)$$

$$x_{n-2} = \frac{1}{a'_{n-2,n-2}} (b'_{n-2} - a'_{n-2,n} x_n - a'_{n-2,n-1} x_{n-1})$$

usw.

Ein Beispiel, zum Selbstrechnen und Vergleichen: Wir wollen folgendes Gleichungssystem lösen

$$-x_1 \; + \; 2x_2 \; + \; x_3 \; = \; -2$$
$$3x_1 \; - \; 8x_2 \; - \; 2x_3 \; = \; 4$$
$$x_1 \qquad\qquad + \; 4x_3 \; = \; -2$$

Der Gaußsche Algorithmus ergibt:

	-1	2	1	-2
	3	-8	-2	4
	1	0	4	-2
	-1	2	1	-2
1. Schritt	0	-2	1	-2
	0	2	5	-4
	-1	2	1	-2
2. Schritt	0	-2	1	-2
	0	0	6	-6

Ergebnis:

$$x_3 = \frac{1}{6}(-6) = -1$$
$$x_2 = -\frac{1}{2}(-2+1) = \frac{1}{2}$$
$$x_1 = -(-2+1-2\cdot\frac{1}{2}) = 2.$$

Die Lösung ist also $x = (2, \frac{1}{2}, -1)$.

———

Wo machen wir bei diesem Verfahren eigentlich von der Voraussetzung $\det A \neq 0$ Gebrauch? Nun, wenn $\det A = 0$ ist, dann kann man entweder einen der Schritte nicht ausführen, weil es nicht möglich ist, das betreffende Hauptdiagonalelement von Null verschieden zu erhalten, oder das letzte Hauptdiagonalelement a'_{nn} ergibt sich als Null. Wie man dennoch beliebige lineare Gleichungssysteme mittels des Gaußschen Algorithmus lösen kann, werden wir nach dem Test in Abschnitt 7.5 besprechen.

7.4 TEST

(1) Unter einem linearen Gleichungssystem mit Koeffizienten in $\mathbb{K}$ versteht man ein Gleichungssystem der folgenden Art:

$\square$
$$a_{11}x_1 + \cdots + a_{1n}x_1 = b_1$$
$$\vdots \qquad \vdots \qquad \vdots \quad \text{mit } a_{ij} \in \mathbb{K},\, b_i \in \mathbb{K}.$$
$$a_{n1}x_n + \cdots + a_{nn}x_n = b_n$$

$\square$
$$a_{11}x_{11} + \cdots + a_{1n}x_{1n} = b_1$$
$$\vdots \qquad \vdots \qquad \vdots \quad \text{mit } a_{ij} \in \mathbb{K},\, b_i \in \mathbb{K}.$$
$$a_{n1}x_{n1} + \cdots + a_{nn}x_{nn} = b_n$$

$\square$
$$a_{11}x_1 + \cdots + a_{1n}x_n = b_1$$
$$\vdots \qquad \vdots \qquad \vdots \quad \text{mit } a_{ij} \in \mathbb{K},\, b_i \in \mathbb{K}.$$
$$a_{n1}x_1 + \cdots + a_{nn}x_n = b_n$$

(2) Schreibt man ein lineares Gleichungssystem kurz als $Ax = b$, so ist dabei gemeint

$\square$ $A \in M(m \times n, \mathbb{K}),\, b \in \mathbb{K}^n$
$\square$ $A \in M(m \times n, \mathbb{K}),\, b \in \mathbb{K}^m$
$\square$ $A \in M(m \times n, \mathbb{K}),\, b \in \mathbb{K}^n$ oder $b \in \mathbb{K}^m$ (nicht festgelegt).

(3) Ein lineares Gleichungssystem $Ax = b$ heißt lösbar, wenn

$\square$ $Ax = b$ für alle $x \in \mathbb{K}^n$
$\square$ $Ax = b$ für genau ein $x \in \mathbb{K}^n$
$\square$ $Ax = b$ für mindestens ein $x \in \mathbb{K}^n$.

(4) Ist b eine der Spalten von A, so ist $Ax = b$

$\square$ Auf jeden Fall lösbar
$\square$ Auf jeden Fall unlösbar
$\square$ Manchmal lösbar, manchmal unlösbar, hängt von A und b ab.

(5) Sei $Ax = b$ ein Gleichungssystem mit *quadratischer* Matrix A (n Gleichungen für n Unbekannte). Dann ist $Ax = b$

☐ Eindeutig lösbar
☐ Lösbar oder unlösbar, hängt von A, b ab
☐ Lösbar, aber vielleicht nicht eindeutig lösbar, hängt von A, b ab.

(6) Sei wieder $A \in M(n \times n, \mathbb{K})$, also quadratisch. Welche der folgenden Bedingungen ist (oder sind) gleichbedeutend mit der eindeutigen Lösbarkeit von $Ax = b$:

☐ $\dim \operatorname{Kern} A = 0$ ☐ $\dim \operatorname{Kern} A = n$ ☐ $\operatorname{rg} A = n$

(7) Sei $A \in M(n \times n, \mathbb{K})$ und $\det A = 0$. Dann ist $Ax = b$

☐ Nur lösbar für $b = 0$
☐ Lösbar für alle b, aber nicht unbedingt eindeutig lösbar
☐ Lösbar nur für manche b, aber für keines der b eindeutig lösbar.

(8) Hier ist einmal eine etwas knifflige Frage: Sie erinnern sich doch noch, dass für $n \times n$-Matrizen gilt: $\dim \operatorname{Kern} A + \operatorname{rg} A = n$? Gut. Sei nun A eine $n \times n$-Matrix und $Ax = b$ habe zwei *linear unabhängige* Lösungen. Dann ist:

☐ $\operatorname{rg} A \leqq n$, der Fall $\operatorname{rg} A = n$ kann vorkommen
☐ $\operatorname{rg} A \leqq n - 1$, der Fall $\operatorname{rg} A = n - 1$ kann vorkommen
☐ $\operatorname{rg} A \leqq n - 2$, der Fall $\operatorname{rg} A = n - 2$ kann vorkommen.

(9) Es sei A eine quadratische Matrix, über $\det A$ werde jedoch nichts vorausgesetzt. Wenn beim Gauß-Verfahren zur Lösung eines Gleichungssystems $Ax = b$ schon der erste Schritt nicht ausführbar ist, so bedeutet das

☐ $A = 0$
☐ Die erste Zeile von A ist Null
☐ Die erste Spalte von A ist Null

10) Was bedeutet es für eine $n \times n$-Matrix A mit $\det A \neq 0$, dass sich das Gaußsche Verfahren ohne eine einzige Zeilenvertauschung durchführen lässt?

☐ A ist obere Dreiecksmatrix (Nullen unterhalb der Hauptdiagonale)
☐ $a_{ii} \neq 0$ für $i = 1, \ldots, n$
☐ Die Hauptabschnittsdeterminanten $\det((a_{ij})_{i,j=1,\ldots,r})$ sind für $r = 1, \ldots, n$ von Null verschieden.

7.5 MEHR ÜBER LINEARE GLEICHUNGSSYSTEME

Jetzt wollen wir einmal den Fall eines Gleichungssystems $Ax = b$ betrachten, für das $\det A \neq 0$ nicht vorausgesetzt ist, ja bei dem A nicht einmal unbedingt quadratisch sein muss . Sei also $A \in M(m \times n, \mathbb{K})$ und $b \in \mathbb{K}^m$. Um Lös(A, b) explizit zu bestimmen, kann man folgenden Weg (A) $\rightarrow$ (B) $\rightarrow$ (C) $\rightarrow$ (D) einschlagen:

(A): Man legt sich ein Schema wie für den Gaußschen Algorithmus an und beginnt auch tatsächlich mit dem Gaußschen Algorithmus, gerade so als wäre A quadratisch und $\det A \neq 0$. Man führt das Verfahren solange durch wie möglich.

Dann hat man die erweiterte Matrix (A, b) nach t Schritten in eine Matrix der Form

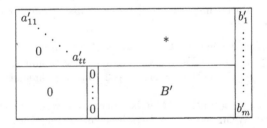

verwandelt, wobei also die ersten t Diagonalelemente von Null verschieden sind, aber keine Zeilenvertauschung der letzten $m - t$ Zeilen den Platz $(t + 1, t + 1)$ mit einem von Null verschiedenen Element besetzen kann. Also ganz leicht zu merken: Gaußscher Algorithmus, bis es nicht mehr geht.

(B): Nun versuchen wir den festgefahrenen Gaußschen Algorithmus wieder flott zu kriegen, indem wir Vertauschungen der letzten $n - t$ *Spalten* von A auch mit zu Hilfe nehmen. Darüber müssen wir aber neben unserem Lösungsschema Buch führen! Solange die Matrix B' nicht ganz und gar Null wird, können wir so das Gaußsche Verfahren noch weiterführen und gelangen schließlich zu einer Matrix der Gestalt

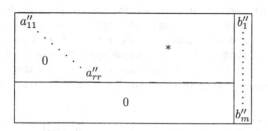

mit $a_{11}'' \neq 0, \ldots, a_{rr}'' \neq 0$. Natürlich kann dabei auch $m-r = 0$ oder $n-r = 0$ sein.

(C): Hier entscheidet sich nun, ob überhaupt eine Lösung existiert: Ja, wenn $b_{r+1}'' = \cdots = b_m'' = 0$, nein sonst. Nehmen wir also an, das System *sei lösbar*. Dann können wir die letzten $m - r$ Gleichungen einfach weglassen, die Lösungsmenge ändert sich dadurch nicht. Dann bleibt also ein Gleichungssystem mit einer erweiterten Matrix der Form

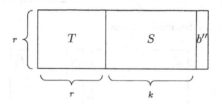

übrig, wobei T ("triangular") eine invertierbare obere Dreiecksmatrix

$$ T \;=\; \begin{pmatrix} a_{11}'' & & * \\ & \ddots & \\ 0 & & a_{rr}'' \end{pmatrix} $$

und $S = (s_{ij})_{i=1,\ldots,r;\,j=1,\ldots,k}$ eben eine $r \times k$-Matrix ist. Wir schreiben die n Unbekannten dieses Systems als

$$ y_1, \ldots, y_r, z_1, \ldots, z_k $$

um daran zu erinnern, dass es nicht unsere ursprünglichen Unbekannten $x_1, \ldots, x_n$ sind, sondern in diese erst übergehen, wenn wir die im Laufe des Verfahrens durchgeführten Spaltenvertauschungen wieder rückgängig machen, was — wenn man es nur nicht vergisst — ja einfach genug ist.

Das Gleichungssystem lautet nun $Ty + Sz = b''$ und ist deshalb leicht lösbar. Wir verschaffen uns nämlich eine spezielle Lösung $w_0 \in \mathbb{K}^n$ davon und eine Basis $(w_1, \ldots, w_k)$ des Kernes von (T, S), also eine Basis des Lösungsraums des homogenen Systems $Ty + Sz = 0$, indem wir von dem Ansatz

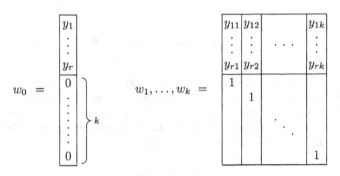

ausgehen und dementsprechend w_0 aus

$$\begin{pmatrix} a''_{11} & & * \\ & \ddots & \\ 0 & & a''_{rr} \end{pmatrix} \begin{pmatrix} y_1 \\ \vdots \\ \vdots \\ y_r \end{pmatrix} = \begin{pmatrix} b''_1 \\ \vdots \\ \vdots \\ b''_r \end{pmatrix}$$

und den j-ten Basisvektor aus

$$\begin{pmatrix} a''_{11} & & * \\ & \ddots & \\ 0 & & a''_{rr} \end{pmatrix} \begin{pmatrix} y_{1j} \\ \vdots \\ y_{rj} \end{pmatrix} = \begin{pmatrix} -s_{1j} \\ \vdots \\ -s_{rj} \end{pmatrix}$$

bestimmen, $j = 1, \ldots, k$. Dabei fängt man natürlich wie beim Gauß-Algorithmus mit invertierbarer Matrix jeweils von unten an zu eliminieren, also $y_r := b''_r / a''_{rr}$ usw. Die $w_1, \ldots, w_k$ liegen dann wirklich im Kern von (T, S): $\mathbb{K}^n \to \mathbb{K}^r$, sie sind schon im Ansatz linear unabhängig, und da nach der

Dimensionsformel die Kerndimension $n - r = k$ ist, bilden sie wirklich eine Basis.

(D): Schließlich verwandeln wir die Vektoren

$$w_0, w_1, \ldots, w_k \in \mathbb{K}^n$$

dadurch in Vektoren

$$v_0, v_1, \ldots, v_k \in \mathbb{K}^n,$$

dass wir die Vertauschungen der Koordinaten, die durch die Spaltenvertauschungen entstanden sind, wieder rückgängig machen. Dann ist

$$\text{Lös}(A, b) = \{v_0 + \lambda_1 v_1 + \cdots + \lambda_k v_k \mid \lambda_i \in \mathbb{K}\}.$$

Hinweis: Man kann das System natürlich auch lösen, ohne die Spaltenvertauschungen dabei vorzunehmen. Das bedeutet aber, dass die Unbekannten, die wir $y_1, \ldots, y_r$ und $z_1, \ldots, z_k$ genannt hatten, bunt durcheinander stehen, eben in ihrer ursprünglichen Reihenfolge $x_1, \ldots, x_n$. Statt in der Gestalt (T, S) ist die Matrix dann in der so genannten *Zeilenstufenform*.

7.6 Wiegen mit der Kamera

Ein Abschnitt für Physiker

Stellen Sie sich vor, wir hätten einen Billardtisch, der aber statt mit grünem Tuch mit Millimeterpapier ausgelegt ist. Außerdem seien mit Tusche zwei Koordinatenachsen eingezeichnet:

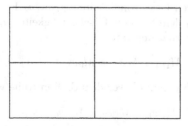

Über dem Tisch ist eine Kamera montiert, deren Öffnungswinkel den ganzen Tisch erfasst und die so justiert ist, dass sie die Tischebene scharf abbildet.

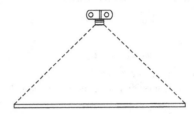

Die Kamera hat eine feste Verschlussöffnungszeit t_0, etwa von der Größenordnung einer Sekunde, die uns aber nicht genau bekannt ist. Es kommt nur darauf an, dass sie sich nicht von Aufnahme zu Aufnahme ändert, sondern immer t_0 ist. Gegeben seien nun eine Anzahl von Billardkugeln $K_0, K_1, K_2, \ldots$, die durch Farbe oder sonstige Markierung äußerlich unterscheidbar seien. Es dürfen auch ruhig kleinere Kugeln sein, dann können wir sie besser lokalisieren. Die Kugeln mögen die Massen $M_0, M_1, \ldots$ haben. Die Masse M_0 sei bekannt. Aufgabe ist es, mit den beschriebenen Hilfsmitteln die Massen der anderen Kugeln zu bestimmen. Und zwar: Wir wollen durch Stoßexperimente und mit Hilfe des Impulserhaltungssatzes ("Conservation of Linear Momentum", vergl. Berkeley Physics Course, Chapter 6) Information über die beteiligten Massen erhalten. Mit der Kamera wollen wir die (Richtung und) Geschwindigkeit der Kugeln vor und nach dem Stoß bestimmen. Die Auswertung der Messdaten führt dann auf lineare Gleichungssysteme, über deren Lösbarkeit wir aus "physikalischen Gründen" schon etwas wissen. Es ist ganz reizvoll, diese physikalischen Gründe mit den entsprechenden mathematischen Gründen zu vergleichen und sich überhaupt in jedem Augenblick der Untersuchung zu fragen, ob man die physikalische und die rein mathematische Argumentation noch auseinanderhalten kann!

Wir betrachten einen einfachen Fall: Bestimmung von M_1 und M_2 mittels zweier Aufnahmen. Wenn sich die Kugeln K_0, K_1 und K_2 ohne Einwirkung äußerer Kräfte mit den Geschwindigkeiten v_0, v_1, v_2 bewegen, dann zusammenstossen und nach dem Stoß die Geschwindigkeiten w_0, w_1, w_2 haben, so gilt nach dem Impulserhaltungssatz

$$M_0 v_0 + M_1 v_1 + M_2 v_2 = M_0 w_0 + M_1 w_1 + M_2 w_2.$$

Wenn insbesondere K_1 und K_2 vor dem Stoß in Ruhe waren, haben wir

$$M_1 w_1 + M_2 w_2 = M_0 (v_0 - w_0). \qquad (*)$$

Nun können wir mit unseren Hilfsmitteln zwar v_i und w_i nicht messen, aber wir können die Wegstrecken messen, die die Kugeln in der Zeit t_0 durchlaufen. Dazu verfahren wir so: Wir legen K_1 und K_2 irgendwo auf den Tisch, etwa an den Nullpunkt des Koordinatensystems. Dann rollen wir K_0 auf K_1 zu und während K_0 rollt, machen wir die erste Aufnahme und nach dem Stoß die zweite.

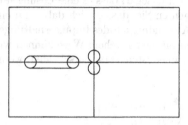 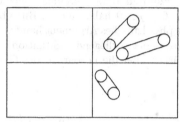

Übereinandergelegt und schematisiert:

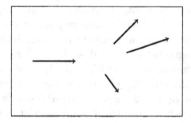

Dann können wir die Vektoren v_0t_0, w_1t_0, w_2t_0 und $w_0t_0 \in \mathbb{R}^2$ cm ablesen. Nach dem Impulserhaltungssatz gilt auch (multipliziere ($*$) mit t_0):

$$M_1 w_1 t_0 + M_2 w_2 t_0 = M_0 (v_0 t_0 - w_0 t_0).$$

Wir führen nun folgende Bezeichnungen für die Daten und Messwerte ein:

$$M_i = x_i \text{ gm}$$
$$w_i t_0 = (a_{1i} \text{ cm}, \ a_{2i} \text{ cm})$$
$$M_0 (v_0 t_0 - w_0 t_0) = (b_1 \text{ gm} \cdot \text{cm}, \ b_2 \text{ gm} \cdot \text{cm}).$$

Die x_i, a_{ij}, b_i sind dann reelle Zahlen und es gilt:

$$a_{11}x_1 + a_{12}x_2 = b_1$$
$$a_{21}x_1 + a_{22}x_2 = b_2,$$

also ein lineares Gleichungssystem für die Unbekannten x_1 und x_2. Aus physikalischen Gründen wissen wir natürlich von vornherein, dass das Gleichungssystem lösbar sein muss , wir wissen ja sogar, dass es eine Lösung mit $x_1 > 0$, $x_2 > 0$ haben muss . Bitte beachten Sie, dass es sich dabei um ein echt physikalisches Argument handelt (Anwendbarkeit des Impulserhaltungssatzes in der vorliegenden Situation), auf mathematischem Wege können wir natürlich über die Lösbarkeit des Gleichungssystems erst entscheiden, wenn wir

$$\mathrm{rg} \begin{pmatrix} a_{11} & a_{12} \\ a_{21} & a_{22} \end{pmatrix} = \mathrm{rg} \begin{pmatrix} a_{11} & a_{12} & b_1 \\ a_{21} & a_{22} & b_2 \end{pmatrix}$$

wissen.

Aus mathematischen Gründen können wir jedoch sagen, dass das System eindeutig lösbar genau dann ist, wenn die Vektoren $w_1 t_0$ und $w_2 t_0$ (das sind ja die Spalten der Koeffizientenmatrix) linear unabhängig sind, d.h. nicht in die gleiche oder in einander entgegengesetzte Richtungen zeigen. Der Stoß muss also so ausgeführt werden, dass K_1 und K_2 nach verschiedenen Richtungen fliegen, sonst können wir M_1 und M_2 nicht eindeutig bestimmen. Insbesondere darf nicht eine Kugel einfach liegenbleiben, denn dann wäre eine Spalte Null, also $\mathrm{rg}\,A < 2$, also das Gleichungssystem nicht eindeutig lösbar: aus mathematischen Gründen. Physikalisch ist es natürlich auch klar, dass man über die Masse einer Kugel nichts herausbekommt, wenn diese Kugel ganz ruhig an einer Stelle liegt und dabei zweimal fotografiert wird! Überlegen Sie doch einmal, warum diese so offenbar richtige physikalische Aussage kein logisch einwandfreier Beweis für die nichteindeutige Lösbarkeit des Gleichungssystems in einem solchen Falle ist. — ?!

―――――

Zum Schluss möchte ich Ihnen nun die Frage vorlegen: Welches ist die kleinste Zahl von Stoßexperimenten der oben beschriebenen Art, die man braucht, um bei günstigem Ausgang dieser Experimente ein eindeutig lösbares lineares Gleichungssystem für die Massen von $K_1, \ldots, K_n$ aufstellen zu können? Nach dem oben Gesagten ist es klar, dass $\frac{n}{2}$ Stoßexperimente genügen können, wenn n gerade ist, und $\frac{n+1}{2}$ Stoßexperimente wenn n ungerade ist: man braucht dafür die Massen nur immer für je zwei Kugeln zu bestimmen. Aber wenn Experimente mit mehreren Kugeln auf einmal gemacht werden dürfen, geht es dann mit weniger Stoßexperimenten? Kann man wohl gar Glück haben und aus einem einzigen Stoßexperiment, an dem alle Kugeln beteiligt sind, die volle Information über die Massen erhalten?

7.7 HISTORISCHE NOTIZ

Die Nr. [20] unseres Literaturverzeichnisses nennt eine deutsche Übersetzung eines chinesischen Rechenbuches aus dem ersten vorchristlichen Jahrhundert mit dem Titel "Neun Bücher arithmetischer Technik". Und im Buch VIII "Rechteckige Tabelle" (!) steht nichts anderes als das Gaußsche Verfahren zur Lösung linearer Gleichungssysteme! Der einzige, nun wahrhaftig unwesentliche Unterschied ist, dass die Chinesen, die ja gewohnt sind von oben nach unten zu schreiben, die Zeilen der Matrix senkrecht geschrieben haben und infolgedessen nicht wie wir elementare Zeilenumformungen, sondern elementare Spaltenumformungen vornehmen, um die Koeffizientenmatrix auf Dreiecksgestalt zu bringen.

7.8 LITERATURHINWEIS

Mit Hilfe des Gaußschen Verfahrens können Sie jedes vorgegebene Gleichungssystem numerisch lösen — *im Prinzip*, so wie jemand im Prinzip Klavierspielen kann, der weiß, welche Taste für welche Note angeschlagen werden muss . In Wirklichkeit sind mit der numerischen Lösung von großen linearen Gleichungssystemen, wie sie in den Anwendungen vorkommen, schwierige Probleme verbunden. Es gibt eine ausgedehnte Literatur über dieses Gebiet und ständig erscheinen neue Forschungsarbeiten.

Um einen ersten Eindruck von der *numerischen* linearen Algebra zu bekommen, sollten Sie schon einmal das zweibändige deutschsprachige Standardwerk [23] von Zurmühl und Falk zur Hand nehmen. Keine Angst, Sie sollen es ja jetzt nicht durcharbeiten. Vergessen Sie, dass Sie ein Anfänger sind, schlagen Sie einfach den zweiten Band vorne auf und lesen ein paar Seiten. Der Text wird Sie sogleich in seinen Bann schlagen. Schauen Sie sich auch an, wovon der erste Band handelt. Wenn Sie die Bände dann wieder zurückstellen, wird Ihnen deutlich geworden sein, dass man die theoretischen Grundtatsachen, welche die Erstsemestervorlesung über lineare Algebra bietet, für die Numerik selbstverständlich kennen muss , dass zum erfolgreichen professionellen Rechnen aber noch viel mehr gehört, und Sie werden den Vorlesungen über numerische Mathematik mit Erwartung entgegensehen.

7.9 Übungen

Übungen für Mathematiker:

Aufgabe 7.1: Man ermittle durch Rangbestimmungen, ob das folgende reelle Gleichungssystem lösbar ist und berechne gegebenenfalls die Lösungsmenge:

$$\begin{aligned}
x_1 + 2x_2 + 3x_3 &= 1 \\
4x_1 + 5x_2 + 6x_3 &= 2 \\
7x_1 + 8x_2 + 9x_3 &= 3 \\
5x_1 + 7x_2 + 9x_3 &= 4
\end{aligned}$$

Aufgabe 7.2: Man führe für das folgende reelle Gleichungssystem den Gaußschen Algorithmus durch, entscheide dabei ob das Gleichungssystem lösbar ist und bestimme gegebenenfalls die Lösungsmenge:

$$\begin{aligned}
x_1 &- x_2 &+ 2x_3 &- 3x_4 &= 7 \\
4x_1 & &+ 3x_3 &+ x_4 &= 9 \\
2x_1 &- 5x_2 &+ x_3 & &= -2 \\
3x_1 &- x_2 &- x_3 &+ 2x_4 &= -2
\end{aligned}$$

Aufgabe 7.3: Man beweise:
Satz: Ist $U \subset \mathbb{K}^n$ ein Untervektorraum und $x \in \mathbb{K}^n$, so gibt es ein Gleichungssystem mit Koeffizienten in $\mathbb{K}$ mit n Gleichungen für n Unbekannte, dessen Lösungsmenge genau $x + U$ ist.

DIE *-AUFGABE:

AUFGABE 7*: Zwei Körper $\mathbb{K}, \mathbb{K}'$ nennt man isomorph (geschrieben $\mathbb{K} \cong \mathbb{K}'$), wenn es einen "Körperisomorphismus" $f : \mathbb{K} \to \mathbb{K}'$ gibt, d.h. eine bijektive Abbildung mit $f(x + y) = f(x) + f(y)$ und $f(xy) = f(x)f(y)$ für alle $x, y \in \mathbb{K}$. Man beweise: Hat ein lineares Gleichungssystem mit Koeffizienten in dem Körper $\mathbb{K}$ genau drei Lösungen, so ist $\mathbb{K} \cong \mathbb{F}_3$.

ÜBUNGEN FÜR PHYSIKER:

AUFGABE 7.1P: Es sei

$$a_{11}x_1 + \cdots + a_{1n}x_n = b_1$$
$$\vdots \qquad \qquad \vdots \qquad \vdots$$
$$a_{n1}x_1 + \cdots + a_{nn}x_n = b_n$$

ein lineares Gleichungssystem mit reellen Koeffizienten. Es sei

$$\langle \cdot , \cdot \rangle : \mathbb{R}^n \times \mathbb{R}^n \to \mathbb{R}$$

ein Skalarprodukt, und bezüglich dieses Skalarproduktes mögen die Spaltenvektoren

$$a_i := \begin{pmatrix} a_{1i} \\ \vdots \\ a_{ni} \end{pmatrix} \in \mathbb{R}^n,$$

der Koeffizientenmatrix senkrecht auf b stehen. Außerdem sei $b \neq 0$. Man beweise: Das Gleichungssystem ist unlösbar.

AUFGABE 7.2P: = Aufgabe 7.2 (für Mathematiker)

AUFGABE 7.3P: Man gebe die (mathematischen) Gründe an, aus denen eine Massenbestimmung nach dem im Abschnitt 7.6 geschilderten Verfahren unmöglich ist, wenn keine einzige der Massen (auch M_0 nicht) vorher bekannt ist.

8. Euklidische Vektorräume

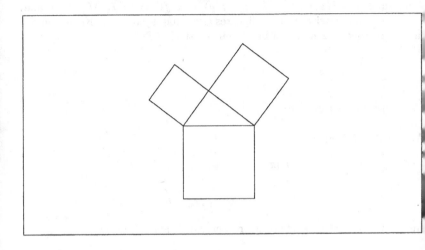

8.1 SKALARPRODUKTE

Wenn man geometrische Probleme studieren will, bei denen auch Längen oder Winkel eine Rolle spielen, dann reichen die Vektorraumdaten nicht mehr aus, man muss den Vektorraum mit einer "Zusatzstruktur" versehen. Die Zusatzstruktur, die man für die metrische (oder "euklidische") Geometrie im reellen Vektorraum braucht, ist das *Skalarprodukt*, womit nicht die skalare Multiplikation $\mathbb{R} \times V \to V$ gemeint ist, sondern eine neu zu definierende Art von Verknüpfung $V \times V \to \mathbb{R}$, nämlich:

Definition: Sei V ein reeller Vektorraum. Ein *Skalarprodukt* in V ist eine Abbildung

$$V \times V \longrightarrow \mathbb{R}$$
$$(x, y) \longmapsto \langle x, y \rangle$$

mit den folgenden Eigenschaften:

(i) Bilinearität: Für jedes $x \in V$ sind die Abbildungen

$$\langle \cdot , x \rangle : V \longrightarrow \mathbb{R} \qquad \langle x , \cdot \rangle : V \longrightarrow \mathbb{R}$$
$$v \longmapsto \langle v, x \rangle \qquad \text{und} \qquad v \longmapsto \langle x, v \rangle$$

linear.

(ii) Symmetrie: $\langle x, y \rangle = \langle y, x \rangle$ für alle $x, y \in V$

(iii) Positive Definitheit: $\langle x, x \rangle > 0$ für alle $x \neq 0$.

Man sagt kurz: $\langle \cdot , \cdot \rangle$ ist eine positiv definite symmetrische Bilinearform auf V. — Wegen der Symmetrie hätte natürlich auch *eine* der beiden Linearitätsbedingungen unter (i) genügt.

Definition: Unter einem *euklidischen Vektorraum* versteht man ein Paar $(V, \langle \cdot , \cdot \rangle)$, bestehend aus einem reellen Vektorraum V und einem Skalarprodukt $\langle \cdot , \cdot \rangle$ auf V.

Wir sprechen natürlich ohne weiteres von einem "euklidischen Vektorraum V" — Doppelbedeutung von V, genau so wie wir schon immer kurz V statt $(V, +, \cdot)$ schreiben.

Wichtiges Beispiel: Das durch

$$\langle \cdot , \cdot \rangle : \mathbb{R}^n \times \mathbb{R}^n \longrightarrow \mathbb{R}$$
$$(x, y) \longmapsto x_1 y_1 + \cdots + x_n y_n$$

definierte Skalarprodukt heißt das *übliche* oder *Standard*-Skalarprodukt auf dem $\mathbb{R}^n$.

Um aber auch ein ganz anderes Beispiel zu nennen: im reellen Vektorraum V der stetigen Funktionen von $[-1, 1]$ nach $\mathbb{R}$ ist z.B. durch

$$\langle f, g \rangle := \int\limits_{-1}^{1} f(x) g(x) dx$$

ein Skalarprodukt definiert. — Man kann übrigens für jeden reellen Vektorraum ein Skalarprodukt einführen. Man darf sich jedoch nicht vorstellen, zu jedem Vektorraum gäbe es nur *ein* ganz bestimmtes Skalarprodukt: Auch für den $\mathbb{R}^n$ gibt es unendlich viele verschiedene Skalarprodukte $\mathbb{R}^n \times \mathbb{R}^n \to \mathbb{R}$; das durch $\langle x, y \rangle = x_1 y_1 + \cdots + x_n y_n$ gegebene ist nur das nächstliegende — zum Beispiel erfüllt auch $(x, y) \mapsto \langle Ax, Ay \rangle$ die drei Bedingungen an ein Skalarprodukt, wenn A eine feste invertierbare $n \times n$-Matrix bezeichnet.

Definition: Ist $(V, \langle \cdot, \cdot \rangle)$ ein euklidischer Vektorraum und $x \in V$, so versteht man unter der *Norm* von x die reelle Zahl $\|x\| := \sqrt{\langle x, x \rangle} \geqq 0$.

Im $\mathbb{R}^n$ mit dem üblichen Skalarprodukt $\langle x, y \rangle := x_1 y_1 + \cdots + x_n y_n$ bedeutet das also gerade $\|x\| = \sqrt{x_1^2 + \cdots + x_n^2}$.

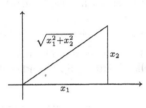

Als nächstes wollen wir den Öffnungswinkel zwischen zwei von Null verschiedenen Elementen $x, y \in V$ definieren. (Wohlgemerkt: nicht etwa "bestimmen" oder "berechnen" sondern überhaupt erst einmal definieren!). Das soll durch die Formel $\langle x, y \rangle = \|x\| \|y\| \cos \alpha(x, y)$ mit der zusätzlichen Angabe $0 \leqq \alpha(x, y) \leqq \pi$ geschehen, aber bevor das eine Definition für $\alpha(x, y)$ werden kann, müssen wir zeigen, dass

$$-1 \leqq \frac{\langle x, y \rangle}{\|x\| \|y\|} \leqq 1$$

gilt. Das ist die so genannte Cauchy-Schwarzsche Ungleichung.

Satz 1 (Cauchy-Schwarzsche Ungleichung): In jedem euklidischen Vektorraum V gilt $|\langle x, y \rangle| \leqq \|x\| \|y\|$ für alle $x, y \in V$.

Beweis: Die Ungleichung ist trivial für $x = 0$ oder $y = 0$, sei also $x \neq 0$ und $y \neq 0$. Dann dürfen wir aber ebensogut $\|x\| = \|y\| = 1$ annehmen, denn wenn wir die Cauchy-Schwarzsche Ungleichung für Vektoren der Norm 1 bewiesen haben, erhalten wir den allgemeinen Fall durch Anwendung auf die Vektoren $x/\|x\|$ und $y/\|y\|$. Für $\|x\| = \|y\| = 1$ aber ist nur $|\langle x, y \rangle| \leq 1$, d.h. $\pm \langle x, y \rangle \leq 1$ zu zeigen, und das folgt sofort aus

$$0 \leq \langle x \pm y, x \pm y \rangle = \langle x, x \rangle \pm 2\langle x, y \rangle + \langle y, y \rangle = 2 \pm 2\langle x, y \rangle.$$

$\square$

Satz 2: Ist V ein euklidischer Vektorraum, so hat die Norm $\|\cdot\|:V \to \mathbb{R}$ folgende Eigenschaften:

(i) $\|x\| \geqq 0$ für alle x

(ii) $\|x\| = 0 \Longleftrightarrow x = 0$

(iii) $\|\lambda x\| = |\lambda| \cdot \|x\|$ für alle $x \in V, \lambda \in \mathbb{R}$

(iv) $\|x + y\| \leqq \|x\| + \|y\|$ für alle $x, y \in V$.

Man nennt (iv) die *Dreiecksungleichung*.

Beweis: (i)-(iii) ergeben sich unmittelbar aus der Definition. Zur Dreiecksungleichung:

$$(\|x\| + \|y\|)^2 = \|x\|^2 + 2\|x\|\|y\| + \|y\|^2$$
$$\geqq \|x\|^2 + 2\langle x, y\rangle + \|y\|^2 = \|x + y\|^2$$

wegen der Cauchy-Schwarzschen Ungleichung. Also haben wir $\|x\| + \|y\| \geqq \|x + y\|$. $\square$

Die Ungleichung (iv) heißt aus folgendem Grunde "Dreiecksungleichung": Sind $a, b, c \in V$, so betrachtet man $\|a-b\|$, $\|a-c\|$ und $\|b-c\|$ als die Seitenlängen des Dreiecks mit den Ecken a, b, c, und die Dreiecksungleichung, angewandt auf $x = a - b$, $y = b - c$

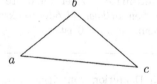

besagt dann $\|a - c\| \leqq \|a - b\| + \|b - c\|$, d.h. die Länge einer Dreiecksseite ist kleiner oder gleich der Summe der Längen der beiden anderen Dreiecksseiten. — Man beachte dabei, dass die Aussage, die Länge der Strecke von a nach b sei $\|a - b\|$, kein Satz, sondern eine *Definition* ist.

Definition: Für von Null verschiedene Elemente x, y eines euklidischen Vektorraums definiert man den *Öffnungswinkel* $\alpha(x, y)$ zwischen x und y durch

$$\cos \alpha(x, y) = \frac{\langle x, y\rangle}{\|x\| \, \|y\|}, \quad 0 \leqq \alpha(x, y) \leqq \pi.$$

(Wegen der Cauchy-Schwarzschen Ungleichung ist

$$-1 \leq \frac{\langle x, y \rangle}{\|x\| \, \|y\|} \leq 1,$$

und da der Cosinus eine bijektive Abbildung

$$\cos : [\, 0, \pi \,] \to [\, -1, 1 \,]$$

herstellt, ist $\alpha(x, y)$ auf die oben angegebene Weise wohldefiniert.)

8.2 Orthogonale Vektoren

Definition: Zwei Elemente v, w eines euklidischen Vektorraumes heißen *orthogonal* oder senkrecht *zueinander* (geschrieben $v \perp w$), wenn $\langle v, w \rangle = 0$ ist.

Nach Definition von $\alpha(v, w)$ bedeutet $\langle v, w \rangle = 0$ für von Null verschiedene Vektoren, dass der Öffnungswinkel 90^0 ist. — Die Bezeichnung "orthogonal" ist auf viele im Zusammenhang mit euklidischen Vektorräumen stehende Begriffe anwendbar (z.B. "orthogonales Komplement", "Orthogonalprojektion", "orthogonale Transformationen", "orthogonale Matrix", s.u.). Ganz allgemein und vage gesprochen, bedeutet Orthogonalität die "Verträglichkeit" mit dem Skalarprodukt. Natürlich müssen wir unbeschadet einer solchen vagen allgemeinen Erklärung die Bedeutung des Beiwortes "orthogonal" für jeden einzelnen Begriff erst noch exakt definieren.

Definition: Ist M eine Teilmenge des euklidischen Vektorraumes V, so heißt $M^{\perp} := \{v \in V \mid v \perp u \text{ für alle } u \in M\}$ das *orthogonale Komplement* von M. Statt "$v \perp u$ für alle $u \in M$" schreibt man auch kurz: $v \perp M$.

Bemerkung: $M^\perp$ ist ein Untervektorraum von V.

Beweis: $M^\perp \neq \emptyset$, da $0 \perp M$, und sind $x, y \in M^\perp$, so folgt sofort aus der Linearität von $\langle \,\cdot\, , u \rangle : V \to \mathbb{R}$, dass auch $x + y$ und λx für alle $\lambda \in \mathbb{R}$ orthogonal zu M sind. $\qquad\square$

Definition: Ein r-tupel $(v_1, \ldots, v_r)$ von Vektoren in einem euklidischen Vektorraum heißt *orthonormal* oder ein *Orthonormalsystem*, wenn $\|v_i\| = 1$, $i = 1, \ldots, r$ und $v_i \perp v_j$ für $i \neq j$. (Anders ausgedrückt: $\langle v_i, v_j \rangle = \delta_{ij}$).

Anschaulich: Sind x, y, z die drei "Kantenvektoren" eines am Nullpunkt des $\mathbb{R}^3$ sitzendes Würfels der Kantenlänge 1, so ist (x, y, z) ein orthonormales System (paarweise aufeinander senkrecht stehende Vektoren der Länge 1). Aber z.B. auch (x, z) oder (z) alleine sind orthonormale Systeme: Ein orthonormales *System* braucht noch keine *Basis* zu sein. —

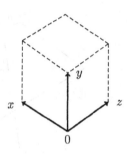

Bei Überlegungen, die mit einem Orthonormalsystem $v_1, \ldots, v_r$ zu tun haben, kehrt ein kleiner Trick immer wieder, nämlich auf beide Seiten einer Gleichung die Operation $\langle \,\cdot\, , v_i \rangle$ anzuwenden. Achten Sie einmal bei den Beweisen der folgenden drei Lemmas darauf.

Lemma 1: Ein Orthonormalsystem ist stets linear unabhängig.

BEWEIS: Sei $(v_1, \ldots, v_r)$ orthonormal und $\lambda_1 v_1 + \cdots + \lambda_r v_r = 0$. Dann ist $\langle \lambda_1 v_1 + \cdots + \lambda_r v_r, v_i \rangle = \lambda_i \langle v_i, v_i \rangle = \lambda_i = 0$, für $i = 1, \ldots, r$, $\qquad\square$

Lemma 2 (Entwicklung nach einer Orthonormalbasis): Ist $(v_1, \ldots, v_n)$ eine orthonormale Basis von V, so gilt für jedes $v \in V$ die "Entwicklungsformel"

$$v = \sum_{i=1}^{n} \langle v, v_i \rangle v_i.$$

BEWEIS: Jedenfalls ist v als $v = c_1 v_1 + \cdots + c_n v_n$ darstellbar. Anwendung von $\langle \,\cdot\, , v_i \rangle$ ergibt $\langle v, v_i \rangle = c_i \langle v_i, v_i \rangle = c_i$. $\qquad\square$

Lemma 3: Ist $(v_1, \ldots, v_r)$ ein Orthonormalsystem in V und bezeichnet $U := L(v_1, \ldots, v_r)$ den von dem Orthonormalsystem aufgespannten Untervektorraum, so lässt sich jedes $v \in V$ auf genau eine Weise als Summe $v = u + w$ mit $u \in U$ und $w \in U^\perp$ schreiben, und zwar ist

$$u = \sum_{i=1}^{r} \langle v, v_i \rangle v_i$$

und folglich $w = v - \sum_{i=1}^{r} \langle v, v_i \rangle v_i$.

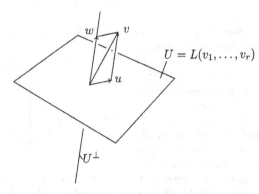

$$U = L(v_1, \ldots, v_r)$$

BEWEIS: Dass sich v auf *höchstens* eine Weise als Summe $v = u + w$ mit $u \in U$ und $w \in U^\perp$ schreiben lässt, ergibt sich aus der positiven Definitheit des Skalarprodukts, denn aus $v = u + w = u' + w'$ mit $u, u' \in U$ und $w, w' \in U^\perp$ folgte $(u - u') + (w - w') = 0$ und $\langle u - u', w - w' \rangle = 0$, also $\langle u - u', u - u' \rangle = 0$ und daher $u - u' = 0$ und somit auch $w - w' = 0$. Das gilt für jeden Untervektorraum U von V, wäre er auch *nicht* von einem endlichen Orthonormalsystem erzeugt. Diese Voraussetzung benutzen wir jedoch jetzt beim Existenzbeweis. In der Formulierung des Lemmas ist ja schon ausgesprochen, wie man u definieren soll. Aber selbst wenn wir das nicht wüssten, so würden wir doch den Ansatz $u = c_1 v_1 + \cdots + c_r v_r$ machen können und nachrechnen, für welche Koeffizienten $c_1, \ldots, c_r$ der Vektor $w := v - u \in U^\perp$ ist, nämlich genau dann, wenn $\langle w, v_i \rangle = 0$ für $i = 1, \ldots, r$ gilt, d.h. wenn $\langle v, v_i \rangle - \langle u, v_i \rangle = 0$, also wenn $\langle v, v_i \rangle = c_i$ ist. $\qquad \square$

In diesen drei Lemmas war das Orthonormalsystem immer als gegeben vorausgesetzt. Wo aber bekommt man Orthonormalsysteme her? Dafür gibt es zum Beispiel das so genannte *Erhard Schmidtsche Orthonormalisierungsver-*

fahren, mit dem man ein beliebiges linear unabhängiges r-tupel von Vektoren $v_1, \ldots, v_r$ sukzessive so in ein Orthonormalsystem $\tilde{v}_1, \ldots, \tilde{v}_r$ verwandelt, dass jeweils die ersten k Vektoren beider Systeme denselben Raum aufspannen:

$$U_k := L(v_1, \ldots, v_k) = L(\tilde{v}_1, \ldots, \tilde{v}_k)$$

für $k = 1, \ldots, r$. Natürlich fängt man damit an, dass man den ersten Vektor v_1 einfach "normiert", d.h. $\tilde{v}_1 := v_1/\|v_1\|$ setzt. Es genügt aber nicht, die v_i alle zu normieren, denn dann hätten sie zwar die Länge 1, stünden aber noch nicht senkrecht aufeinander. Vielmehr müssen wir vor dem Normieren den Vektor v_{k+1} gemäß obigem Lemma 3 durch seinen auf U_k senkrecht stehenden Anteil $w_{k+1} \in U_k^\perp$ ersetzen. Nach Induktionsannahme ist ja U_k von dem Orthonormalsystem $(\tilde{v}_1, \ldots, \tilde{v}_k)$ aufgespannt, und Lemma 3 liefert uns deshalb die konkrete Rechenformel

$$w_{k+1} := v_{k+1} - \sum_{i=1}^{k} \langle v_{k+1}, \tilde{v}_i \rangle \tilde{v}_i$$

für einen Vektor, der senkrecht auf U_k steht und zusammen mit $\tilde{v}_1, \ldots, \tilde{v}_k$ den Raum U_{k+1} aufspannt, den wir also nur noch zu normieren brauchen, um das gesuchte $\tilde{v}_{k+1}$ zu erhalten:

Satz (Erhard Schmidtsches Orthonormalisierungsverfahren):
Ist $(v_1, \ldots, v_r)$ ein linear unabhängiges r-tupel von Vektoren in einem euklidischen Vektorraum V, so ist durch $\tilde{v}_1 := v_1/\|v_1\|$ und die Rekursionsformel

$$\tilde{v}_{k+1} := \frac{v_{k+1} - \sum_{i=1}^{k} \langle v_{k+1}, \tilde{v}_i \rangle \tilde{v}_i}{\|v_{k+1} - \sum_{i=1}^{k} \langle v_{k+1}, \tilde{v}_i \rangle \tilde{v}_i\|}$$

für $k = 1, \ldots, r-1$ ein Orthonormalsystem $(\tilde{v}_1, \ldots, \tilde{v}_r)$ gegeben, bei dem jeweils die ersten k Vektoren $\tilde{v}_1, \ldots, \tilde{v}_k$ denselben Untervektorraum aufspannen wie die ursprünglichen $v_1, \ldots, v_k$. War insbesondere $(v_1, \ldots, v_n)$ eine Basis von V, so ist $(\tilde{v}_1, \ldots, \tilde{v}_n)$ eine Orthonormalbasis von V.

Insbesondere lässt sich in jedem endlichdimensionalen euklidischen Vektorraum wirklich eine Orthornormalbasis finden, und deshalb ist auch die in Lemma 3 besprochene eindeutige Zerlegung von $v \in V$ in einen U- und einen $U^\perp$-Anteil für jeden endlichdimensionalen Untervektorraum U eines euklidischen Vektorraums anwendbar. Die Zuordnung $v \mapsto u$ nennt man dabei die Orthogonalprojektion auf U, genauer:

Korollar und Definition: Sei V ein euklidischer Vektorraum und U ein endlichdimensionaler Unterraum. Dann gibt es genau eine lineare Abbildung $P_U : V \to U$ mit $P_U|U = \mathrm{Id}_U$ und Kern $P_U = U^\perp$. Diese Abbildung P_U heißt die *Orthogonalprojektion* auf U.

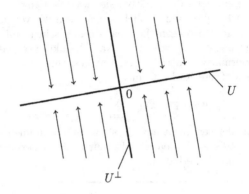

BEWEIS: Jede Abbildung P_U mit den geforderten Eigenschaften bewirkte durch

$$v = P_U(v) + (v - P_U(v))$$

die Zerlegung von v in einen U- und einen $U^\perp$-Anteil. Deshalb gibt es, selbst wenn U nicht endlichdimensional wäre, höchstens *eine* solche Abbildung. Wählen wir nun in U eine Orthonormalbasis $(v_1, \ldots, v_r)$, so veranlasst uns Lemma 3 zu der Definition

$$P_U(v) := \sum_{i=1}^{r} \langle v, v_i \rangle v_i,$$

und die dadurch gegebene lineare Abbildung $P_U : V \to U$ hat offenbar die gewünschten Eigenschaften,   □

Korollar: Ist U Untervektorraum eines endlichdimensionalen euklidischen Vektorraumes V und ist $U^\perp = 0$, so ist $U = V$.

BEWEIS: $P_U : V \to U$ ist sowieso surjektiv und wegen Kern $P_U = U^\perp$ $= 0$ auch injektiv. Also ist P_U bijektiv, und da $P_U|U = \mathrm{Id}_U$ ist, muss $U = V$ sein.   □

Im nächsten Abschnitt werden Sie kopfschüttelnd feststellen, dass für $U \neq V$ die Orthogonalprojektionen nicht *orthogonal* sind. Anstatt die Terminologie zu verteidigen, nehme ich mich selber in Schutz und beteuere, unschuldig daran zu sein.

8.3 ORTHOGONALE ABBILDUNGEN

Definition: Seien V, W euklidische Vektorräume. Eine lineare Abbildung $f : V \rightarrow W$ heißt *orthogonal* oder *isometrisch*, wenn

$$\langle f(v), f(w) \rangle = \langle v, w \rangle$$

für alle $v, w \in V$.

Notiz: Eine orthogonale Abbildung ist stets injektiv, denn aus $v \in \mathrm{Kern}\, f$ folgt $\langle 0, 0 \rangle = \langle v, v \rangle$, also $v = 0$. Insbesondere sind orthogonale Endomorphismen endlichdimensionaler euklidischer Räume stets Automorphismen. □

Dabei haben wir wieder einmal benutzt, dass injektive Endomorphismen endlichdiemnsionaler Räume nach der Dimensionsformel

$$\dim \mathrm{Kern} + \dim \mathrm{Bild} = \dim V$$

stets auch surjektiv und damit Isomorphismen sind.

Definition: Die Menge der orthogonalen Isomorphismen eines euklidischen Vektorraumes V wird mit $O(V)$ bezeichnet. Statt $O(\mathbb{R}^n)$, wobei $\mathbb{R}^n$ mit dem üblichen Skalarprodukt versehen ist, schreibt man kurz $O(n)$. Fasst man die Elemente von $O(n)$ in der üblichen Weise als reelle $n \times n$-Matrizen auf, $O(n) \subset M(n \times n, \mathbb{R})$, so heißen diese Matrizen *orthogonale Matrizen*.

Bemerkung: Seien V, W euklidische Vektorräume und sei $(v_1, \ldots, v_n)$ eine orthonormale Basis von V. Dann ist eine lineare Abbildung $f : V \to W$ genau dann orthogonal, wenn $(f(v_1), \ldots, f(v_n))$ ein Orthonormalsystem in W ist.

BEWEIS: Ist f orthogonal, so ist $\langle f(v_i), f(v_j) \rangle = \langle v_i, v_j \rangle = \delta_{ij}$. Ist umgekehrt $\langle f(v_i), f(v_j) \rangle = \delta_{ij}$ vorausgesetzt, so folgt für $v := \Sigma \lambda_i v_i$ und $w := \Sigma \mu_j v_j \in V$, dass $\langle f(v), f(w) \rangle = \langle f(\Sigma \lambda_i v_i), f(\Sigma \mu_j v_j) \rangle = \langle \Sigma \lambda_i f(v_i), \Sigma \mu_j f(v_j) \rangle = \Sigma_i \Sigma_j \lambda_i \mu_j \delta_{ij} = \Sigma_i \Sigma_j \lambda_i \mu_j \langle v_i, v_j \rangle = \langle \Sigma \lambda_i v_i, \Sigma \mu_j v_j \rangle = \langle v, w \rangle$. $\square$

Korollar: Eine Matrix $A \in M(n \times n, \mathbb{R})$ ist genau dann orthogonal, wenn die Spalten (= Bilder der kanonischen Einheitsvektoren!) ein orthonormales System bezüglich des üblichen Skalarprodukts im $\mathbb{R}^n$ bilden, d.h. wenn $A^t A = E$ gilt.

Wenn wir die Spalten von A mit $s_1, \ldots, s_n$ bezeichnen, dann sind die s_i die Zeilen von A^t und das Element von $A^t A$ in der i-ten Zeile und j-ten Spalte ist deshalb $\langle s_i, s_j \rangle$:

Mittels unserer Kenntnisse über invertierbare Matrizen können wir daraus sofort einige Folgerungen ziehen:

Notiz: Für $A \in M(n \times n, \mathbb{R})$ sind die folgenden Bedingungen äquivalent:

    (i) A ist orthogonal
    (ii) Die Spalten sind ein orthonormales System
    (iii) $A^t A = E$
    (iv) A invertierbar und $A^{-1} = A^t$
    (v) $A A^t = E$
    (vi) Die Zeilen sind ein orthonormales System.

Notiz und Definition: Aus $A^t A = E$ folgt $\det A^t \det A = (\det A)^2 = 1$, also ist $\det A = \pm 1$ für alle $A \in O(n)$. Eine Matrix $A \in O(n)$ heißt *spezielle* orthogonale Matrix, wenn $\det A = +1$ ist. Die Menge der speziellen orthogonalen Matrizen wird mit $SO(n)$ bezeichnet.

8.4 GRUPPEN

Verknüpfen wir zwei orthogonale Matrizen $A, B \in O(n)$ durch die Matrizenmultiplikation, so erhalten wir wieder eine orthogonale Matrix $AB \in O(n)$, es gilt $(AB)C = A(BC)$ für alle $A, B, C \in O(n)$ (wie ja überhaupt für alle Matrizen in $M(n \times n, \mathbb{R})$), ferner enthält $O(n)$ ein bei der Verknüpfung durch Multiplikation nichts bewirkendes, in diesem Sinne "neutrales" Element, nämlich die Einheitsmatrix E, und zu jedem $A \in O(n)$ gibt es eine orthogonale Matrix $A^{-1} \in O(n)$ mit $AA^{-1} = A^{-1}A = E$, eben die "inverse" Matrix zu A. Wegen dieser Eigenschaften nennt man das Paar

$$(O(n), O(n) \times O(n) \to O(n)),$$

bestehend aus der Menge $O(n)$ und der durch die Matrizenmultiplikation gegebene Verknüpfung eine *Gruppe*. Der Begriff der Gruppe ist von fundamentaler Bedeutung in der gesamten Mathematik, nicht etwa nur in der Algebra, obwohl es ein "algebraischer" Begriff ist. Wie Sie sehen werden, kommen auch in dem von uns bisher behandelten Stoff schon eine ganze Reihe von Gruppen vor.

Definiton: Eine *Gruppe* ist ein Paar $(G, \cdot)$, bestehend aus einer Menge G und einer Abbildung

$$\cdot : G \times G \longrightarrow G$$
$$(a, b) \longmapsto ab,$$

so dass die folgenden drei Axiome erfüllt sind:

(1) Assoziativität: $(ab)c = a(bc)$ für alle $a, b, c \in G$,
(2) Existenz des neutralen Elements: Es gibt ein $e \in G$ mit $ae = ea = a$ für alle $a \in G$,
(3) Existenz des Inversen: Zu jedem $a \in G$ gibt es ein $a^{-1} \in G$ mit $aa^{-1} = a^{-1}a = e$.

Beachten Sie, dass ein voranzustellendes "Axiom (0): Mit $a, b \in G$ ist auch $ab \in G$" nur deshalb überflüssig ist, weil es in der Angabe, die Verknüpfung "·" sei eine Abbildung von $G \times G$ nach G, ja schon enthalten ist. Wenn man aber, wie häufig vorkommt, von einer Verknüpfung ausgeht, die definitionsgemäß eigentlich in eine größere, G nur *enthaltende* Menge führt, so muss man (0) erst noch nachprüfen. Nehmen Sie als Beispiel die Menge $G = \{x \in \mathbb{R} \mid \frac{1}{2} < x < 2\}$ mit der Multiplikation reeller Zahlen als Verknüpfung. Die Axiome (1), (2) und (3) wären schon erfüllt, aber trotzdem ist $(G, \cdot)$ keine Gruppe, weil die Verknüpfung gar nicht "in G" bleibt: $3/2 \cdot 3/2 = 9/4 > 2$.

Definition: Hat eine Gruppe $(G, \cdot)$ außerdem noch die Eigenschaft der "Kommutativität", d.h. gilt

(4) $ab = ba$ für alle $a, b \in G$,

dann heißt $(G, \cdot)$ eine *abelsche* Gruppe.

Bemerkung: In einer Gruppe $(G, \cdot)$ gibt es genau ein neutrales Element e und zu jedem $a \in G$ genau ein inverses Element a^{-1}.

Beweis: Ist $ea = ae = e'a = ae' = a$ für alle $a \in G$, so ist insbesondere $ee' = e$ weil e' neutral und $ee' = e'$ weil e neutral ist, also $e = e'$. Ist $a \in G$ gegeben und sowohl $ba = ab = e$ als auch $ca = ac = e$, so ist $c = c(ab) = (ca)b = eb = b$. □

Bezeichnungsweise: Dass man statt $(G, \cdot)$ auch kurz G schreibt, ist wohl kaum erwähnenswert. Eher schon, dass man das neutrale Element häufig mit 1 bezeichnet, wie die Zahl Eins. Noch wichtiger: Bei *abelschen* Gruppen wird die Verknüpfung oft als "Addition", d.h. als $(a, b) \mapsto a + b$ statt als $(a, b) \mapsto ab$ geschrieben, das neutrale Element mit 0 und das zu a inverse Element mit $-a$ bezeichnet. Prinzipiell könnte man das natürlich bei jeder Gruppe tun, aber bei nichtabelschen Gruppen ist es nicht üblich.

Beispiele:

Beispiel 1: $(\mathbb{Z}, +)$ ist eine abelsche Gruppe.

Beispiel 2: $(\mathbb{R}, +)$ ist eine abelsche Gruppe.

Beispiel 3: $(\mathbb{R} \smallsetminus \{0\}, \cdot)$ ist eine abelsche Gruppe.

Beispiel 4: Ist $(\mathbb{K}, +, \cdot)$ ein Körper, so ist $(\mathbb{K}, +)$ eine abelsche Gruppe.

Beispiel 5: Ist $(\mathbb{K}, +, \cdot)$ ein Körper, so ist $(\mathbb{K} \smallsetminus \{0\}, \cdot)$ eine abelsche Gruppe.

Beispiel 6: Ist $(V, +, \cdot)$ ein Vektorraum über $\mathbb{K}$, so ist $(V, +)$ eine abelsche Gruppe.

Beispiel 7: Ist M eine Menge, $\mathrm{Bij}(M)$ die Menge der bijektiven Abbildungen $f : M \to M$ und $\circ$ das Zeichen für die Zusammensetzung von Abbildungen, so ist $(\mathrm{Bij}(M), \circ)$ eine Gruppe. Das neutrale Element ist die Identität.

Sehr häufig werden Ihnen Gruppen begegnen, bei denen die Elemente *gewisse* bijektive Abbildungen einer Menge M und die Gruppenverknüpfung die Zusammensetzung dieser Abbildungen sind; "Untergruppen" von $\mathrm{Bij}(M)$, gewissermaßen, wie in den folgenden Beispielen 8-10.

Notiz: Ist $G \subset \mathrm{Bij}(M)$, gilt $\mathrm{Id}_M \in G$ sowie $f \circ g \in G$ und $f^{-1} \in G$ für alle $f, g \in G$, so ist $(G, \circ)$ eine Gruppe. Beispiele dafür:

Beispiel 8: $GL(V)$, die Gruppe der Automorphismen eines Vektorraums V über $\mathbb{K}$.

Beispiel 9: $GL(n, \mathbb{K}) := GL(\mathbb{K}^n)$, die Gruppe der invertierbaren $n \times n$-Matrizen über $\mathbb{K}$. ("General linear group".)

Beispiel 10: $SL(n, \mathbb{K}) = \{A \in GL(n, \mathbb{K}) \mid \det A = 1\}$. ("Special linear group".)

Beispiel 11: $O(n)$, die "orthogonale Gruppe".

Beispiel 12: $SO(n)$, die "spezielle orthogonale Gruppe".

8.5 TEST

(1) Ein Skalarprodukt auf einem reellen Vektorraum ist eine Abbildung

   ☐ $\langle \cdot , \cdot \rangle : V \times V \to \mathbb{R}$
   ☐ $\langle \cdot , \cdot \rangle : V \to V \times V$
   ☐ $\langle \cdot , \cdot \rangle : \mathbb{R} \times V \to V$

(2) Die Eigenschaft des Skalarprodukts, positiv definit zu sein, bedeutet

   ☐ $\langle x, y \rangle > 0 \implies x = y$
   ☐ $\langle x, x \rangle > 0 \implies x \neq 0$
   ☐ $\langle x, x \rangle > 0$ für alle $x \in V$, $x \neq 0$

(3) Welche der folgenden drei Aussagen ist (oder sind) richtig

   ☐ Ist $\langle \cdot , \cdot \rangle : \mathbb{R}^n \times \mathbb{R}^n \to \mathbb{R}$ ein Skalarprodukt auf dem reellen Vektorraum $\mathbb{R}^n$, so ist $\langle x, y \rangle = x_1 y_1 + \cdots + x_n y_n$ für alle $x, y \in \mathbb{R}^n$.
   ☐ Dafür, dass eine Abbildung $\langle \cdot , \cdot \rangle : \mathbb{R}^n \times \mathbb{R}^n \to \mathbb{R}$ ein Skalarprodukt auf dem $\mathbb{R}^n$ definiert, ist $\langle e_i, e_j \rangle = \delta_{ij}$ eine zwar notwendige, aber nicht hinreichende Bedingung.
   ☐ Definiert man $\langle x, y \rangle := x_1 y_1 + \cdots + x_n y_n$ für alle $x, y \in \mathbb{R}^n$, so ist dadurch ein Skalarprodukt auf $\mathbb{R}^n$ erklärt.

(4) Unter dem orthogonalen Komplement $U^{\perp}$ eines Untervektorraums U eines euklidischen Vektorraums V versteht man

   ☐ $U^{\perp} := \{ u \in U \mid u \perp U \}$
   ☐ $U^{\perp} := \{ x \in V \mid x \perp U \}$
   ☐ $U^{\perp} := \{ x \in V \mid x \perp U$ und $\|x\| = 1 \}$

(5) Sei $V = \mathbb{R}^2$ mit dem "üblichen" Skalarprodukt. Welches der folgenden tupel von Elementen von V ist eine orthonormale Basis

   ☐ $((1, -1), (-1, -1))$ ☐ $((-1, 0), (0, -1))$ ☐ $((1, 0), (0, 1), (1, 1))$

(6) Welche der folgenden Bedingungen an eine lineare Abbildung $f : V \to W$ von einem euklidischen Raum in einen anderen ist gleichbedeutend damit, dass f eine orthogonale Abbildung ist

   ☐ $\langle f(x), f(y) \rangle > 0$ für alle $x, y \in V$
   ☐ $\langle x, y \rangle = 0 \iff \langle f(x), f(y) \rangle = 0$
   ☐ $\|f(x)\| = \|x\|$ für alle $x \in V$.

(7) Für welche Untervektorräume $U \subset V$ ist die Orthogonalprojektion $P_U : V \to U$ eine orthogonale Abbildung

☐ Für jedes U ☐ Nur für $U = V$ ☐ Nur für $U = \{0\}$

(8) Welche der folgenden Matrizen ist (oder sind) orthogonal

☐ $\begin{pmatrix} 0 & 1 \\ -1 & 0 \end{pmatrix}$ ☐ $\begin{pmatrix} 1 & -1 \\ -1 & 1 \end{pmatrix}$ ☐ $\begin{pmatrix} 1 & 1 \\ 0 & 1 \end{pmatrix}$

(9) Welches ist eine korrekte Begründung dafür, dass $(\mathbb{N}, +)$ keine Gruppe ist

☐ Für natürliche Zahlen gilt $n + m = m + n$, das ist aber keines der Gruppenaxiome, also ist $(\mathbb{N}, +)$ keine Gruppe

☐ Die Verknüpfung $\mathbb{N} \times \mathbb{N} \to \mathbb{N}$, $(n, m) \mapsto n + m$ ist gar nicht für alle ganzen Zahlen definiert, weil die negativen Zahlen nicht zu $\mathbb{N}$ gehören. Daher ist $(\mathbb{N}, +)$ keine Gruppe.

☐ Das dritte Gruppenaxiom (Existenz des Inversen) ist verletzt, denn z.B. zu $1 \in \mathbb{N}$ gibt es kein $n \in \mathbb{N}$ mit $1 + n = 0$. Deshalb ist $(\mathbb{N}, +)$ keine Gruppe.

(10) Für gerades n, $n = 2k > 0$ gilt

☐ $SO(2k) \subset O(k)$

☐ $SO(2k) \subset O(2k)$, aber $SO(2k) \neq O(2k)$

☐ $SO(2k) = O(2k)$, weil $(-1)^{2k} = 1$.

8.6 LITERATURHINWEIS

Wenn es die Umstände erlauben, wenn nämlich der Dozent nicht durch nächtige Serviceforderungen oder durch eine Studienordnung in seiner Bewegungsfreiheit eingeschränkt ist, dann wird er die Vorlesung über lineare Algebra gerne so gestalten, wie es dem raschen Zuschreiten auf ein besonderes Ziel, das er mit seinen Studenten erreichen möchte, am dienlichsten ist.

Das kann insbesondere einen scharfen Ruck des Vorlesungsinhalts in Richtung Algebra bedeuten. Dass Sie in einer solchen Vorlesung sind, merken Sie zuerst daran, dass die algebraischen Grundstrukturen wie Gruppen, Ringe und Körper gleich zu Anfang ausführlich besprochen werden und dann, als untrügliches Zeichen, anstelle der Vektorräume über Körpern die allgemeineren *Moduln* über *Ringen* erscheinen.

In diesem Falle können Sie das gegenwärtige Skriptum allenfalls noch zur Ergänzung oder als Kontrastprogramm gebrauchen, und so leid es mir auch tut, Sie als Käufer oder gar als Leser meines Buches zu verlieren, muss ich Sie dann doch gleich vor die rechte Schmiede schicken und Ihnen z.B. das Heidelberger Taschenbuch [16] von Oeljeklaus und Remmert empfehlen oder überhaupt das schöne, ausführliche, gut lesbare dreibändige Werk [17] von Scheja und Storch, *Lehrbuch der Algebra*, Untertitel: *Unter Einschluss der linearen Algebra*.

8.7 ÜBUNGEN

ÜBUNGEN FÜR MATHEMATIKER:

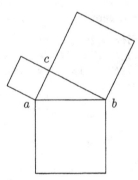

AUFGABE 8.1: Man beweise den Satz von Pythagoras: Bilden die drei Punkte a, b, c in dem euklidischen Vektorraum ein rechtwinkliges Dreieck, d.h. $a - c \perp b - c$, dann gilt $\|a - c\|^2 + \|b - c\|^2 = \|a - b\|^2$.

AUFGABE 8.2: In $\mathbb{R}^3$ werde durch $\langle x, y \rangle := \sum_{i,j=1}^3 a_{ij} x_i y_j$ ein Skalarprodukt eingeführt, wobei

$$A = \begin{pmatrix} 2 & 1 & 0 \\ 1 & 2 & 1 \\ 0 & 1 & 4 \end{pmatrix}.$$

(Dass hierdurch tatsächlich ein Skalarprodukt gegeben ist, ist nicht Gegenstand der Aufgabe, sondern werde angenommen). Man berechne die Cosinus der Öffnungswinkel zwischen den kanonischen Einheitsvektoren des $\mathbb{R}^3$.

AUFGABE 8.3: Man weise nach, dass diejenigen 2×2-Matrizen $A \in O(2)$, unter deren Koeffizienten nur die Zahlen 0 und ± 1 vorkommen, eine nicht-abelsche Gruppe bilden.

DREI *-AUFGABEN:

AUFGABE 8.1*: Für $x = (x_1, \ldots, x_n) \in \mathbb{R}^n$, $n \geqq 2$, werde $|x| := \max_i |x_i|$ definiert. Man beweise: Es gibt kein Skalarprodukt $\langle \cdot, \cdot \rangle$ auf $\mathbb{R}^n$, für das $\langle x, x \rangle = |x|^2$ für alle $x \in \mathbb{R}^n$ gilt.

AUFGABE 8.2*: Sei V der Vektorraum aller beschränkten reellen Zahlenfolgen, d.h.

$V := \{(x_i)_{i=1,2,\ldots} \mid x_i \in \mathbb{R}$ und es gibt ein $c \in \mathbb{R}$ mit $|x_i| < c$ für alle $i\}$,

Addition und Skalarmultiplikation sind in der naheliegenden Weise erklärt. Dann ist durch

$$\langle x, y \rangle := \sum_{n=1}^{\infty} \frac{x_n y_n}{n^2} \quad \text{für alle } x, y \in V$$

ein Skalarprodukt auf V definiert. (Nachweis für (*)-Aufgaben-Löser trivial, daher nicht Gegenstand der Aufgabe). Man finde einen *echten* Untervektorraum $U \subset V$, also $U \neq V$, mit $U^\perp = \{0\}$.

AUFGABE 8.3*: Sei M eine Menge. Man zeige: Ist $(B_{ij}(M), \circ)$ abelsch, so hat M weniger als drei Elemente.

ÜBUNGEN FÜR PHYSIKER:

AUFGABE 8.1P: = Aufgabe 8.1 (für Mathematiker)

AUFGABE 8.2P: Man bestimme nach dem Erhard Schmidtschen Orthonormalisierungsverfahren eine orthonormale Basis des Untervektorraums

$$U := L((-3, -3, 3, 3), \quad (-5, -5, 7, 7), \quad (4, -2, 0, 6))$$

von $\mathbb{R}^4$, wobei $\mathbb{R}^4$ mit dem üblichen Skalarprodukt versehen sei.

AUFGABE 8.3P: Sei V ein euklidischer Vektorraum. Man beweise:

(a) Sind $\varphi : \mathbb{R} \to V$ und $\psi : \mathbb{R} \to V$ differenzierbare Abbildungen, so ist auch $\langle \varphi, \psi \rangle : \mathbb{R} \to \mathbb{R}$, $t \mapsto \langle \varphi(t), \psi(t) \rangle$ differenzierbar und es gilt

$$\frac{d}{dt}\langle \varphi(t), \psi(t) \rangle = \langle \dot{\varphi}(t), \psi(t) \rangle + \langle \varphi(t), \dot{\psi}(t) \rangle$$

(b) Ist $\varphi : \mathbb{R} \to V$ differenzierbar und gibt es ein c mit $\|\varphi(t)\| = c$ für alle $t \in \mathbb{R}$, so ist $\varphi(t) \perp \dot{\varphi}(t)$ für alle $t \in \mathbb{R}$.

Hinweis: Die Differenzierbarkeit einer Abbildung ("Kurve") von $\mathbb{R}$ in einen euklidischen Vektorraum ist genau so definiert wie für reellwertige Funktionen, $\varphi : \mathbb{R} \to V$ heißt nämlich bei t_0 differenzierbar, wenn der Limes

$$\lim_{t \to t_0} \frac{\varphi(t) - \varphi(t_0)}{t - t_0} =: \dot{\varphi}(t_0)$$

des Differenzenquotienten dort existiert, d.h. wenn es einen Vektor $v \in V$ (eben das spätere $\dot{\varphi}(t_0)$) gibt, so dass für jedes $\varepsilon > 0$ ein $\delta > 0$ existiert, so dass für alle t mit $0 < |t - t_0| < \delta$ gilt:

$$\left\| \frac{\varphi(t) - \varphi(t_0)}{t - t_0} - v \right\| < \varepsilon.$$

9. Eigenwerte

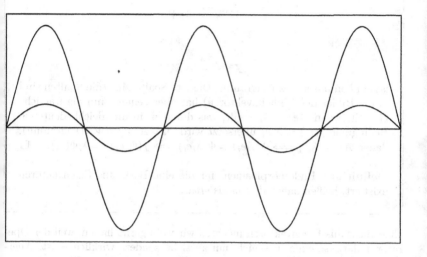

9.1 EIGENWERTE UND EIGENVEKTOREN

Definition: Sei V ein Vektorraum über $\mathbb{K}$ und $f : V \to V$ ein Endomorphismus. Unter einem *Eigenvektor* von f zum *Eigenwert* $\lambda \in \mathbb{K}$ versteht man einen Vektor $v \neq 0$ aus V mit der Eigenschaft $f(v) = \lambda v$.

Lemma: Ist A die Matrix von $f : V \to V$ bezüglich einer Basis $(v_1, \ldots, v_n)$ von V, so hat A genau dann "Diagonalgestalt", d.h. ist von der Form

$$A = \begin{pmatrix} \lambda_1 & & \\ & \ddots & \\ & & \lambda_n \end{pmatrix}$$

(also Nullen außerhalb der Diagonalen), wenn v_i Eigenvektor zum Eigenwert λ_i für $i = 1, \ldots, n$ ist.

Beweis: Die Beziehung zwischen dem Endomorphismus f und der Matrix A wird bekanntlich durch den Isomorphismus $\Phi : \mathbb{K}^n \to V$ hergestellt, der e_i auf v_i abbildet:

$$
\begin{array}{ccc}
V & \xrightarrow{\ f\ } & V \\
\Phi \big\uparrow \cong & & \Phi \big\uparrow \cong \\
\mathbb{K}^n & \xrightarrow{\ A\ } & \mathbb{K}^n
\end{array}
$$

ist ein kommutatives Diagramm. Die i-te Spalte Ae_i (die Spalten sind ja die Bilder der Einheitsvektoren) hat aber genau dann die fragliche Gestalt, wenn $Ae_i = \lambda_i e_i$ gilt, was durch Φ in die gleichbedeutende Bedingung $f(v_i) = \lambda_i v_i$ übersetzt wird: $\Phi \circ A = f \circ \Phi$ (Diagramm!), daher $Ae_i = \lambda_i e_i \iff \Phi(Ae_i) = \Phi(\lambda_i e_i) \iff f(\Phi(e_i)) = \lambda_i \Phi(e_i)$. $\qquad\square$

Definition: Endomorphismen, für die eine Basis aus Eigenvektoren existiert, heißen daher *diagonalisierbar*.

Eine Basis aus Eigenvektoren möchten wir wohl gerne haben, weil der Operator f darin so einfach — nicht nur aussieht, sondern wirklich — ist. Allerdings gibt es nicht für jeden Endomorphismus eine Basis aus Eigenvektoren. Hier sind drei ziemlich typische Beispiele, $\mathbb{K} := \mathbb{R}$ und $V := \mathbb{R}^2$:

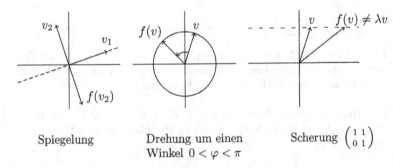

Spiegelung   Drehung um einen   Scherung $\begin{pmatrix} 1 & 1 \\ 0 & 1 \end{pmatrix}$
                    Winkel $0 < \varphi < \pi$

Die Spiegelung *hat* eine Basis (v_1, v_2) aus Eigenvektoren, die Eigenwerte sind $\lambda_1 = 1$ und $\lambda_2 = -1$, in dieser Basis nimmt die zugehörige Matrix die Diagonalgestalt $\begin{pmatrix} +1 & \\ & -1 \end{pmatrix}$ an. Die Drehung um einen Winkel $0 < \varphi < \pi$ besitzt offenbar überhaupt keinen Eigenvektor, geschweige eine Basis aus

Eigenvektoren. Bei der Scherung sind nur die Vektoren ($\neq 0$) der x-Achse Eigenvektoren (zum Eigenwert $\lambda = 1$), alle anderen "scheren aus", es gibt also keine Basis aus Eigenvektoren.

Notiz: Ein Vektor $v \in V \smallsetminus \{0\}$ ist genau dann Eigenvektor von $f : V \to V$ zum Eigenwert $\lambda \in \mathbb{K}$, wenn $v \in \mathrm{Kern}(f - \lambda\,\mathrm{Id})$ ist.

Denn $f(v) = \lambda v$ bedeutet $f(v) - \lambda v = 0$, und $f(v) - \lambda v = (f - \lambda\,\mathrm{Id})(v)$. Diese in ihrer Trivialität so unscheinbare Beobachtung zu machen, verlangt den kleinen Trick, an die Identität $\mathrm{Id} : V \to V$ zu denken und v als $\mathrm{Id}(v)$ zu sehen, was manchem Leser hier vielleicht zum ersten Mal begegnet. — Eine Zahl $\lambda \in \mathbb{K}$ ist also genau dann Eigenwert, wenn $f - \lambda\,\mathrm{Id}$ nicht injektiv ist, d.h. wenn der Kern nicht nur aus der Null besteht.

Definition: Ist λ ein Eigenwert von f, so heißt der Untervektorraum

$$E_\lambda := \mathrm{Kern}(f - \lambda\,\mathrm{Id})$$

von V der *Eigenraum* von f zum Eigenwert λ, und seine Dimension heißt die *geometrische Vielfachheit* des Eigenwertes.

Dass Eigenräume zu verschiedenen Eigenwerten nur die Null gemeinsam haben, ist klar, denn es kann ja nicht $f(v) = \lambda v = \mu v$ sein, wenn $\lambda \neq \mu$ und $v \neq 0$ ist. Es gilt aber sogar:

Lemma: Sind $v_1, \ldots, v_r$ Eigenvektoren zu Eigenwerten $\lambda_1 \ldots, \lambda_r$ von f, und gilt $\lambda_i \neq \lambda_j$ für $i \neq j$, so ist $(v_1, \ldots, v_r)$ linear unabhängig.

Beweis: Induktionsbeginn: Für $r = 1$ ist (v_1) linear unabhängig, weil Eigenvektoren nach Definition von Null verschieden sind. Induktionsannahme: Die Bemerkung sei richtig für $r = k$. Sei nun $(v_1, \ldots, v_{k+1})$ ein $(k + 1)$-tupel von Eigenvektoren zu Eigenwerten $\lambda_1, \ldots, \lambda_{k+1}$; $\lambda_i \neq \lambda_j$ für $i \neq j$ und sei $\alpha_1 v_1 + \cdots + \alpha_{k+1} v_{k+1} = 0$. Durch Anwenden von f bzw. durch Multiplikation mit λ_{k+1} erhält man daraus die beiden Gleichungen

$$\alpha_1 \lambda_1 v_1 + \cdots + \alpha_{k+1} \lambda_{k+1} v_{k+1} = 0$$

$$\alpha_1 \lambda_{k+1} v_1 + \cdots + \alpha_{k+1} \lambda_{k+1} v_{k+1} = 0.$$

Durch Subtraktion folgt daraus die Gleichung

$$\alpha_1(\lambda_1 - \lambda_{k+1})v_1 + \cdots + \alpha_k(\lambda_k - \lambda_{k+1})v_k = 0,$$

die v_{k+1} nun nicht mehr enthält, und auf die wir deshalb die Induktionsannahme anwenden können, wonach $v_1, \ldots, v_k$ linear unabhängig sind. Also gilt

$$\alpha_1(\lambda_1 - \lambda_{k+1}) = \cdots = \alpha_k(\lambda_k - \lambda_{k+1}) = 0,$$

und wegen $\lambda_i \neq \lambda_j$ für $i \neq j$ folgt daraus $\alpha_1 = \cdots = \alpha_k = 0$, also auch $\alpha_{k+1}v_{k+1} = 0$, damit auch $\alpha_{k+1} = 0$. $\qquad\square$

Etwas salopp ausgedrückt: Eigenvektoren zu *verschiedenen* Eigenwerten sind linear unabhängig. Insbesondere kann ein Endomorphismus eines n-dimensionalen Vektorraumes höchstens n verschiedene Eigenwerte haben, und wenn er wirklich so viele hat, dann ist er gewiss diagonalisierbar. Das ist aber keine notwendige Bedingung für die Diagonalisierbarkeit, und genauer gilt:

Korollar: Sei $f : V \to V$ ein Endomorphismus eines n-dimensionalen Vektorraumes über $\mathbb{K}$, seien $\lambda_1, \ldots, \lambda_r$ seine verschiedenen Eigenwerte und $n_1, \ldots, n_r$ deren geometrische Vielfachheiten. Sei ferner jeweils $(v_1^{(i)}, \ldots, v_{n_i}^{(i)})$ eine Basis des Eigenraumes von λ_i. Dann ist auch

$$(v_1^{(1)}, \ldots, v_{n_1}^{(1)}, \ldots, v_1^{(r)}, \ldots, v_{n_r}^{(r)})$$

linear unabhängig, insbesondere ist die Summe der geometrischen Vielfachheiten höchstens n, und f ist genau dann diagonalisierbar, wenn sie *gleich* n ist.

Beweis: Ist

$$\sum_{i=1}^{r} \sum_{k=1}^{n_i} \alpha_k^{(i)} v_k^{(i)} = 0,$$

so sind nach dem Lemma die $\sum_{k=1}^{n_i} \alpha_k^{(i)} v_k^{(i)} \in E_{\lambda_i}$ gleich Null und weil $(v_1^{(i)}, \ldots, v_{n_i}^{(i)})$ linear unabhängig ist, verschwinden also die Koeffizienten $\alpha_k^{(i)}$. Durch Aneinanderreihung von Basen der Eigenräume entsteht also, wie behauptet, ein linear unabhängiges $(n_1 + \cdots + n_r)$-tupel von

Eigenvektoren und daher, falls $n_1 + \cdots + n_r = n$ ist, sogar eine Basis aus Eigenvektoren. — Ist nun umgekehrt f als diagonalisierbar vorausgesetzt und bezeichnet m_i die Anzahl der Eigenvektoren zum Eigenwert λ_i in einer Basis aus Eigenvektoren, so ist offenbar $m_i \leq n_i$, also

$$n = m_1 + \cdots + m_r \leq n_1 + \cdots + n_r \leq n,$$

woraus wie behauptet $n_1 + \cdots + n_r = n$ und nebenbei auch noch $m_i = n_i$ folgt. $\square$

Wir sehen nun schon in groben Zügen, wie man zur Auffindung einer Basis aus Eigenwerten wird vorgehen müssen: In einem ersten Schritt suche man alle $\lambda \in \mathbb{K}$, für die $f - \lambda \operatorname{Id}$ nicht injektiv ist — das sind die Eigenwerte. In einem zweiten Schritt bestimme man für jeden dieser Eigenwerte $\lambda_1, \ldots, \lambda_r$ eine Basis des Eigenraumes $\operatorname{Kern}(f - \lambda_i \operatorname{Id})$. Die Aneinanderreihung dieser Basen ergibt dann, *wenn f überhaupt diagonalisierbar ist*, die gesuchte Basis von V aus Eigenvektoren von f.

9.2 DAS CHARAKTERISTISCHE POLYNOM

Es sei wieder V ein n-dimensionaler Vektorraum über $\mathbb{K}$. Wie stellen wir praktisch fest, für welche $\lambda \in \mathbb{K}$ der Endomorphismus $f - \lambda \operatorname{Id} : V \to V$ nicht injektiv, λ also ein Eigenwert ist? Aus der Dimensionsformel für lineare Abbildungen wissen wir, dass Rang und Kerndimension sich zu n ergänzen, also hat $f - \lambda \operatorname{Id}$ genau dann einen nichttrivialen Kern, wenn $\operatorname{rg}(f - \lambda \operatorname{Id}) < n$ ist, und das ist bekanntlich genau dann der Fall, wenn die *Determinante* von $f - \lambda \operatorname{Id}$ verschwindet:

Notiz 1: Ist $f : V \to V$ Endomorphismus eines endlichdimensionalen Vektorraums über $\mathbb{K}$, so ist $\lambda \in \mathbb{K}$ genau dann Eigenwert von f, wenn $\det(f - \lambda \operatorname{Id}) = 0$.

Zum Ausrechnen der Determinante wählt man hilfsweise irgend eine Basis von V und betrachtet die zu f gehörige $n \times n$-Matrix A:

$$
\begin{array}{ccc}
V & \xrightarrow{\ f\ } & V \\[2pt]
\Phi \uparrow \cong & & \cong \uparrow \Phi \\[2pt]
\mathbb{K}^n & \xrightarrow{\ A\ } & \mathbb{K}^n
\end{array}
$$

Ist, wie so oft, schon von vornherein $V = \mathbb{K}^n$, so ist dieser Schritt natürlich unnötig, weil wir dann ja bei der kanonischen Basis bleiben können, bezüglich der f bereits als eine Matrix A vorliegt. Die Matrix von $f - \lambda \operatorname{Id}$ ist dann $A - \lambda E$, wenn E die Einheitsmatrix bezeichnet. Man erhält also $A - \lambda E$ aus A, indem man von allen Hauptdiagonalelementen λ abzieht, und so ergibt sich nach der Definition der Determinante für Endomorphismen (vergl. 6.7)

Notiz 2: Wird f bezüglich einer Basis von V durch die Matrix A beschrieben, so ist

$$
\det(f - \lambda \operatorname{Id}) = \det \begin{pmatrix} a_{11}-\lambda & a_{12} & \ldots & a_{1n} \\ a_{21} & a_{22}-\lambda & \ldots & a_{2n} \\ \vdots & \vdots & & \vdots \\ a_{n1} & a_{n2} & \ldots & a_{nn}-\lambda \end{pmatrix}
$$

Diese von λ abhängige Determinante nun, die uns wegen der Eigenwerte so interessiert, ist das so genannte *charakteristische Polynom* P_f von f.

Lemma und Definition: Ist $f : V \to V$ ein Endomorphismus eines n-dimensionalen Vektorraums über $\mathbb{K}$, so gibt es Elemente $a_0, \ldots, a_{n-1} \in \mathbb{K}$ mit $P_f(\lambda) := \det(f - \lambda \operatorname{Id}) =$

$$
(-1)^n \lambda^n + a_{n-1}\lambda^{n-1} + \cdots + a_1 \lambda + a_0
$$

für alle $\lambda \in \mathbb{K}$. Man nennt P_f das *charakteristische Polynom* von f.

Beweis: Sind A und B $n \times n$-Matrizen, dann ist $\det(A - \lambda B)$ jedenfalls von der Form

$$
\det(A - \lambda B) = c_n \lambda^n + \cdots + c_1 \lambda + c_0
$$

für geeignete $c_0, \ldots, c_n \in \mathbb{K}$, das folgt sofort durch Induktion nach n mittels der Entwicklungsformel für die Determinante: der Induktionsbeginn ($n = 1$)

ist trivial, und entwickeln wir $\det(A - \lambda B)$ etwa nach der ersten Spalte, so ist ja der i-te Summand gerade

$$(-1)^{i+1}(a_{i1} - \lambda b_{i1}) \det(A_{i1} - \lambda B_{i1})$$

(vergl. die Entwicklungsformel in 6.1), und auf $\det(A_{i1} - \lambda B_{i1})$ können wir die Induktionsannahme anwenden. — Es bleibt also nur übrig zu beweisen, dass wir im Spezialfall $B := E$, mit dem wir ja laut Notiz 2 zu tun haben, $c_n = (-1)^n$ setzen dürfen. Aber auch das folgt nun durch Induktion mittels Entwicklung nach der ersten Spalte: der erste Summand $(a_{11} - \lambda) \det(A_{11} - \lambda E_{11})$, wobei also A_{11} und E_{11} aus A und E durch Streichung der ersten Zeile und Spalte entstehen, ist nach Induktionsannahme von der Gestalt $(-1)^n \lambda^n$ + Terme mit niedrigeren Potenzen von λ, während die anderen Summanden $(-1)^{1+i} a_{i1} \det(A_{i1} - \lambda E_{i1})$, nach der obigen Vorbemerkung über $A - \lambda B$, ebenfalls nur niedrigere Potenzen von λ beitragen, also ist $\det(A - \lambda E) = \det(f - \lambda \operatorname{Id})$ von der behaupteten Gestalt. $\square$

Korollar: Die Eigenwerte sind die Nullstellen des charakteristischen Polynoms.

Für $\mathbb{K} = \mathbb{R}$ oder $\mathbb{C}$ und $n = 2$ sind die Nullstellen des charakteristischen Polynoms $P_f(\lambda) = \lambda^2 + a_1 \lambda + a_0$ leicht zu bestimmen: wegen $\lambda^2 + a_1 \lambda + a_0 = (\lambda + \frac{a_1}{2})^2 - \frac{a_1^2}{4} + a_0$ sind es die beiden Zahlen $\lambda_{1,2} = -\frac{1}{2}(a_1 \pm \sqrt{a_1^2 - 4a_0})$, wie man etwas lax wohl sagen darf, wenn auch im Falle $a_1^2 = 4a_0$ natürlich nur *eine* und im Falle $\mathbb{K} = \mathbb{R}$ und $a_1^2 < 4a_0$ *gar keine* Nullstelle $\lambda \in \mathbb{K}$ vorhanden ist. In konkreten Anwendungen ist sehr oft $n = 2$. — Über Polynome im Allgemeinen wäre freilich noch viel zu sagen, für die konkreten Ziele des vorliegenden Lineare-Algebra-Skriptums für das erste Semester brauchen wir aber eigentlich nur eines zu wissen, nämlich den so genannten

Fundamentalsatz der Algebra: Jedes komplexe Polynom von einem Grade $n \geq 1$, d.h. jede Abbildung $P : \mathbb{C} \to \mathbb{C}$ von der Form

$$P(z) = c_n z^n + \cdots + c_1 z + c_0,$$

wobei $n \geq 1$, $c_0, \ldots, c_n \in \mathbb{C}$ und $c_n \neq 0$, hat mindestens eine Nullstelle.

Für den Beweis siehe [24].

Korollar: Für $n \geq 1$ hat jeder Endomorphismus eines n-dimensionalen komplexen Vektorraums mindestens einen Eigenwert.

Von dieser Tatsache werden wir im folgenden § 10 beim Beweis des Satzes von der Hauptachsentransformation selbstadjungierter Endomorphismen in n-dimensionalen euklidischen Vektorräumen (insbesondere von symmetrischen $n \times n$-Matrizen) Gebrauch machen.

9.3 TEST

(1) Damit von den "Eigenwerten" einer linearen Abbildung $f : V \to W$ überhaupt gesprochen werden kann, muss f ein

☐ Epimorphismus (surjektiv)
☐ Isomorphismus (bijektiv)
☐ Endomorphismus ($V = W$)
sein.

(2) $v \neq 0$ heißt Eigenvektor zum Eigenwert λ, wenn $f(v) = \lambda v$. Wenn nun stattdessen $f(-v) = \lambda v$ gilt, dann ist

☐ $-v$ Eigenvektor zum Eigenwert λ
☐ v Eigenvektor zum Eigenwert $-\lambda$
☐ $-v$ Eigenvektor zum Eigenwert $-\lambda$

(3) Ist $f : V \to V$ ein Endomorphismus und λ ein Eigenwert von f, so versteht man unter dem Eigenraum E_λ von f zum Eigenwert λ

☐ Die Menge aller Eigenvektoren zum Eigenwert λ
☐ Die Menge, die aus allen Eigenvektoren zum Eigenwert λ und dem Nullvektor besteht
☐ Kern$(\lambda \mathrm{Id})$

(4) Welcher der folgenden drei Vektoren ist Eigenvektor von
$f = \begin{pmatrix} 2 & 1 \\ 0 & 1 \end{pmatrix} : \mathbb{R}^2 \to \mathbb{R}^2$

☐ $\begin{pmatrix} 2 \\ 1 \end{pmatrix}$ ☐ $\begin{pmatrix} 1 \\ 1 \end{pmatrix}$ ☐ $\begin{pmatrix} 2 \\ -2 \end{pmatrix}$

(5) Sei $f : V \to V$ Endomorphismus eines n-dimensionalen Vektorraums, $\lambda_1, \ldots, \lambda_r$ die verschiedenen Eigenwerte von f. Dann gilt:

☐ $\dim E_{\lambda_1} + \cdots + \dim E_{\lambda_r} = \lambda_1 + \cdots + \lambda_r$
☐ $\dim E_{\lambda_1} + \cdots + \dim E_{\lambda_r} \leqq n$
☐ $\dim E_{\lambda_1} + \cdots + \dim E_{\lambda_r} > n$

(6) Sei $f : V \xrightarrow{\cong} V$ ein Automorphismus von V und λ ein Eigenwert von f. Dann ist

☐ λ auch Eigenwert von f^{-1}
☐ $-\lambda$ Eigenwert von f^{-1}
☐ $\frac{1}{\lambda}$ Eigenwert von f^{-1}

(7) Ein Endomorphismus f eines n-dimensionalen Vektorraums ist genau dann diagonalisierbar, wenn

☐ f n verschiedene Eigenwerte hat
☐ f nur einen Eigenwert λ hat und dessen geometrische Vielfachheit n ist
☐ n gleich der Summe der geometrischen Vielfachheiten der Eigenwerte ist

(8) Die Begriffe Eigenwert, Eigenvektor, Eigenraum, geometrische Vielfachheit, Diagonalisierbarkeit haben wir für Endomorphismen von (gegebenenfalls endlichdimensionalen) Vektorräumen V erklärt. Welche weitere "Generalvoraussetzung" machen wir dabei:

☐ V stets reeller Vektorraum
☐ V stets euklidischer Vektorraum
☐ keine besondere weitere Voraussetzung, V Vektorraum über $\mathbb{K}$

(9) Das charakteristische Polynom von $f = \begin{pmatrix} 1 & 3 \\ -2 & 0 \end{pmatrix} : \mathbb{C}^2 \to \mathbb{C}^2$ ist gegeben durch

☐ $P_f(\lambda) = \lambda^2 + \lambda + 6$

☐ $P_f(\lambda) = \lambda^2 - \lambda + 6$

☐ $P_f(\lambda) = -\lambda + 7$

(10) Sind $f, g : V \to V$ Endomorphismen und gibt es ein $\varphi \in GL(V)$ mit $f = \varphi g \varphi^{-1}$, so haben f und g

☐ Die gleichen Eigenwerte

☐ Die gleichen Eigenvektoren

☐ Die gleichen Eigenräume

9.4 POLYNOME

EIN ABSCHNITT FÜR MATHEMATIKER

Ist $\mathbb{K}$ ein beliebiger Körper und betrachtet man Polynome in einer "Unbestimmten" λ als Ausdrücke der Form $P(\lambda) := c_n \lambda^n + \cdots + c_1 \lambda + c_0$, wobei $n \geq 0$ und die $c_i \in \mathbb{K}$ sind, so muss man zwischen einem *Polynom* $P(\lambda)$ und der dadurch definierten *polynomialen Abbildung* $P : \mathbb{K} \to \mathbb{K}$ unterscheiden, und zwar nicht nur aus Pedanterie, sondern weil es wirklich vorkommen kann, dass Polynome mit unterschiedlichen Koeffizienten $c_0, \ldots, c_n$ und $\tilde{c}_0, \ldots, \tilde{c}_m$ dieselbe polynomiale Abbildung ergeben. Hier ein Beispiel: Ist $\mathbb{K} := \mathbb{F}_2 = \{0, 1\}$ der (schon im Abschnitt 2.5 erwähnte) Körper aus zwei Elementen, so definieren die beiden Polynome $P(\lambda) := \lambda$ und $\tilde{P}(\lambda) := \lambda^2$ dieselbe polynomiale Abbildung $\mathbb{F}_2 \to \mathbb{F}_2$, weil eben $0 \cdot 0 = 0$ und $1 \cdot 1 = 1$ gilt. Daraus kann man viele weitere Beispiele herstellen, analog für andere endliche Körper. Für Körper mit *unendlich* vielen Elementen gilt aber das

Lemma vom Koeffizientenvergleich: Ist $\mathbb{K} = \mathbb{R}$ oder $\mathbb{C}$ (allgemeiner: ein Körper mit unendlich vielen Elementen) und $P : \mathbb{K} \to \mathbb{K}$ von der Form $P(\lambda) = c_n \lambda^n + \cdots + c_1 \lambda + c_0$ für geeignete $c_0, \ldots, c_n \in \mathbb{K}$, so sind diese *Koeffizienten* $c_0, \ldots, c_n$ durch die Abbildung P eindeutig bestimmt.

Definition: Ist außerdem $c_n \neq 0$, so heißt P ein *Polynom vom Grade* n.

Für $\mathbb{K} = \mathbb{R}$ oder $\mathbb{C}$ ist Ihnen die Aussage des Lemmas wahrscheinlich aus der Analysis-Vorlesung schon bekannt. Es gehört aber eigentlich in die Theorie der linearen Gleichungssysteme. Wählt man nämlich $n + 1$ verschiedene Elemente $\lambda_1, \ldots, \lambda_{n+1} \in \mathbb{K}$, so bilden die $n + 1$ Gleichungen

$$c_n \lambda_i^n + \cdots + c_1 \lambda_i + c_0 = P(\lambda_i),$$

$i = 1, \ldots, n + 1$, ein *eindeutig* lösbares lineares Gleichungssystem für die als Unbekannte aufgefassten $c_n, \ldots, c_0$, da die Koeffizientenmatrix des Gleichungssystems die von Null verschiedene Determinante

$$\det \begin{pmatrix} \lambda_1^n & \cdots & \lambda_1 & 1 \\ \vdots & & \vdots & \vdots \\ \lambda_{n+1}^n & \cdots & \lambda_{n+1} & 1 \end{pmatrix} = \prod_{i<j} (\lambda_j - \lambda_i)$$

hat (VANDERMONDEsche Determinante, raffinierter Induktionsbeweis). Also sind die Koeffizienten $c_0, \ldots, c_n$ eines Polynoms höchstens n-ten Grades durch seine Werte an $n + 1$ verschiedenen Stellen immer eindeutig bestimmt, insbesondere kann ein Polynom n-ten Grades, $n \geq 1$, nicht mehr als n Nullstellen haben.

Im Folgenden sei der Körper $\mathbb{K}$ stets $\mathbb{R}$ oder $\mathbb{C}$ oder allgemeiner ein Körper mit unendlich vielen Elementen.

Lemma: Ist $P(x)$ ein Polynom n-ten Grades, $n \geq 1$, und $\lambda_0 \in \mathbb{K}$ eine Nullstelle davon, dann gilt

$$P(\lambda) = (\lambda - \lambda_0)Q(\lambda)$$

mit einem wohlbestimmten Polynom Q vom Grad $n - 1$.

Beweis: $P(\lambda + \lambda_0)$ ist offenbar ein Polynom n-ten Grades in λ mit einer Nullstelle bei 0, also von der Form

$$P(\lambda + \lambda_0) = a_n\lambda^n + \cdots + a_1\lambda = \lambda \cdot (a_n\lambda^{n-1} + \cdots + a_1).$$

Setzen wir nun $\lambda - \lambda_0$ statt λ ein, so folgt

$$P(\lambda) = (\lambda - \lambda_0)(a_n(\lambda - \lambda_0)^{n-1} + \cdots + a_1) =: (\lambda - \lambda_0)Q(\lambda).$$

$\square$

Praktisch wird man aber die Koeffizienten $b_{n-1}, \ldots, b_0$ von Q besser nicht auf diesem Wege, sondern direkt durch Koeffizientenvergleich aus $P(\lambda) = (\lambda - \lambda_0)Q(\lambda)$ oder

$$c_n\lambda^n + \cdots + c_0 = (\lambda - \lambda_0)(b_{n-1}\lambda^{n-1} + \cdots + b_0)$$

bestimmen, von oben herunter: $b_{n-1} = c_n$ als Beginn der Rekursion, die dann jeweils mit $c_k = b_{k-1} - \lambda_0 b_k$, also $b_{k-1} = c_k + \lambda_0 b_k$ weitergeht ("Division von P durch den Linearfaktor $(\lambda - \lambda_0)$").

Hat auch Q eine Nullstelle, so können wir auch von Q wieder einen Linearfaktor abspalten usw., so lange das eben geht. Aus dem Fundamentalsatz der Algebra folgt daher, dass man ein *komplexes* Polynom gänzlich in Linearfaktoren zerlegen kann, genauer

Korollar und Definition: Jedes komplexe Polynom P zerfällt in Linearfaktoren, d.h. ist $P(\lambda) = c_n\lambda^n + \cdots + c_0$ mit $c_n \neq 0$, und sind $\lambda_1, \ldots, \lambda_r \in \mathbb{C}$ die (paarweise verschiedenen) Nullstellen von P, so gilt

$$P(\lambda) = c_n \prod_{i=1}^{r} (\lambda - \lambda_i)^{m_i}$$

mit wohlbestimmten Exponenten $m_i \geq 1$, welche man die *Vielfachheiten* der Nullstellen nennt. Ist insbesondere V ein n-dimensionaler komplexer Vektorraum, $f : V \to V$ ein Endomorphismus und $\lambda_1, \ldots, \lambda_r$ seine verschiedenen Eigenwerte, so gilt

$$P_f(\lambda) := \det(f - \lambda\mathrm{Id}) = (-1)^n \prod_{i=1}^{r} (\lambda - \lambda_i)^{m_i},$$

und die m_i heißen nun die *algebraischen Vielfachheiten* der Eigenwerte λ_i, im Unterschied zu deren *geometrischen* Vielfachheiten $n_i := \dim \mathrm{Kern}(f - \lambda_i\mathrm{Id})$, den Dimensionen der Eigenräume.

Es ist stets $n_i \leq m_i$, denn wenn man eine Basis eines Eigenraumes, sagen wir zum Eigenwert λ_1, zu einer Basis von V ergänzt, so hat f bezüglich dieser Basis eine Matrix der Gestalt

$$A = \begin{pmatrix} \begin{matrix} \lambda_1 & & \\ & \ddots & \\ & & \lambda_1 \end{matrix} & * \\ 0 & * \end{pmatrix}$$

$\underbrace{}_{n_1}$

und deshalb kommt in der Linearfaktorzerlegung von $P_f(\lambda) = \det(A - \lambda E)$ der Faktor $(\lambda - \lambda_1)$ mindestens n_1 mal vor. — Die geometrische Vielfachheit kann wirklich *kleiner* als die algebraische sein, die Scherungsmatrix

$$\begin{pmatrix} 1 & 1 \\ 0 & 1 \end{pmatrix}$$

ist hierfür ein Beispiel: der (einzige) Eigenwert $\lambda_1 = 1$ hat die geometrische Vielfachheit 1 und die algebraische Vielfachheit 2. — Die Summe der algebraischen Vielfachheiten ist offenbar der Grad von P_f, also n. Da wir schon wissen (vgl. 9.1), dass ein Endomorphismus genau dann diagonalisierbar ist, wenn die Summe seiner *geometrischen* Vielfachheiten n ist, so folgt aus $n_i \leq m_i$ natürlich:

Bemerkung: Ein Endomorphismus eines endlichdimensionalen komplexen Vektorraums ist genau dann diagonalisierbar, wenn die geometrischen Vielfachheiten seiner Eigenwerte mit den algebraischen übereinstimmen.

9.5 LITERATURHINWEIS

Diesmal möchte ich Ihnen das Buch [11] von Serge Lang empfehlen. — Das
vorliegende Skriptum umfasst ja nur ein Semester, und als ich seinerzeit die
Vorlesung als Lineare Algebra II fortsetzte, da habe ich das Buch von Serge
Lang zur Pflichtlektüre erklärt und alles das in der Vorlesung besprochen,
was nicht schon im ersten Semester, also im Skriptum behandelt worden war.

Das Buch ist sehr schön und klar, und außerdem kann Ihnen die Vertraut-
heit mit diesem Autor noch oft im Studium nützlich sein, da er noch eine
Reihe vorzüglicher Lehrbücher aus anderen Gebieten geschrieben hat.

9.6 ÜBUNGEN

ÜBUNGEN FÜR MATHEMATIKER:

AUFGABE 9.1: Man berechne die Eigenwerte und zugehörigen Eigenräume
für die folgenden 2×2-Matrizen, und zwar jeweils getrennt für die Fälle
$\mathbb{K} = \mathbb{R}$ und $\mathbb{K} = \mathbb{C}$:

$$\begin{pmatrix} 0 & 0 \\ 0 & 0 \end{pmatrix}, \begin{pmatrix} 0 & 1 \\ 1 & 0 \end{pmatrix}, \begin{pmatrix} 0 & 1 \\ 0 & 0 \end{pmatrix}, \begin{pmatrix} 0 & 1 \\ 4 & 3 \end{pmatrix}, \begin{pmatrix} 0 & -1 \\ 1 & 0 \end{pmatrix}, \begin{pmatrix} 0 & 1 \\ -5 & 4 \end{pmatrix}.$$

AUFGABE 9.2: Ein Untervektorraum U von V heißt invariant gegenüber
einem Endomorphismus f, wenn $f(U) \subset U$. Man zeige: Die Eigenräume
von $f^n := f \circ \cdots \circ f$ sind invariant gegenüber f.

AUFGABE 9.3: Es bezeichne $\mathbb{R}^{\mathbb{N}}$ den Vektorraum der reellen Folgen $(a_n)_{n \geq 1}$.
Man bestimme Eigenwerte und Eigenräume des durch

$$(a_n)_{n \geq 1} \longmapsto (a_{n+1})_{n \geq 1}$$

definierten Endomorphismus $f : \mathbb{R}^{\mathbb{N}} \to \mathbb{R}^{\mathbb{N}}$.

ZWEI *-AUFGABEN:

AUFGABE 9.1*: Da man Endomorphismen von V addieren und zusammen-setzen kann, hat es einen Sinn, ein durch

$$P(t) = a_0 + a_1 t + \cdots + a_n t^n, \quad a_i \in \mathbb{K}$$

definiertes Polynom P auf einen Endomorphismus anzuwenden:

$$P(f) = a_0 + a_1 f + \cdots + a_n f^n : V \to V.$$

Man zeige: Ist λ ein Eigenwert von f, dann ist $P(\lambda)$ ein Eigenwert von $P(f)$.

AUFGABE 9.2*: Sei $\pi : \{1, \ldots, n\} \to \{1, \ldots, n\}$ eine bijektive Abbildung ("Permutation"). Sei $f_\pi : \mathbb{R}^n \to \mathbb{R}^n$ durch

$$f_\pi(x_1, \ldots, x_n) := (x_{\pi(1)}, \ldots, x_{\pi(n)})$$

definiert. Man bestimme sämtliche Eigenwerte von f_π.

ÜBUNGEN FÜR PHYSIKER:

AUFGABE 9.1P: = Aufgabe 9.1 (für Mathematiker)

AUFGABE 9.2P: Der Endomorphismus $A : V \to V$ des zweidimensionalen Vektorraums V habe nur einen Eigenwert λ, und E_λ sei der zugehörige Eigenraum. Man zeige $Aw - \lambda w \in E_\lambda$ für alle $w \in V$.

AUFGABE 9.3P: Es sei V der reelle Vektorraum der unendlich oft differen-zierbaren Funktionen $f : \mathbb{R} \to \mathbb{R}$. Man bestimme alle Eigenwerte der zweiten Ableitung

$$\frac{d^2}{dx^2} : V \to V.$$

10. Die Hauptachsen-Transformation

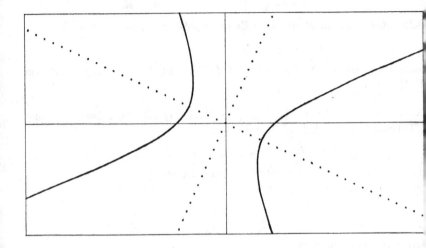

10.1 SELBSTADJUNGIERTE ENDOMORPHISMEN

Der Name *Hauptachsentransformation* stammt eigentlich aus der Theorie der Kegelschnitte. Eine Hauptachsentransformation für das in der obigen Titel-vignette dargestellte Hyperbelpaar im $\mathbb{R}^2$ zum Beispiel wäre eine orthogonale Abbildung oder Transformation $P : \mathbb{R}^2 \to \mathbb{R}^2$, welche die Koordinatenachsen in die punktiert gezeichneten Richtungen der beiden "Hauptachsen" des Hy-perbelpaares bringt. Aber nicht mit dieser geometrischen Aufgabe wollen wir uns hier beschäftigen, sondern mit einem dem mathematischen Inhalte nach gleichbedeutenden, in den Anwendungen aber wichtigeren Problem, nämlich zu einem selbstadjungierten Operator in einem endlichdimensionalen eukli-dischen Vektorraum eine Orthonormalbasis aus Eigenvektoren zu finden.

Definition: Es sei $(V, \langle \cdot , \cdot \rangle)$ ein euklidischer Vektorraum. Ein Operator oder Endomorphismus $f : V \to V$ heißt *selbstadjungiert*, wenn

$$\langle f(v), w \rangle = \langle v, f(w) \rangle$$

für alle $v, w \in V$ gilt.

Zwei unmittelbare Folgerungen aus der Selbstadjungiertheitsbedingung lassen die Chancen für eine orthonormale Basis aus Eigenvektoren zunächst sehr gut erscheinen, es gilt nämlich:

Bemerkung 1: Eigenvektoren v und w eines selbstadjungierten Operators f zu Eigenwerten $\lambda \neq \mu$ stehen senkrecht aufeinander.

BEWEIS: Aus $\langle f(v), w \rangle = \langle v, f(w) \rangle$ ergibt sich $\langle \lambda v, w \rangle = \langle v, \mu w \rangle$, also $(\lambda - \mu)\langle v, w \rangle = 0$ und daher $\langle v, w \rangle = 0$ wegen $\lambda - \mu \neq 0$. $\square$

Bemerkung 2: Ist v Eigenvektor des selbstadjungierten Operators $f : V \to V$, so ist der Untervektorraum

$$v^\perp := \{ w \in V \mid w \perp v \}$$

invariant unter f, d.h. es gilt $f(v^\perp) \subset v^\perp$.

BEWEIS: Aus $\langle w, v \rangle = 0$ folgt auch $\langle f(w), v \rangle = 0$, denn

$$\langle f(w), v \rangle = \langle w, f(v) \rangle$$

wegen der Selbstadjungiertheit, und $\langle w, f(v) \rangle = \langle w, \lambda v \rangle = \lambda \langle w, v \rangle = 0$ nach Voraussetzung. $\square$

Folgt daraus nicht schon die Existenz einer ON-Basis aus Eigenvektoren durch Induktion nach der Dimension des Raumes V? Ist v zunächst irgend ein Eigenvektor des selbstadjungierten Operators $f : V \to V$ und $\dim V = n$, so gibt es nach Induktionsannahme eine ON-Basis $(v_1, \ldots, v_{n-1})$ aus Eigenvektoren des natürlich ebenfalls selbstadjungierten Operators

$$f|v^\perp : v^\perp \longrightarrow v^\perp,$$

und wir brauchen nur $v_n := v/\|v\|$ zu setzen und haben die gewünschte ON-Basis $(v_1, \ldots, v_n)$?

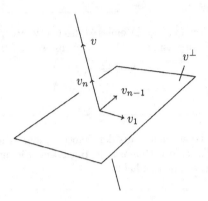

Wir dürften schon so schließen, wenn wir nur sicher sein könnten, dass es "irgend einen" Eigenvektor v immer gibt! Das ist nun nicht ebenso trivial wie die obigen beiden Notizen, aber es ist wahr, und im kommenden Abschnitt 10.2 werden wir es mit beweisen.

10.2 SYMMETRISCHE MATRIZEN

Bezüglich einer Basis $(v_1, \ldots, v_n)$ eines Vektorraumes V über $\mathbb{K}$ lässt sich jeder Endomorphismus $f : V \to V$, wie wir wissen, durch eine Matrix $A : \mathbb{K}^n \to \mathbb{K}^n$ beschreiben, nämlich vermöge des kommutativen Diagramms

$$
\begin{array}{ccc}
V & \xrightarrow{\; f \;} & V \\[4pt]
\Phi \big\uparrow \cong & & \Phi \big\uparrow \cong \\[4pt]
\mathbb{K}^n & \xrightarrow{\; A \;} & \mathbb{K}^n
\end{array}
$$

in dem $\Phi := \Phi_{(v_1, \ldots, v_n)}$ den von uns so genannten *Basisisomorphismus* bezeichnet, der eben die kanonischen Einheitsvektoren e_j auf $\Phi(e_j) = v_j$ abbildet. Verfolgen wir e_j auf den beiden Wegen von links unten nach rechts oben, so sehen wir

$$
\begin{array}{ccccl}
e_j & \mapsto & v_j & \mapsto & f(v_j) \qquad \text{bzw.} \\
e_j & \mapsto & Ae_j & \mapsto & \sum_{i=1}^{n} a_{ij}v_i,
\end{array}
$$

weil nämlich Ae_j bekanntlich die j-te *Spalte* von A ist, also muss

$$
f(v_j) = \sum_{i=1}^{n} a_{ij}v_i
$$

gelten. Durch diese Formel wird übrigens die zu f gehörige Matrix oft *definiert*, was zwar schnell geht, aber wegen der befremdlichen und motivierungsbedürftigen Stellung der Indices doch nicht so nett ist. — Soviel zur Erinnerung und zur Einleitung der folgenden

---

Bemerkung 3: Ist $(V, \langle \cdot\ , \cdot \rangle)$ ein euklidischer Vektorraum und $(v_1, \ldots, v_n)$ eine Orthonormalbasis von V, so ist die Matrix A eines Endomorphismus $f : V \to V$ durch

$$
a_{ij} = \langle v_i, f(v_j) \rangle
$$

gegeben.

BEWEIS: Wie jeden Vektor kann man auch $f(v_j)$ nach der ON-Basis entwickeln und erhält $f(v_j) = \sum_{i=1}^{n} \langle v_i, f(v_j) \rangle v_i$, woraus sich die Behauptung (gelesen für festes j als Formel für die j-te Spalte) ergibt. $\qquad \square$

Korollar: Ist $(v_1, \ldots, v_n)$ eine Orthonormalbasis des euklidischen Vektorraums V, so ist ein Operator $f : V \to V$ genau dann selbstadjungiert, wenn seine Matrix A bezüglich $(v_1, \ldots, v_n)$ *symmetrisch* ist, d.h. $a_{ij} = a_{ji}$ erfüllt.

Beweis: Wegen $a_{ij} = \langle v_i, f(v_j) \rangle$ ist die Symmetrie jedenfalls notwendig für die Selbstadjungiertheit. Sie ist aber auch hinreichend, denn wenn die Selbstadjungiertheitsbedingung für die Basisvektoren erfüllt ist,

$$
\langle f(v_i), v_j \rangle = \langle v_i, f(v_j) \rangle,
$$

was ja eben $a_{ji} = a_{ij}$ bedeutet, dann auch für beliebige Vektoren, weil das Skalarprodukt bilinear ist:

$$\langle f(v), w \rangle = \langle f(\Sigma x_i v_i), \Sigma y_j v_j \rangle$$
$$= \Sigma\Sigma x_i y_j \langle f(v_i), v_j \rangle$$
$$= \Sigma\Sigma x_i y_j \langle v_i, f(v_j) \rangle$$
$$= \langle v, f(w) \rangle. \qquad \square$$

Symmetrische Matrizen und selbstadjungierte Operatoren in endlichdimensionalen euklidischen Räumen sind also nahe verwandt, und im Spezialfall $V := \mathbb{R}^n$ mit dem Standard-Skalarprodukt $\langle x, y \rangle := \Sigma x_i y_i$ sind sie überhaupt dasselbe — was man auch ohne obiges Korollar aus

$$\langle Ax, y \rangle = \sum_{i,j=1}^{n} a_{ij} x_i y_j$$

ablesen kann. Allgemeine Aussagen über selbstadjungierte Operatoren sind also immer auch Aussagen über symmetrische Matrizen, und oft ist auch der umgekehrte Weg gangbar, insbesondere werden wir ihn jetzt gleich beim Beweis unserers Haupthilfssatzes für die Hauptachsentransformation beschreiten:

Hilfssatz: Jeder selbstadjungierte Endomorphismus eines n-dimensionalen euklidischen Vektorraums V mit $n > 0$ hat einen Eigenvektor.

Beweis: Es genügt, den Satz für symmetrische reelle $n \times n$-Matrizen

$$A : \mathbb{R}^n \longrightarrow \mathbb{R}^n$$

zu beweisen, denn ist $A := \Phi \circ f \circ \Phi^{-1}$ die Matrix eines selbstadjungierten Operators $f : V \to V$ bezüglich einer ON-Basis, so ist A symmetrisch, und ist $x \in \mathbb{R}^n$ ein Eigenvektor von A zum Eigenwert $\lambda \in \mathbb{R}$, so ist auch $v := \Phi(x)$ ein Eigenvektor von f zum Eigenwert λ. — Die Eigenwerte sind die Nullstellen des charakteristischen Polynoms. Wie können wir zeigen, dass es ein $\lambda \in \mathbb{R}$ mit $P_A(\lambda) = 0$ gibt?

Reelle Polynome brauchen in $\mathbb{R}$ keine Nullstelle zu haben, aber wem würde an diesem Punkte der Erörterung nicht der einzige Existenzsatz für Polynom-Nullstellen einfallen, den wir haben, nämlich der Fundamentalsatz der Algebra? Danach gibt es jedenfalls eine *komplexe* Zahl

$$\lambda = \gamma + i\omega \in \mathbb{C}$$

mit $P_A(\lambda) = 0$. Diese komplexe Zahl ist deshalb ein Eigenwert des durch dieselbe Matrix A gegebenen Endomorphismus

$$A : \mathbb{C}^n \longrightarrow \mathbb{C}^n$$

des *komplexen* Vektorraums $\mathbb{C}^n$, d.h. es gibt einen von Null verschiedenen Vektor

$$z = \begin{pmatrix} z_1 \\ \vdots \\ z_n \end{pmatrix} = \begin{pmatrix} x_1 + iy_1 \\ \vdots \\ x_n + iy_n \end{pmatrix} \in \mathbb{C}^n$$

mit $Az = \lambda z$, also $A \cdot (x + iy) = (\gamma + i\omega)(x + iy)$, oder, nach Real- und Imaginärteilen sortiert:

$$Ax = \gamma x - \omega y \quad \text{und}$$
$$Ay = \gamma y + \omega x.$$

Freilich wissen wir im Augenblick nicht, ob uns die Betrachtung dieses komplexen Eigenvektors etwas helfen kann oder ob wir nicht schon längst vom Thema abgeirrt sind. Aber bisher haben wir die *Symmetrie* der Matrix A noch gar nicht ausgenutzt, und bevor wir die beiden Vektoren $x, y \in \mathbb{R}^n$ als unbrauchbar beiseite legen, werden wir doch wenigstens einmal hinschreiben, was uns die Symmetriebedingung

$$\langle Ax, y \rangle = \langle x, Ay \rangle$$

etwa noch zu sagen hat, nämlich

$$\langle \gamma x - \omega y, y \rangle = \langle x, \gamma y + \omega x \rangle$$

also

$$\gamma \langle x, y \rangle - \omega \langle y, y \rangle = \gamma \langle x, y \rangle + \omega \langle x, x \rangle$$

oder

$$\omega \cdot (\|x\|^2 + \|y\|^2) = 0,$$

und da $x + iy = z \neq 0$ war, folgt daraus $\omega = 0$, mithin $\lambda = \gamma \in \mathbb{R}$. Also hat das charakteristische Polynom doch eine reelle Nullstelle! Na, gut dass wir diesen letzten Versuch noch gemacht haben, denn das wollten wir ja beweisen. $\qquad\square$

10.3 DIE HAUPTACHSENTRANSFORMATION
FÜR SELBSTADJUNGIERTE ENDOMORPHISMEN

Schon in 10.1 hatten wir gesehen, wie aus der Existenz von Eigenvektoren
die Existenz einer Orthonormalbasis aus Eigenvektoren für selbstadjungierte
Operatoren folgen würde. Nun, nach bewiesenem Hilfssatz, wollen wir's in
den Haupttext aufnehmen und schreiben

Satz: Ist $(V, \langle \, \cdot \, , \, \cdot \, \rangle)$ ein endlichdimensionaler euklidischer Vektorraum
und $f : V \to V$ ein selbstadjungierter Endomorphismus, so gibt es eine
Orthonormalbasis aus Eigenvektoren von f.

Beweis: Induktion nach $n = \dim V$. Für $n = 0$ ist der Satz trivial
(leere Basis). Induktionsschluss : Sei $n \geq 1$. Nach dem Hilfssatz gibt
es einen Eigenvektor v und nach der Induktionsannahme eine Orthonormalbasis $(v_1, \ldots, v_{n-1})$ aus Eigenvektoren für

$$f|v^\perp : v^\perp \longrightarrow v^\perp.$$

Setze $v_n := \frac{v}{\|v\|}$. Dann ist $(v_1, \ldots, v_n)$ die gesuchte Basis. $\square$

**Korollar (Hauptachsentransformation selbstadjungierter Ope-
ratoren):** Zu einem selbstadjungierten Endomorphismus $f : V \to V$
eines n-dimensionalen euklidischen Vektorraumes lässt sich stets eine
orthogonale Transformation

$$P : \mathbb{R}^n \xrightarrow{\;\cong\;} V$$

finden ("Hauptachsentransformation"), welche f in eine Diagonalmatrix $D := P^{-1} \circ f \circ P$ der Gestalt

$$D = \begin{pmatrix} \lambda_1 & & & & & \\ & \ddots & & & & \\ & & \lambda_1 & & & \\ & & & \ddots & & \\ & & & & \lambda_r & \\ & & & & & \ddots \\ & & & & & & \lambda_r \end{pmatrix}$$

überführt, worin $\lambda_1, \ldots, \lambda_r$ die verschiedenen Eigenwerte von f sind,
jeder so oft in der Diagonalen aufgeführt, wie es seiner geometrischen
Vielfachheit entspricht.

Um ein solches P zu erhalten, nimmt man einfach eine Orthonormal-basis aus Eigenvektoren, so geordnet, dass die Eigenvektoren zum selben Eigenwert jeweils nebeneinander stehen. Dann hat der Basisisomorphismus $\Phi_{(v_1,\ldots,v_n)} =: P$ die gewünschte Eigenschaft. — Insbesondere für $V := \mathbb{R}^n$ mit dem üblichen Skalarprodukt:

Korollar (Hauptachsentransformation der symmetrischen reellen Matrizen): Ist A eine symmetrische reelle $n \times n$-Matrix, so gibt es eine orthogonale Transformation $P \in O(n)$, so dass $D := P^{-1}AP$ eine Diagonalmatrix mit den Eigenwerten von A in der Diagonalen ist, jeder so oft aufgeführt, wie seine geometrische Vielfachheit angibt.

Im Hinblick auf eine gewisse wichtige Verallgemeinerung schließlich, die Sie in einem späteren Semester einmal in der Funktionalanalysis kennenlernen werden, würde die folgende Fassung gerade die "richtige" sein:

Korollar (Spektraldarstellung selbstadjungierter Operatoren): Ist $f : V \to V$ ein selbstadjungierter Endomorphismus eines endlichdimensionalen euklidischen Vektorraums, dann gilt

$$f = \sum_{k=1}^{r} \lambda_k P_k,$$

wobei $\lambda_1, \ldots, \lambda_r$ die verschiedenen Eigenwerte sind und $P_k : V \to V$ jeweils die Orthogonalprojektion auf den Eigenraum E_{λ_k} bezeichnet.

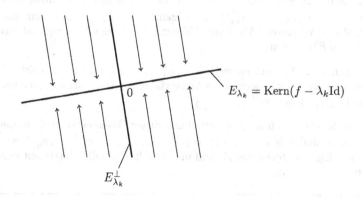

$$E_{\lambda_k} = \mathrm{Kern}(f - \lambda_k \mathrm{Id})$$

$$E_{\lambda_k}^{\perp}$$

Beweis: Es genügt zu zeigen, dass beide Seiten auf Eigenvektoren von f dieselbe Wirkung haben, denn es gibt ja eine *Basis* aus Eigenvektoren. Sei also v ein Eigenvektor zum Eigenwert λ_j. Dann ist $f(v) = \lambda_j v$ und

$$P_k(v) = \begin{cases} v & \text{für } k = j, \\ 0 & \text{für } k \neq j, \end{cases}$$

weil Eigenvektoren zu verschiedenen Eigenwerten senkrecht aufeinander stehen. Also ist auch $\sum_{k=1}^{r} \lambda_k P_k(v) = \lambda_j v$. □

Wenn man die Hauptachsentransformation *praktisch* durchzuführen hat, wird der selbstadjungierte Endomorphismus meist schon als symmetrische Matrix A gegeben sein, andernfalls nehme man eine beliebige orthonormale Basis zur Hand und stelle f durch eine symmetrische Matrix A dar. Das "Rezept" für die Durchführung der Hauptachsentransformation heißt dann:

Rezept: Sei A eine reelle symmetrische $n \times n$-Matrix. Um eine Hauptachsentransformation $P \in O(n)$ für A aufzufinden, führe man die folgenden vier Schritte durch:

1. Schritt: Man bilde das charakteristische Polynom

$$P_A(\lambda) := \det(A - \lambda E)$$

und bestimme dessen verschiedene Nullstellen $\lambda_1, \ldots, \lambda_r$, also die Eigenwerte von A.

2. Schritt: Für jedes $k = 1, \ldots, r$ bestimme man eine Basis, nennen wir sie $(w_1^{(k)}, \ldots, w_{n_k}^{(k)})$, des Eigenraumes E_{λ_k}, indem man das Gaußsche Verfahren (Abschnitt 7.5) zur Lösung des Gleichungssystems $(A - \lambda_k E)x = 0$ anwendet.

3. Schritt: Man orthonormalisiere $(w_1^{(k)}, \ldots, w_{n_k}^{(k)})$ mittels des Erhard Schmidtschen Orthonormalisierungsverfahrens (Abschnitt 8.2) zu einer Orthonormalbasis $(v_1^{(k)}, \ldots, v_{n_k}^{(k)})$.

4. Schritt: Durch Aneinanderreihung dieser Basen entsteht dann die Orthonormalbasis $(v_1, \ldots, v_n) := (v_1^{(1)}, \ldots, v_{n_1}^{(1)}, \ldots, v_1^{(r)}, \ldots, v_{n_r}^{(r)})$ von V aus Eigenvektoren von A, und man erhält P als die Matrix mit den Spalten $v_1, \ldots, v_n$:

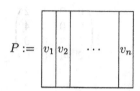

$$P := \begin{array}{|c|c|c|c|} \hline v_1 & v_2 & \cdots & v_n \\ \hline \end{array}$$

10.4 TEST

(1) Ein Endomorphismus f eines euklidischen Vektorraums heißt selbstadjungiert, wenn

$\square$ $\langle f(v), f(w)\rangle = \langle v, w\rangle$
$\square$ $\langle v, f(w)\rangle = \langle f(v), w\rangle$
$\square$ $\langle f(v), w\rangle = \langle w, f(v)\rangle$

für alle $v, w \in V$ gilt.

(2) Sind $\lambda_1, \ldots, \lambda_r$ Eigenwerte eines selbstadjungierten Endomorphismus, $\lambda_i \neq \lambda_j$ für $i \neq j$, und v_i Eigenvektor zu λ_i, $i = 1, \ldots, r$, dann gilt für $i \neq j$

$\square$ $\lambda_i \perp \lambda_j$ $\qquad$ $\square$ $v_i \perp v_j$ $\qquad$ $\square$ $E_{\lambda_i} \perp E_{\lambda_j}$

(3) Sei V ein endlichdimensionaler euklidischer Vektorraum. Die Aussage, dass für jeden invarianten Untervektorraum $U \subset V$ auch $U^\perp$ invariant unter f ist, gilt für

$\square$ jeden selbstadjungierten
$\square$ jeden orthogonalen
$\square$ jeden

Endomorphismus von V.

(4) Welche der folgenden Matrizen ist symmetrisch

$$\square \begin{pmatrix} 0 & 0 & 1 & 2 \\ 0 & 0 & 3 & 4 \\ 1 & 2 & 0 & 0 \\ 3 & 4 & 0 & 0 \end{pmatrix} \qquad \square \begin{pmatrix} 0 & 0 & 1 & 2 \\ 0 & 0 & 3 & 4 \\ 1 & 3 & 0 & 0 \\ 2 & 4 & 0 & 0 \end{pmatrix} \qquad \square \begin{pmatrix} 1 & 2 & 0 & 0 \\ 3 & 4 & 0 & 0 \\ 0 & 0 & 4 & 2 \\ 0 & 0 & 3 & 1 \end{pmatrix}$$

(5) Sei A eine reelle $n \times n$-Matrix und $z \in \mathbb{C}^n$ ein komplexer Eigenvektor, $z = x + iy$ mit $x, y \in \mathbb{R}^n$, zu dem *reellen* Eigenwert λ. Sei ferner $y \neq 0$. Dann ist

$\square$ $y \in \mathbb{R}^n$ Eigenvektor von A zum Eigenwert λ

$\square$ $y \in \mathbb{R}^n$ Eigenvektor von A zum Eigenwert $i\lambda$

$\square$ $y \in \mathbb{R}^n$, falls $x \neq 0$, *kein* Eigenvektor von A.

(6) Die Hauptachsentransformation für eine reelle symmetrische Matrix A auszuführen, heißt

$\square$ Eine symmetrische Matrix P zu finden, so dass $P^{-1}AP$ Diagonalgestalt hat

$\square$ Eine orthogonale Matrix $P \in O(n)$ zu finden, so dass $P^{-1}AP$ Diagonalgestalt hat

$\square$ Eine invertierbare Matrix $P \in GL(n, \mathbb{R})$ zu finden, so dass $P^{-1}AP$ Diagonalgestalt hat.

(7) Sei V ein n-dimensionaler euklidischer Vektorraum, $U \subset V$ ein k-dimensionaler Untervektorraum. Wann ist die Orthogonalprojektion $P_U : V \to U$ selbstadjungiert?

$\square$ Stets

$\square$ Nur für $0 < k \leq n$

$\square$ Nur für $0 \leq k < n$

(8) Gibt es ein Skalarprodukt auf $\mathbb{R}^2$, in dem die Scherung $\begin{pmatrix} 1 & 1 \\ 0 & 1 \end{pmatrix}$ selbstadjungiert ist?

$\square$ Nein, da $\begin{pmatrix} 1 & 1 \\ 0 & 1 \end{pmatrix}$ nicht diagonalisierbar ist

$\square$ Ja, man setze $\langle x, y \rangle := x_1 y_1 + x_1 y_2 + x_2 y_2$

$\square$ Ja, das Standard-Skalarprodukt hat bereits diese Eigenschaft

(9) Sei $f : V \to V$ ein selbstadjungierter Operator und $(v_1, \ldots, v_n)$ eine Basis aus Eigenvektoren mit $\| v_i \| = 1$ für $i = 1, \ldots, n$. Ist dann $(v_1, \ldots, v_n)$ bereits eine ON-Basis?

☐ Ja, nach Definition des Begriffes Orthonormalbasis.

☐ Ja, da Eigenvektoren selbstadjungierter Operatoren senkrecht aufeinander stehen

☐ Nein, da die Eigenräume nicht eindimensional zu sein brauchen

(10) Hat eine symmetrische reelle $n \times n$-Matrix nur einen Eigenwert λ, dann ist

☐ A bereits in Diagonalgestalt

☐ $a_{ij} = \lambda$ für alle $i, j = 1, \ldots, n$.

☐ $n = 1$

10.5 LITERATURHINWEIS

Welche Bandbreite der akademische Unterricht in linearer Algebra derzeit in Deutschland hat, weiß ich nicht, und ich glaube auch nicht, dass es jemand anders weiß, denn wer hätte gleichzeitig einen Anlass und die Mittel, das festzustellen? Außerdem fühlen sich in jedem Semester Dozenten wieder von neuem herausgefordert, die Aufgabe in origineller Weise zu lösen, und das ist auch gut so.

Die neueren oder gängigen älteren deutschsprachigen Lehrbücher ergeben zusammen mit dem, was man gelegentlich so erfährt, aber doch ein gewisses Bild, und ich möchte vermuten, dass die folgenden Ihnen hiermit empfohlenen Beispiele einen guten Teil des Spektrums überdecken.

Etwa denselben Stoff wie im vorliegenden Skriptum, nämlich lineare Algebra ohne analytische Geometrie, behandeln die beiden Bände [14] von F. Lorenz. Zwar ist das Niveau etwas höher angesetzt und der Inhalt, da er für zwei Semester gedacht ist, natürlich etwas umfangreicher, aber die beiden Bücher sind sehr schön lesbar.

Die analytische Geometrie finden Sie zum Beispiel in dem Fortsetzungsband [4] des schon erwähnten bekannten Buches [3] von G. Fischer.

Auch von R. Walter liegt je ein Band für das erste und das zweite Semester vor, [21] und [22]. Hier enthält der zweite Band außer analytischer Geometrie auch die z.B. für die Vektoranalysis so wichtige multilineare Algebra.

Das Buch [15] von Niemeyer und Wermuth, erschienen in einer Reihe mit dem Titel *Rechnerorientierte Ingenieurmathematik*, behandelt, wie die Autoren im Vorwort formulieren, die grundlegenden Teile der Theorie, sowie die wichtigsten numerischen Verfahren der linearen Algebra in einheitlichem Zusammenhang.

Lineare Algebra und die affine, die euklidische, die projektive und die nichteuklidische Geometrie bietet das inhaltsreiche, niveauvolle Buch [7] von W. Klingenberg dar.

Und schließlich sei Ihnen das bunte und reichhaltige Buch [9] von M. Koecher empfohlen, mit seinen vielen historischen Hinweisen und Berichten und vielen sonst nicht zu findenden interessanten Einzelheiten.

10.6 Übungen

Übungen für Mathematiker:

Aufgabe 10.1: Man führe die Hauptachsentransformation für die symmetrische Matrix

$$A = \begin{pmatrix} 2 & 1 & 1 \\ 1 & 2 & -1 \\ 1 & -1 & 2 \end{pmatrix}$$

durch, d.h. man bestimme eine *orthogonale* Matrix $P \in O(3)$, so dass $P^t A P$ Diagonalgestalt hat.

Aufgabe 10.2: Es sei V ein endlichdimensionaler reeller Vektorraum. Man zeige, dass ein Endomorphismus $f : V \to V$ genau dann diagonalisierbar ist wenn ein Skalarprodukt $\langle \cdot , \cdot \rangle$ auf V existiert, für welches f selbstadjungiert ist.

AUFGABE 10.3: Sei V ein euklidischer Vektorraum und $U \subset V$ ein endlich-dimensionaler Untervektorraum. Man zeige, dass die Orthogonalprojektion $P_U : V \to U$ selbstadjungiert ist und bestimme ihre Eigenwerte und Eigenräume.

DIE $*$-AUFGABE:

AUFGABE 10^*: Sei V ein endlichdimensionaler euklidischer Vektorraum. Man beweise, dass zwei selbstadjungierte Endomorphismen $f, g : V \to V$ genau dann durch dieselbe orthogonale Transformation $P : \mathbb{R}^n \cong V$ in Diagonalgestalt gebracht werden können, wenn sie kommutieren, d.h. wenn $f \circ g = g \circ f$ gilt.

ÜBUNGEN FÜR PHYSIKER:

AUFGABE 10.1P: $=$ Aufgabe 10.1 (für Mathematiker)

AUFGABE 10.2P: Man führe die Hauptachsentransformation für die symmetrische Matrix

$$A = \begin{pmatrix} \cos\varphi & \sin\varphi \\ \sin\varphi & -\cos\varphi \end{pmatrix}$$

durch.

AUFGABE 10.3P: Man bestimme die Dimension des Untervektorraums $\mathrm{Sym}(n, \mathbb{R})$ von $M(n \times n, \mathbb{R})$.

11. Klassifikation von Matrizen

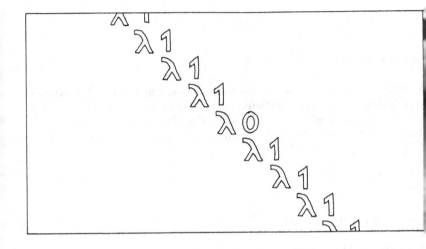

11.1 WAS HEISST "KLASSIFIZIEREN"?

Um eine Übersicht über eine große und vielleicht komplizierte Gesamtheit
mathematischer Objekte zu erhalten, ist es oft notwendig, gewisse in dem
betreffenden Zusammenhang unwesentliche Eigenschaften dieser Objekte zu
ignorieren und sich dann um eine Übersicht darüber zu bemühen, wieviele
und welche wesentlich verschiedene Objekte vorkommen. Welche Eigenschaften man als "wesentlich" und welche man als "unwesentlich" betrachtet
ist natürlich weitgehend Willkür und hängt eben davon ab, welche Art von
Übersicht man gewinnen möchte. Was soll aber heißen, einige Eigenschaften
"zu ignorieren"? Und wie formalisiert man die Begriffe "wesentlich gleich"
und "wesentlich verschieden" soweit, dass sie mathematisch praktikabel werden? Gerade diese Formalisierung ist Gegenstand der ersten Definition. Wir
gehen dabei davon aus, dass die zu klassifizierenden Objekte eine Menge M
bilden, eine Menge von Matrizen zum Beispiel oder eine Menge von Teilmengen des $\mathbb{R}^n$ oder dergleichen.

Definition: Sei M eine Menge. Unter einer *Äquivalenzrelation* auf M versteht man eine Relation (also formal eine Teilmenge $R \subset M \times M$, aber statt $(x, y) \in R$ schreibt man $x \sim y$ und spricht von der "Äquivalenzrelation $\sim$"), welche die folgenden drei Axiome erfüllt:

(1) Reflexivität: $x \sim x$ für alle $x \in M$

(2) Symmetrie: $x \sim y \iff y \sim x$

(3) Transitivität: $x \sim y$ und $y \sim z \implies x \sim z$.

Beispiel: Sei V ein Vektorraum über $\mathbb{K}$, $U \subset V$ ein Untervektorraum. Wir definieren $\sim_U$ auf V durch

$$x \sim_U y :\iff x - y \in U.$$

Dann ist $\sim_U$ eine Äquivalenzrelation.

BEWEIS:

(1) Reflexivität: $x \sim_U x$, denn $x - x = 0 \in U$.

(2) Symmetrie: $x \sim_U y \iff x - y \in U \iff y - x \in U$ $\iff y \sim_U x$.

(3) Transitivität: $x \sim_U y$ und $y \sim_U z \implies x - y \in U$ und $y - z \in U \implies (x - y) + (y - z) = x - z \in U$ also auch $x \sim_U z$. $\square$

Definition: Sei $\sim$ eine Äquivalenzrelation auf M. Für $x \in M$ heißt die Teilmenge $[x] := \{y \mid x \sim y\} \subset M$ die *Äquivalenzklasse* von x bezüglich $\sim$.

Bemerkung:

(i) $\bigcup_{x \in M} [x] = M$.

(ii) $[x] \cap [y] \neq \emptyset \iff x \sim y \iff [x] = [y]$

BEWEIS: (i): Ist trivial, weil $x \in [x]$ wegen Axiom 1. Zu (ii):

$[x] \cap [y] \neq \varnothing \Rightarrow$ Es gibt ein $z \in [x] \cap [y]$

$\Rightarrow$ Es gibt ein z mit $x \sim z$ und $y \sim z$

$\Rightarrow$ Es gibt ein z mit $x \sim z$ und $z \sim y$ (Axiom 2)

$\Rightarrow x \sim y$ (Axiom 3)

Andererseits:

$$x \sim y \Rightarrow (x \sim a \Longleftrightarrow y \sim a) \quad \text{(Axiome 2,3)}$$
$$\Rightarrow [x] = [y] \quad \text{(Definition [..])}.$$

Schließlich:

$$[x] = [y] \Rightarrow x \in [x] \cap [y] \quad \text{(Axiom 1)}$$
$$\Rightarrow [x] \cap [y] \neq \varnothing$$

$\square$

Aus naheliegendem Grund nennt man eine Menge von nichtleeren Teilmengen von M, deren je zwei disjunkt sind und deren Vereinigung ganz M ist, eine *Zerlegung* von M. Die Menge $\{[x] \mid x \in M\}$ der Äquivalenzklassen ist also z.B. eine solche Zerlegung.

Beispiel: Ist U ein Untervektorraum von V und $\sim_U$ auf V wie oben durch $x \sim_U y :\Longleftrightarrow x - y \in U$ erklärt, so sind die Äquivalenzklassen gerade die "Nebenklassen" von U, d.h. $[x] = x + U = \{x + u \mid u \in U\}$.

Obwohl natürlich häufig genug M unendlich viele Elemente hat und $\sim$ die Menge in unendliche viele Äquivalenzklassen "zerlegt", soll man sich ruhig vorstellen, dass es im Allgemeinen viel weniger Äquivalenzklassen als Elemente in M gibt. Die extreme Situation in dieser Art bietet die triviale Äquivalenzrelation $M \times M$, d.h. $x \sim y$ für alle $x, y \in M$. Dann gibt es überhaupt nur eine Äquivalenzklasse, und das ist M selbst: $[x] = M$ für alle $x \in M$.

Definition: Ist $\sim$ eine Äquivalenzrelation auf M, so nennt man die Menge $M/\sim := \{[x] \mid x \in M\}$ der Äquivalenzklassen den *Quotienten* von M nach $\sim$; und die Abbildung $\pi : M \to M/\sim$, die jeweils $x \mapsto [x]$ abbildet, heißt die *kanonische Projektion* der Äquivalenzrelation $\sim$.

Die Wahl einer Äquivalenzrelation auf M ist die Formalisierung der Wahl des Gesichtspunktes, unter dem man eine Übersicht ("Klassifikation") über M gewinnen möchte: $x \sim y$ ist unsere Formalisierung von "x und y sind im wesentlichen gleich". Wie formalisieren wir nun den "Überblick" selbst?

Nun, so ganz genau möchte ich das lieber nicht formalisieren. "Klassifikation" ist eben kein rigoros definierter Terminus, sondern enthält etwas von der sprachlichen Unbestimmtheit des Wortes "Übersicht". Aber soviel kann man sagen: Eine Klassifikation von M nach $\sim$ besteht in einem Verständnis von $M/\sim$ und möglichst auch von $\pi : M \to M/\sim$. Ein ausführlicher Erklärungsversuch mit Beispielen folgt.

Erklärungsversuch: Sei $\sim$ eine Äquivalenzrelation auf einer Menge M. Die Menge M nach $\sim$ oder, wie man sagt, "bis auf $\sim$" zu klassifizieren heißt, $M/\sim$ und möglichst auch die Abbildung $\pi : M \to M/\sim$ zu "verstehen", zu "durchschauen", zu "überblicken", "in den Griff zu bekommen" etc. Zwei häufige Varianten, dieses zunächst etwas vage Konzept zu realisieren, sind

(a) Die Klassifikation durch charakteristische Daten
(b) Die Klassifikation durch Repräsentanten.

(a) Klassifikation durch charakteristische Daten: Besteht im wesentlichen darin, eine "wohlbekannte" Menge D (etwa die Menge $\mathbb{Z}$ der ganzen Zahlen oder dergleichen) und eine Abbildung $c : M \to D$ zu finden, so dass aus $x \sim y$ stets $c(x) = c(y)$ folgt, c also eine "$\sim$-Invariante" ist und zwar so, dass die deshalb wohldefinierte Abbildung

$$M/\sim \longrightarrow D$$
$$[\,x\,] \longmapsto c(x)$$

sogar bijektiv ist. Es gilt dann offenbar insbesondere

$$x \sim y \Longleftrightarrow c(x) = c(y)$$

(Injektivität), und deshalb nennt man $c(x)$ ein "charakteristisches Datum" für x bezüglich $\sim$.

Man "versteht" dann $M/\sim$ und π in dem Sinne, dass man ja c und D "versteht" und

$$
\begin{array}{ccc}
 & M & \\
\pi \downarrow & & \searrow c \\
M/\sim & \underset{\cong}{\longrightarrow} & D
\end{array}
$$

kommutativ ist.

BEISPIEL: Sei V ein Vektorraum über $\mathbb{K}$, und sei M die Menge aller endlichen Teilmengen von V. Für $X, Y \in M$ werde definiert: $X \sim Y$:$\Longleftrightarrow$ Es gibt eine bijektive Abbildung $f : X \to Y$. Dann erhält man eine Klassifikation von M nach $\sim$ durch charakteristische Daten, indem man setzt: $D := \mathbb{N}$ und $c(X) :=$ Anzahl der in X enthaltenen Elemente.

(b) Klassifikation durch Repräsentanten: Besteht im wesentlichen darin, eine "überschaubare" Teilmenge $M_0 \subset M$ anzugeben, so dass $\pi | M_0 : M_0 \to M/\sim$ bijektiv ist, dass es also zu jedem $x \in M$ genau ein $x_0 \in M_0$ mit $x \sim x_0$ gibt.

Man "versteht" dann $M/\sim$ in dem Sinne, dass man von jedem $[x]$ einen "Repräsentanten" x_0 kennt und weiß, dass verschiedene Repräsentanten verschiedene Äquivalenzklassen repräsentieren. Wenn man noch angeben kann, *wie* man zu jedem $x \in M$ den zugehörigen "Repräsentanten" x_0 finden kann ($x \sim x_0 \in M_0$), um so besser.

BEISPIEL: Wir betrachten die Menge

$$M := \{(x, U) \mid x \in \mathbb{R}^2 \text{ und } U \subset \mathbb{R}^2 \text{ 1-dimensionaler Untervektorraum}\}.$$

Darin definieren wir eine Relation $\sim$ durch $(x, U) \sim (y, V)$:$\Longleftrightarrow$ Es gibt einen Isomorphismus φ von $\mathbb{R}^2$ auf sich mit $\varphi(x) = y$ und $\varphi(U) = V$. Dann ist durch $\sim$ eine Äquivalenzrelation auf M gegeben. Ist nun $M_0 \subset M$ die Menge, die aus den drei Elementen $((0,0), \mathbb{R} \times 0)$, $((1,0), \mathbb{R} \times 0)$ und $((0,1), \mathbb{R} \times 0)$ besteht,

so ist, wie man sich leicht überlegen kann, $\pi | M_0 : M_0 \to M/\sim$ bijektiv, und zwar ist

$$(x, U) \sim ((0,0), \mathbb{R} \times 0) \Longleftrightarrow x = 0$$
$$(x, U) \sim ((1,0), \mathbb{R} \times 0) \Longleftrightarrow x \neq 0,\ x \in U$$
$$(x, U) \sim ((0,1), \mathbb{R} \times 0) \Longleftrightarrow x \notin U$$

Damit haben wir eine Klassifikation durch Repräsentanten durchgeführt.

Die folgenden vier Abschnitte 11.2-11.5 handeln von vier Klassifikationsproblemen für Matrizen.

11.2 DER RANGSATZ

Bisher haben wir in mehr allgemeiner Weise über "Äquivalenz" gesprochen. In der Matrizenrechnung wird das Wort auch in einem engeren Sinne verwendet:

Definition: Zwei $m \times n$-Matrizen $A, B \in M(m \times n, \mathbb{K})$ heißen *äquivalent* (in engerem Sinne), geschrieben $A \sim B$, wenn es invertierbare Matrizen P und Q gibt, so dass das Diagramm

$$
\begin{array}{ccc}
\mathbb{K}^n & \xrightarrow{\ A\ } & \mathbb{K}^m \\[4pt]
P \uparrow \cong & & \cong \uparrow Q \\[4pt]
\mathbb{K}^n & \xrightarrow{\ B\ } & \mathbb{K}^m
\end{array}
$$

kommutativ ist, d.h. $B = Q^{-1}AP$ gilt.

Ersichtlich ist hierdurch eine Äquivalenzrelation auf $M(m \times n, \mathbb{K})$ erklärt, man braucht nur die drei definierenden Forderungen — Reflexivität, Symmetrie und Transitivität — in Gedanken durchzugehen. Es ist dies wohl die einfachste und gröbste Äquivalenzrelation für Matrizen, die von Interesse sein kann, die zugehörige Klassifikationsaufgabe ist leicht zu lösen, es gilt nämlich der

---

Rangsatz: Zwei $m \times n$-Matrizen A und B sind genau dann im obigen Sinne äquivalent, wenn sie denselben Rang haben.

Beweis: Dass äquivalente Matrizen denselben Rang haben müssen ist klar, da dann Bild B durch den Isomorphismus Q gerade auf Bild A abgebildet wird. Sei also nun umgekehrt nur $\operatorname{rg} A = \operatorname{rg} B$ vorausgesetzt. Dann finden wir P und Q so. Wir wählen zuerst eine Basis $v_1, \ldots, v_{n-r}$ von Kern B und ergänzen sie zu einer Basis $(v_1, \ldots, v_n)$ von ganz $\mathbb{K}^n$. Dann ist $(w_1, \ldots, w_r) := (Bv_{n-r+1}, \ldots, Bv_n)$ eine

Basis von Bild B, die wir nun zu einer Basis $(w_1, \ldots, w_m)$ von $\mathbb{K}^m$ ergänzen. Analog verfahren wir mit A und erhalten Basen $(v_1', \ldots, v_n')$ und $(w_1', \ldots, w_m')$ von $\mathbb{K}^n$ und $\mathbb{K}^m$. Seien nun P und Q die Isomorphismen, welche die ungestrichenen in die gestrichenen Basen überführen. Dann gilt $QB = AP$ für die Basisvektoren $v_1, \ldots, v_n$ und mithin für alle $v \in \mathbb{K}^n$.   □

Der Rang ist also ein charakteristisches Datum für die Klassifikation der $m \times n$-Matrizen bis auf Äquivalenz, und da alle Ränge von Null bis zum maximal möglichen Rang $r_{\max} := \min(m, n)$ auch vorkommen können, stiftet der Rang eine Bijektion $M(m \times n, \mathbb{K})/\!\sim \, \cong \{0, \ldots, r_{\max}\}$.

Zugleich können wir aber auch eine Klassifikation durch Repräsentanten oder *Normalformen*, wie man auch sagt, angeben. Wählen wir zum Beispiel die $m \times n$-Matrizen von der Gestalt

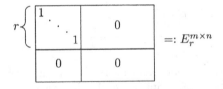

mit $0 \le r \le r_{\max} = \min(m, n)$ als Normalformen, so ist jede $m \times n$-Matrix A zu genau einer dieser Normalformen äquivalent, nämlich zu der mit dem gleichen Rang. Die Redeweise, A in die Normalform zu *bringen* oder zu *überführen* oder dergleichen bedeutet in diesem Zusammenhang eben, invertierbare Matrizen P und Q anzugeben, die uns $Q^{-1}AP = E_r^{n \times n}$ leisten. Der Beweis des Rangsatzes zeigt, wie man P und Q finden kann.

11.3 DIE JORDANSCHE NORMALFORM

Interessieren uns $n \times n$-Matrizen als *Endomorphismen* von $\mathbb{K}^n$, so werden wir mit der groben Klassifikation des vorigen Abschnitts nicht zufrieden sein, weil sie keine Rücksicht auf die feineren Eigenschaften der Endomorphismen nimmt, wie etwa auf die Eigenwerte und das charakteristische Polynom. Vielmehr ist der angemessene Äquivalenzbegriff jetzt die so genannte *Ähnlichkeit* von Matrizen:

Definition: Zwei $n \times n$-Matrizen A, B heißen *ähnlich*, wenn es eine invertierbare $n \times n$-Matrix P gibt, so dass das Diagramm

$$
\begin{CD}
\mathbb{K}^n @>A>> \mathbb{K}^n \\
@AAP\cong A @AA\cong P A \\
\mathbb{K}^n @>B>> \mathbb{K}^n
\end{CD}
$$

kommutativ ist, d.h. $B = P^{-1}AP$ gilt.

Auch Ähnlichkeit definiert offensichtlich eine Äquivalenzrelation. Ähnliche Matrizen sind erst recht "äquivalent" im Sinne des vorigen Abschnitts, aber die Umkehrung gilt nicht, z.B. weil ähnliche Matrizen jeweils dasselbe charakteristische Polynom haben.

Die Klassifikation der $n \times n$-Matrizen bis auf Ähnlichkeit ist nicht so einfach wie der Rangsatz, und ich werde das Resultat in diesem Skriptum für das erste Semester auch nicht beweisen, sondern nur mitteilen, und auch das nur für den Fall $\mathbb{K} := \mathbb{C}$, also für die Ähnlichkeitsklassifikation der *komplexen* $n \times n$-Matrizen. Aber auch wenn Sie den Beweis erst im zweiten Semester oder, wenn Sie nicht Mathematik studieren, vielleicht gar nicht kennenlernen werden, so gewinnen Sie aus dem Satz doch die richtige Vorstellung von den komplexen Endomorphismen. — Die einzelnen Bausteine der Normalformen haben folgende Gestalt:

Definition: Sei λ eine komplexe Zahl und $m \geq 1$. Die $m \times m$-Matrix

$$
J_m(\lambda) := \begin{pmatrix} \lambda & 1 & & \\ & \ddots & \ddots & \\ & & \ddots & 1 \\ & & & \lambda \end{pmatrix}
$$

heiße das Jordankästchen der Größe m zum Eigenwert λ.

Als Endomorphismus von $\mathbb{C}^m$ hat $J_m(\lambda)$ ersichtlich nur den einen Eigenwert λ, und die Dimension des Eigenraumes ist die kleinste, die ein Eigenraum überhaupt haben kann, nämlich Eins. Für $m \geq 2$ ist so ein Jordankästchen also nicht diagonalisierbar, ja man könnte sagen: so nichtdiagonalisierbar, wie eine komplexe $m \times m$-Matrix nur überhaupt sein kann.

Satz von der Jordanschen Normalform: Ist A eine komplexe $n \times n$-Matrix, und sind $\lambda_1, \dots, \lambda_r \in \mathbb{C}$ ihre verschiedenen Eigenwerte, so gibt es für jedes $k = 1, \dots, r$ eindeutig bestimmte positive natürliche Zahlen n_k und

$$m_1^{(k)} \leq m_2^{(k)} \leq \cdots \leq m_{n_k}^{(k)}$$

mit der Eigenschaft, dass es eine invertierbare komplexe $n \times n$-Matrix P gibt, für die $P^{-1}AP$ die "Blockmatrix" ist, welche durch Aneinanderreihung der Jordan-Kästchen

$$J_{m_1^{(1)}}(\lambda_1), \dots, J_{m_{n_1}^{(1)}}(\lambda_1), \dots, J_{m_1^{(r)}}(\lambda_r), \dots, J_{m_{n_r}^{(r)}}(\lambda_r)$$

längs der Diagonalen entsteht.

Abgesehen davon, dass es für die Eigenwerte einer komplexen Matrix keine bestimmte Reihenfolge gibt, liefert uns der Satz also eine Ähnlichkeitsklassifikation der komplexen $n \times n$-Matrizen durch Repräsentanten der Normalformen, und die Zuordnung, die jedem Eigenwert die geordnete Folge seiner Jordan-Kästchen-Größen zuordnet, ist ein charakteristisches Datum. Nur wenn alle diese Kästchengrößen gleich Eins sind, ist A diagonalisierbar.

Zum k-ten Eigenwert λ_k gehört also eine Blockmatrix, nennen wir sie B_k, aus n_k einzelnen Jordankästchen:

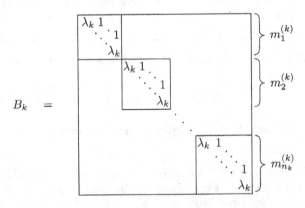

und die gesamte "Jordansche Normalform" von A ist dann

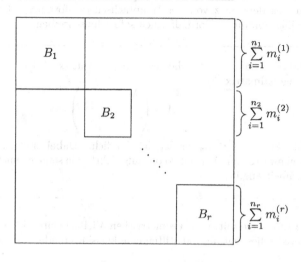

11.4 NOCHMALS DIE HAUPTACHSEN-TRANSFORMATION

Auch die Hauptachsentransformation der selbstadjungierten Operatoren in endlichdimensionalen euklidischen Vektorräumen löst ein Klassifikationsproblem für Matrizen, nämlich das der Klassifikation der symmetrischen reellen $n \times n$-Matrizen bis auf orthogonale Ähnlichkeit:

Definition: Es bezeichne $\mathrm{Sym}(n, \mathbb{R})$ den Vektorraum der symmetrischen reellen $n \times n$-Matrizen. Zwei Matrizen $A, B \in \mathrm{Sym}(n, \mathbb{R})$ heißen *orthogonal ähnlich*, wenn es eine orthogonale Matrix $P \in O(n)$ gibt, so dass $B = P^{-1}AP$ gilt.

Orthogonale Ähnlichkeit ist eine Äquivalenzrelation auf $\mathrm{Sym}(n, \mathbb{R})$. Als Korollar aus dem Satz von der Hauptachsentransformation können wir eine Klassifikation durch Normalformen sofort hinschreiben:

Satz: Jede symmetrische reelle $n \times n$-Matrix A ist zu genau einer Diagonalmatrix

$$A = \begin{pmatrix} \lambda_1 & & \\ & \ddots & \\ & & \lambda_n \end{pmatrix}$$

mit $\lambda_1 \leq \cdots \leq \lambda_n$ orthogonal ähnlich. Dabei sind $\lambda_1, \ldots, \lambda_n$ die Eigenwerte von A, jeder so oft aufgeführt, wie seine geometrische Vielfachheit angibt.

Die Eigenwerte mit ihren geometrischen Vielfachheiten bilden also ein charakteristisches Datum und stiften eine klassifizierende Bijektion

$$\mathrm{Sym}(n, \mathbb{R})/\sim \; \xrightarrow{\;\cong\;} \; \{\lambda \in \mathbb{R}^n \mid \lambda_1 \leq \cdots \leq \lambda_n\}.$$

11.5 DER SYLVESTERSCHE TRÄGHEITSSATZ

Auch der Sylvestersche Trägheitssatz ist ein Klassifikationssatz für symmetrische reelle $n \times n$-Matrizen, er löst die Klassifikationsaufgabe für die *quadratischen Formen* auf dem $\mathbb{R}^n$ und damit auf jedem n-dimensionalen reellen Vektorraum V.

Definition: Ist V ein reeller Vektorraum und $b : V \times V \to \mathbb{R}$ eine symmetrische Bilinearform, so heißt

$$q : V \longrightarrow \mathbb{R}$$
$$v \longmapsto b(v, v)$$

die zu b gehörige *quadratische Form* auf V.

Beachte, dass sich b aus seinem q wieder rekonstruieren lässt, denn wegen der Bilinearität von b ist

$$b(v + w, v + w) = b(v, v) + b(w, v) + b(v, w) + b(w, w),$$

wegen der Symmetrie von b also

$$b(v, w) = \frac{1}{2}(q(v + w) - q(v) - q(w)).$$

Daher darf man b auch *die zu q gehörige* Bilinearform nennen.

Was haben die quadratischen Formen mit Matrizen zu tun? Nun, ist $(v_1, \ldots, v_n)$ eine Basis von V und schreiben wir $v = x_1 v_1 + \cdots + x_n v_n$, so ergibt sich, wiederum wegen der Bilinearität und Symmetrie von b, dass

$$q(v) = b(v, v) = b(\sum_i x_i v_i, \sum_j x_j v_j) = \sum_{i,j=1}^{n} b(v_i, v_j) x_i x_j$$

ist, und deshalb sagt man:

Definition: Die durch $a_{ij} := b(v_i, v_j)$ gegebene symmetrische Matrix A heißt die *Matrix der quadratischen Form* $q : V \to \mathbb{R}$ bezüglich der Basis $(v_1, \ldots, v_n)$.

Notation und Bemerkung: Für eine symmetrische $n \times n$-Matrix $A \in \mathrm{Sym}(n, \mathbb{R})$ bezeichne $Q_A : \mathbb{R}^n \to \mathbb{R}$ die durch

$$Q_A(x) := \sum_{i,j=1}^{n} a_{ij} x_i x_j$$

gegebene quadratische Form. Ist A die Matrix von $q : V \to \mathbb{R}$ bezüglich $(v_1, \ldots, v_n)$ und Φ der Basisisomorphismus $\mathbb{R}^n \cong V$ zu dieser Basis, so ist also

$$
\begin{array}{ccc}
V & \xrightarrow{\quad q \quad} & \mathbb{R} \\
{\scriptstyle \Phi} \big\uparrow {\scriptstyle \cong} & \nearrow {\scriptstyle Q_A} & \\
\mathbb{R}^n & &
\end{array}
$$

kommutativ.

Wozu braucht man eigentlich quadratische Formen? Von den vielen Zwek-
ken, denen quadratische Formen in der Mathematik dienen, möchte ich Sie
jetzt nur auf einen aufmerksam machen, der Ihnen sehr bald, nämlich in
der Analysis-Vorlesung des zweiten Semesters begegnen wird. Aus der Differentialrechnung in *einer* Variablen wissen Sie, welche Information die zweite
Ableitung $f''(x_0)$ an einer "kritischen" Stelle ($f'(x_0) = 0$) über das Verhalten von f nahe x_0 enthält: Ist $f''(x_0) > 0$ oder $f''(x_0) < 0$, so hat
die Funktion dort ein lokales Minimum bzw. ein lokales Maximum und nur
wenn $f''(x_0) = 0$ ist, bleibt die Frage unentschieden, und man braucht Zu-
satzinformationen aus den höheren Ableitungen. In der Differentialrechnung
mehrerer Variabler ist das so ähnlich, aber das Taylorpolynom zweiten Grades an einer kritischen Stelle ist nun nicht mehr einfach $f(x_0) + \frac{1}{2!}f''(x_0)\xi^2$
sondern, in n Variablen

$$f(x_0) + \frac{1}{2!} \sum_{i,j=1}^{n} \frac{\partial^2 f}{\partial x_i \partial x_j}(x_0)\xi_i\xi_j,$$

also durch den konstanten Term $f(x_0)$ und eine *quadratische Form* mit der
Matrix

$$a_{ij} := \frac{1}{2} \frac{\partial^2 f}{\partial x_i \partial x_j}(x_0)$$

gegeben. In einer Variablen sieht man freilich gleich am Vorzeichen von
$f''(x_0)$, wie sich $\xi \mapsto \frac{1}{2}f''(x_0)\xi^2$ verhält. An der symmetrischen Matrix
A, wenn sie nicht zufällig eine besonders einfache Gestalt hat, sondern voller
Zahlen so dasteht, sieht man zuerst einmal gar nichts. Man braucht dann ein
wenig Theorie der quadratischen Formen, der wir uns nun wieder zuwenden

---

Definition: Sei q eine quadratische Form auf dem n-dimensionalen
reellen Vektorraum V. Eine Basis $(v_1, \ldots, v_n)$ von V, für welche die
Matrix A von q die Gestalt

$$r\left\{ \begin{array}{l} \\ \\ \end{array} \right. \quad s\left\{ \begin{array}{l} \\ \\ \end{array} \right. \quad \begin{pmatrix} +1 & & & & & & \\ & \ddots & & & & & \\ & & +1 & & & & \\ & & & -1 & & & \\ & & & & \ddots & & \\ & & & & & -1 & \\ & & & & & & 0 \\ & & & & & & & \ddots \\ & & & & & & & & 0 \end{pmatrix}$$

($0 \leq r, s$ und $r + s \leq n$) annimmt, heiße eine *Sylvesterbasis* für q.

In einer solchen Basis ist die quadratische Form dann durchsichtig genug:
$q(x_1v_1 + \cdots + x_nv_n) = x_1^2 + \cdots + x_r^2 - x_{r+1}^2 - \cdots - x_{r+s}^2$.

Sylvesterscher Trägheitssatz: Für eine quadratische Form q auf einem n-dimensionalen reellen Vektorraum *gibt* es immer eine Sylvesterbasis, und die Anzahlen r und s der positiven und negativen Einträge in der zugehörigen Diagonalmatrix sind unabhängig von der Wahl der Sylvesterbasis.

Definition: Man nennt $r + s$ den *Rang* und $r - s$ die *Signatur* der quadratischen Form.

Beweis: a) Existenz der Sylvesterbasis: Eine Sylvesterbasis findet man durch Induktion nach n, ähnlich wie bei der Hauptachsentransformation, nur haben wir es jetzt viel leichter: Für $q = 0$ ist der Satz trivial, sei also $q \neq 0$ und $v \in V$ ein Vektor mit $q(v) = \pm 1$. Ist b die symmetrische Bilinearform von q, so ist nun

$$U := \{w \in V \mid b(v, w) = 0\}$$

ein $(n-1)$-dimensionaler Untervektorraum von V, wie aus der Dimensionsformel für die lineare Abbildung

$$b(v, \cdot) : V \longrightarrow \mathbb{R}$$
$$w \longmapsto b(v, w)$$

folgt. Also hat $q|U$ nach Induktionsannahme eine Sylvesterbasis $(u_1, \ldots, u_{n-1})$, und wir brauchen nur v an der richtigen Stelle einzufügen, um eine Sylvesterbasis für ganz V zu erhalten. $\qquad\square$

b) Wohlbestimmtheit von r und s: Die Zahl r lässt sich basisunabhängig charakterisieren als die maximale Dimension eines Untervektorraums von V, auf dem q positiv definit ist. Um das einzusehen, betrachte man zu einer gegebenen Sylvesterbasis die von den ersten r und den letzten $n - r$ Basisvektoren aufgespannten Unterräume V_+ und $V_{-,0}$. Dann ist $q|V_+$ positiv definit, aber jeder höherdimensionale Unterraum U schneidet $V_{-,0}$ nach der Dimensionsformel für Untervektorräume nichttrivial, also kann dann $q|U$ nicht positiv definit sein. — Analog ist s die maximale Dimension eines Unterraums, auf dem q negativ definit ist. $\qquad\square$

Betrachten wir nun die quadratischen Formen auf dem $\mathbb{R}^n$. Was bedeutet es für zwei Matrizen $A, B \in \mathrm{Sym}(n, \mathbb{R})$, dass sich ihre quadratischen Formen nur um einen Isomorphismus des $\mathbb{R}^n$ unterscheiden, d.h. dass es eine Transformation $P \in GL(n, \mathbb{R})$ gibt, die Q_A in Q_B überführt, in dem Sinne, dass das Diagramm

$$
\begin{array}{ccc}
\mathbb{R}^n & \xrightarrow{\ Q_A\ } & \\
P \uparrow \cong & \searrow & \mathbb{R} \\
\mathbb{R}^n & \xrightarrow{\ Q_B\ } &
\end{array}
$$

kommutiert, also $Q_B = Q_A \circ P$ gilt? Dafür ist es praktisch, jedes n-tupel $x \in \mathbb{R}^n$ als $n \times 1$-Matrix, also als *Spalte*, und dementsprechend die transponierte $1 \times n$-Matrix x^t als Zeile zu lesen. Dann ist nämlich:

Bemerkung: Schreibt man $x \in \mathbb{R}^n$ als Spalte, so ist $Q_A(x)$ als 1×1-Matrix das Matrizenprodukt

$$
Q_A(x) = x^t \cdot A \cdot x
$$
$$
= (x_1, \ldots, x_n) \begin{pmatrix} a_{11} & \cdots & a_{1n} \\ \vdots & & \vdots \\ a_{n1} & \cdots & a_{nn} \end{pmatrix} \begin{pmatrix} x_1 \\ \vdots \\ x_n \end{pmatrix},
$$

und da für die Bildung der transponierten Matrix das Gesetz

$$
(XY)^t = Y^t X^t
$$

gilt, so bedeutet $Q_B = Q_A \circ P$ soviel wie

$$
x^t B x = x^t P^t A P x \quad \text{für alle} \quad x \in \mathbb{R}^n
$$

oder

$$
B = P^t A P.
$$

So wirkt also eine "Koordinatentransformation" P auf die Matrix einer quadratischen Form.

Wegen $Q_B = Q_A \circ P$ ist B gerade die Matrix von Q_A bezüglich der Basis, die aus den Spalten von P besteht. Deshalb erhalten wir aus dem Sylvesterschen Trägheitssatz das

Korollar: Nennen wir zwei symmetrische reelle $n \times n$-Matrizen A und B äquivalent, wenn sich ihre quadratischen Formen nur um eine Koordinatentransformation unterscheiden, d.h. wenn es ein $P \in GL(n, \mathbb{R})$ mit $B = P^t A P$ gibt, so ist jedes $A \in \mathrm{Sym}(n, \mathbb{R})$ zu genau einer Normalform der Gestalt

$$
\begin{matrix} r \left\{ \vphantom{\begin{matrix}1\\1\\1\end{matrix}} \right. \\ s \left\{ \vphantom{\begin{matrix}1\\1\\1\end{matrix}} \right. \end{matrix}
\begin{pmatrix}
+1 & & & & & & & \\
 & \ddots & & & & & & \\
 & & +1 & & & & & \\
 & & & -1 & & & & \\
 & & & & \ddots & & & \\
 & & & & & -1 & & \\
 & & & & & & 0 & \\
 & & & & & & & \ddots \\
 & & & & & & & & 0
\end{pmatrix}
$$

mit $0 \leq r, s$ und $r + s \leq n$ äquivalent. ("Sylvestersche Normalform".)

Damit haben wir eine Klassifikation durch Repräsentanten. — Im Gegensatz zur Klassifikation der symmetrischen Matrizen bis auf orthogonale Ähnlichkeit, die wir im vorigen Abschnitt 11.4 betrachtet hatten, gibt es bei der jetzt studierten Äquivalenzrelation für festes n nur endlich viele Äquivalenzklassen: das Paar (r, s) ist ein charakteristisches Datum und stiftet eine Bijektion

$$
\mathrm{Sym}(n, \mathbb{R})/\sim \; \longrightarrow \; \{(r, s) \in \mathbb{N} \times \mathbb{N} \mid r + s \leq n\}.
$$

Orthogonal ähnliche symmetrische Matrizen A und B haben erst recht äquivalente quadratische Formen, denn $P \in O(n)$ bedeutet $P^{-1} = P^t$, also ist mit $B = P^{-1} A P$ dann auch $B = P^t A P$ erfüllt.

Hat man eine symmetrische Matrix durch Hauptachsentransformation auf Diagonalgestalt gebracht, so kann man natürlich die Sylvesterschen charakteristischen Daten r und s daran ablesen: sie sind gleich den Anzahlen der mit ihren Vielfachheiten gezählten positiven und negativen Eigenwerte von A.

Kennt man die Eigenwerte und ihre Vielfachheiten *ohnehin*, so ist das ja ganz nützlich zu wissen, aber als praktische Methode zur Beschaffung von r und s ist dieser Weg im Allgemeinen nicht zu empfehlen, denn Eigenwerte sind meist nicht so leicht zu berechnen. Deshalb soll nun zum Schluss auch eine bequeme Methode zur Herstellung der Sylvesterschen Normalform angegeben werden.

Dazu erinnern wir uns an die in 5.5 schon genannte Beobachtung, dass sich elementare Zeilenumformungen des linken Faktors eines Matrizenprodukts XY auf die Produktmatrix übertragen, ebenso Spaltenumformungen des rechten Faktors. Außerdem gilt natürlich: Geht P_1 durch eine elementare Spaltenumformung in P_2 über, so P_1^t in P_2^t durch die entsprechende *Zeilen*umformung, denn die Transposition vertauscht ja Zeilen und Spalten. Für die Produktmatrix $P_1^t A P_1$ bedeutet der Übergang zu $P_2^t A P_2$ also gerade, dass man die Spaltenumformung und die zugehörige Zeilenumformung *beide* durchgeführt hat. Wir wollen das die Durchführung der entsprechenden *symmetrischen elementaren Umformung* nennen. — Damit haben wir alle Ingredienzen für das folgende

---

Rezept zur Herstellung der Sylvesterschen Normalform: Verwandelt man eine symmetrische reelle Matrix A durch eine endliche Folge von elementaren symmetrischen Umformungen in eine Sylvestersche Normalform

$$
\left.\begin{array}{c} r\left\{\vphantom{\begin{array}{c}1\\1\\1\end{array}}\right. \\ s\left\{\vphantom{\begin{array}{c}1\\1\\1\end{array}}\right. \end{array}\right.
\begin{pmatrix}
+1 & & & & & & \\
& \ddots & & & & & \\
& & +1 & & & & \\
& & & -1 & & & \\
& & & & \ddots & & \\
& & & & & -1 & \\
& & & & & & 0 \\
& & & & & & & \ddots \\
& & & & & & & & 0
\end{pmatrix} =: S,
$$

so ist dies in der Tat *die* Sylvestersche Normalform von A, denn die aus der Einheitsmatrix E durch Anwendung der entsprechenden Spaltenumformungen alleine entstehende Matrix $P \in GL(n, \mathbb{R})$ leistet $P^t A P = S$, ihre Spalten bilden also eine Sylvesterbasis für A. — Ist man nicht an P, sondern überhaupt nur an r und s interessiert, so genügt es ganz einfach, A durch elementare symmetrische Umformungen in Diagonalgestalt zu bringen: r und s sind dann die Anzahlen der positiven und negativen Diagonalelemente.

11.6 TEST

(1) Welche Eigenschaft(en) einer Äquivalenzrelation ist (sind) für die durch $x \leqq y$ für $x, y \in \mathbb{R}$ definierte Relation nicht erfüllt:

☐ Reflexivität ☐ Symmetrie ☐ Transitivität

(2) Durch "$n \sim m :\Longleftrightarrow n - m$ ist gerade" ist auf $\mathbb{Z}$ eine Äquivalenzrelation erklärt. Wieviele Elemente hat $\mathbb{Z}/\sim$:

☐ 1 ☐ 2 ☐ unendlich viele

(3) Haben zwei $m \times n$-Matrizen A und B denselben Rang, so gibt es invertierbare Matrizen X und Y so dass

☐ $AX = BY$ ☐ $AX = YB$ ☐ $XA = YB$

(4) Sind die 2×2-Matrizen $A = \begin{pmatrix} 1 & 2 \\ 0 & 1 \end{pmatrix}$ und $B = \begin{pmatrix} 2 & 4 \\ 0 & 2 \end{pmatrix}$ ähnlich?

☐ Ja, wegen $B = 2 \cdot A$

☐ Ja, da sie denselben Rang haben

☐ Nein, da sie verschiedene Eigenwerte haben

(5) Wie sieht die Jordansche Normalform von $A = \begin{pmatrix} 2 & 3 & 4 \\ & 2 & 5 \\ & & 2 \end{pmatrix}$ aus?

☐ $\begin{pmatrix} 2 & & \\ & 2 & \\ & & 2 \end{pmatrix}$ ☐ $\begin{pmatrix} 2 & 0 & \\ & 2 & 1 \\ & & 2 \end{pmatrix}$ ☐ $\begin{pmatrix} 2 & 1 & \\ & 2 & 1 \\ & & 2 \end{pmatrix}$

(6) Ist die Jordansche Normalform einer reellen symmetrischen $n \times n$-Matrix A stets eine Diagonalmatrix?

☐ Ja, denn durch die Hauptachsentransformation wird A in Diagonalform gebracht.

☐ Nein, denn auch eine symmetrische Matrix kann weniger als n verschiedene Eigenwerte haben. Wegen $O(n) \neq GL(n, \mathbb{C})$ ist das obige Argument nicht stichhaltig.

☐ Die Frage hat keinen Sinn und verdient daher keine Antwort, weil der Satz von der Jordanschen Normalform nicht von reellen, sondern von *komplexen* $n \times n$-Matrizen handelt.

(7) Aus einer quadratischen Form $q : V \to \mathbb{R}$ kann man die zugehörige symmetrische Bilinearform b durch

☐ $b(v, w) = \frac{1}{4}(q(v + w) - q(v - w))$

☐ $b(v, w) = \frac{1}{2}(q(v) + q(w))$

☐ $b(v, w) = \frac{1}{2}(q(v) + q(w) - q(v - w))$

wiedergewinnen.

(8) Wie heißt die Matrix der durch $q(x, y, z) = 4x^2 + 6xz - 2yz + 8z^2$ gegebenen quadratischen Form $q : \mathbb{R}^3 \to \mathbb{R}$?

☐ $\begin{pmatrix} 4 & 0 & 6 \\ 0 & 0 & -2 \\ 6 & -2 & 8 \end{pmatrix}$ ☐ $\begin{pmatrix} 4 & 0 & 3 \\ 0 & 0 & -1 \\ 3 & -1 & 8 \end{pmatrix}$ ☐ $\begin{pmatrix} 2 & 0 & 3 \\ 0 & 0 & -1 \\ 3 & -1 & 4 \end{pmatrix}$

(9) Ist der Rang $r + s$ einer quadratischen Form $q : V \to \mathbb{R}$ gleich dem Rang jeder q bezüglich irgend einer Basis darstellenden Matrix A?

☐ Ja, denn $r + s$ ist jedenfalls der Rang der Sylvestermatrix S von q und es gilt $S = P^t A P$.

☐ Nein, $r + s$ ist nur der maximale Rang einer q darstellenden Matrix

☐ Nein, der Rang von A ist $r - s$, weil s die Anzahl der Einträge -1 ist.

(10) Es sei A eine symmetrische reelle 2×2-Matrix mit $\det A < 0$. Wie sieht die Sylvestersche Normalform von A aus?

□ $\begin{pmatrix} -1 & \\ & -1 \end{pmatrix}$

□ $\begin{pmatrix} +1 & \\ & -1 \end{pmatrix}$

□ Das ist aufgrund von $\det A < 0$ alleine noch nicht zu entscheiden, man braucht mindestens eine weitere Information, da *zwei* Daten r und s gesucht sind.

11.7 LITERATURHINWEIS

In diesem letzten Literaturhinweis möchte ich Sie auf ein ganz außergewöhnliches und schönes Buch aufmerksam machen, nämlich auf die zweibändige *Lineare Algebra und analytische Geometrie* [2] von E. Brieskorn.

Die beiden Bände behandeln eine Fülle von weiterführenden Themen (mit Schwerpunkt bei den klassischen Gruppen) und historischen Entwicklungen, wodurch der Leser auf eine Höhe der Einsicht in die Mathematik geführt wird, die ihm als Anfänger eigentlich noch gar nicht "zusteht". Dabei vergisst der Autor keineswegs, dass sein Leser ein Anfänger ist, dem es noch an Kenntnissen und Erfahrung mangelt, aber er traut ihm zu, alles was vernünftig erklärt wird, auch verstehen zu können.

Wenn Sie, als eine erste Stufe der Bekanntschaft mit diesen Bänden, nur die üblichen linear-algebraischen Grundbegriffe daraus lernen wollen, so dürfen Sie die Bücher zwar nicht gleich von Anfang bis Ende systematisch durchzulesen versuchen, denn das Werk ist sehr umfangreich, aber Sie brauchen nur mittels des Inhaltsverzeichnisses zu wählen, was Sie wünschen, und bekommen auch ganz genau und leichtverständlich erklärt, was Vektorräume und lineare Abbildungen sind, wie man mit Matrizen rechnet und lineare Gleichungssysteme löst, was Hauptachsentransformation und Jordansche Normalform bedeuten, usw. Sie bereiten sich damit auch den Zugang zu dem tieferen Gehalt des Ihnen dann schon vertrauten Werkes vor.

11.8 Übungen

ÜBUNGEN FÜR MATHEMATIKER:

AUFGABE 11.1: Der Beweis des Rangsatzes in Abschnitt 11.2 handelt eigentlich vom Spaltenrang und macht keinen Gebrauch von der Übereinstimmung von Spaltenrang und Zeilenrang. Man zeige, dass der Rangsatz diese Übereinstimmung aber als Korollar enthält. Hinweis: Die Eigenschaft $(XY)^t = Y^t X^t$ der Transposition von Matrizen (vergl. die Bemerkung in 6.3) folgt ohne Bezugnahme auf den Rang direkt aus der Definition der transponierten Matrix und darf deshalb auch herangezogen werden.

AUFGABE 11.2: In dem Satz in Abschnitt 11.3 über die Jordansche Normalform ist eine Jordan-Matrix mit Eigenwerten $\lambda_1, \ldots, \lambda_r$ und Jordan-Kästchen der Größen $m_1^{(k)} \leq \cdots \leq m_{n_k}^{(k)}$ zum Eigenwert λ_k explizit angegeben. Man bestimme die geometrischen und die algebraischen Vielfachheiten der Eigenwerte dieser Matrix.

AUFGABE 11.3: Für die Matrix

$$A = \begin{pmatrix} 1 & 1 & 1 \\ 1 & 0 & 1 \\ 1 & 1 & 1 \end{pmatrix}$$

bestimme man durch symmetrische Umformungen eine invertierbare 3×3-Matrix P, so dass $P^t A P$ in Sylvesterscher Normalform ist.

DIE *-AUFGABE:

AUFGABE 11*: Eine Eigenschaft reeller $n \times n$-Matrizen heiße "offen" wenn alle Matrizen A mit dieser Eigenschaft eine offene Teilmenge von $M(n \times n, \mathbb{R}) = \mathbb{R}^{n^2}$ bilden. Man entscheide über Offenheit oder Nichtoffenheit der folgenden Eigenschaften:

(a) Invertierbarkeit

(b) Symmetrie

(c) Diagonalisierbarkeit

(d) Rang $A \leq k$

(e) Rang $A \geq k$

ÜBUNGEN FÜR PHYSIKER:

AUFGABE 11.1P: Für die symmetrische reelle 5×5-Matrix

$$A = \begin{pmatrix} 1 & 1 & 1 & 1 & 1 \\ 1 & 1 & 1 & 1 & 1 \\ 1 & 1 & 1 & 1 & 1 \\ 1 & 1 & 1 & 1 & 1 \\ 1 & 1 & 1 & 1 & 1 \end{pmatrix}$$

bestimme man die Diagonalgestalt nach Hauptachsentransformation und die Sylvestersche Normalform, aber — der besonders einfachen Gestalt der Matrix angemessen — nicht durch Rechnen, sondern durch bloßes Denken (was ist Bild A, was macht A mit den Vektoren in Bild A usw.)

AUFGABE 11.2P: Man bestimme Rang und Signatur der durch

$$Q(x, y, z) := x^2 + 8xy + 2y^2 + 10yz + 3z^2 + 12xz$$

definierten quadratischen Form auf dem $\mathbb{R}^3$.

AUFGABE 11.3P: = Aufgabe 11.3 (für Mathematiker)

12. Antworten zu den Tests

Die jeweils nachfolgenden Anmerkungen sollen helfen, die Wissenslücken zu schließen, die eine falsche Beantwortung der betreffenden Frage vermuten lässt.

TEST 1

1	2	3	4	5	6	7	8	9	10
×						×		×	
				×	×		×		
	×	×	×						×

(1) Definition auf Seite 5 lesen.

(2) Bilder auf Seite 4 ansehen.

(3) Text auf Seite 3 lesen (wegen Definition von $\{a\}$), Definition des kartesischen Produkts auf Seite 5 lesen, das Bild auf Seite 6 oben ansehen, b "wandern" lassen, a festhalten.

(4) "Konstant" heißt nicht, dass bei der Abbildung "nichts geschieht" (das könnte man von Id_M allenfalls sagen), sondern dass alle $x \in M$ auf einen einzigen Punkt abgebildet werden! Definition der konstanten Abbildung auf Seite 10 nachlesen.

(5) Definition von Projektion auf den ersten Faktor (Seite 9) nachsehen. Gegebenenfalls vorher die des kartesischen Produkts auf Seite 7.

(6) Definition von $f(A)$ und $f^{-1}(B)$ auf Seite 10 nachlesen.

(7) Definition von gf auf Seite 11 lesen. Der Ausdruck $g(x)$ ist gar nicht erklärt, weil g auf Y definiert ist, und die dritte Antwort ist überhaupt sinnlos.

(8) Man kann nur auf *zweierlei* Weise von X nach Y kommen, den Pfeilen nachgehend. Definition des kommutativen Diagramms auf Seite 12 lesen.

(9) f^{-1} muss $\frac{1}{x} \mapsto x$, also $\frac{1}{x} \mapsto \frac{1}{1/x}$, also $t \mapsto \frac{1}{t}$ abbilden.

(10) Nicht injektiv, weil z.B. $(-1)^2 = (+1)^2$; nicht surjektiv, weil z.B. $-1 \neq x^2$ für alle $x \in \mathbb{R}$. Definition von injektiv und surjektiv auf Seite 11 nachlesen.

TEST 2

1	2	3	4	5	6	7	8	9	10
					×		×		
×			×					×	
	×	×		×		×			×

(1) Definition von $\mathbb{R}^n$ in § 1, Seite 7 nachlesen.

(2) Zu den Daten eines Vektorraums gehört keine Multiplikation von Vektoren untereinander.

(3) $(x - yi)(a + bi)$ "ausdistribuieren" und $i^2 = -1$ beachten.

(4) Mit "skalarer Multiplikation" (nicht zu verwechseln mit "Skalarprodukt" in einem euklidischen Vektorraum, vergl. 2.4) ist nicht die Multiplikation der Skalare untereinander gemeint (sonst wäre $\mathbb{K} \times \mathbb{K} \to \mathbb{K}$ die richtige Antwort), sondern die der Skalare mit den Vektoren, also $\mathbb{K} \times V \to V$.

(5) Definition des reellen Vektorraums auf Seite 22/23 wieder lesen. Antwort 2 ist natürlich sowieso Unsinn, aber es ist wichtig, sich den Unterschied zwischen der ersten und der dritten Antwort klarzumachen!

(6) Definition von $X \times Y$ in § 1 wiederholen.

(7) Jeder Untervektorraum von V muss die Null von V enthalten (vergl. Beweis der Bemerkung in 2.3).

(8) In allen drei Beispielen ist zwar $U \neq \emptyset$, in den ersten beiden auch $\lambda x \in U$, falls $x \in U$ und $\lambda \in \mathbb{R}$, aber nur das erste erfüllt $x + y \in U$ für alle $x, y \in U$.

(9) In der komplexen Ebene $\mathbb{C}$ bilden die imaginären Zahlen $iy = (0, y)$ die y-Achse, es gilt also jedenfalls nicht $U = \mathbb{C}$. Die dritte Antwort wäre stichhaltig, wenn danach gefragt gewesen wäre, ob U ein Untervektorraum des *komplexen* Vektorraumes $\mathbb{C}$ ist.

(10) Jede Gerade durch den Nullpunkt ist auch ein Untervektorraum, nicht nur die beiden Achsen.

TEST 3

1	2	3	4	5	6	7	8	9	10
×				×				×	
	×		×			×			
		×			×		×		×

(1) Definition der linearen Unabhängigkeit auf Seite 57 nachlesen.

(2) Gegebenenfalls Definition von Basis (Seite 58) und Dimension (Seite 61) nachlesen.

(3) Aus $\lambda_1 v_1 + \lambda_2 v_2 = 0$ folgt stets $\lambda_1 v_1 + \lambda_2 v_2 + 0 \cdot v_3 = 0$, also $\lambda_1 = \lambda_2 = 0$.

(4) $(e_1, \ldots, e_n)$ der dritten Antwort wäre auch eine Basis, man nennt sie nur nicht die kanonische Basis. Falls Sie aber die erste Antwort angekreuzt haben: erst Definition von $\mathbb{K}^n = \mathbb{K} \times \cdots \times \mathbb{K}$ auf Seite 7 nachlesen, dann die einer Basis, Seite 58.

(5) Wie wir inzwischen schon oft benutzt haben, gilt $0 \cdot v = 0$ (siehe z.B. Seite 31 unten) und $1 \cdot v = v$ (Axiom 6 auf Seite 23). Deshalb bedeutet die zweite Aussage nichts für die $v_1, \ldots, v_n$; und die dritte bedeutet $v_1 = \cdots = v_n = 0$.

(6) Basisergänzungssatz Seite 60 nachlesen und gegebenenfalls über die Aussagen über das 0-tupel $\emptyset$ auf Seite 56 meditieren.

(7) Definition der Basis auf Seite 58 und Aussage über das 0-tupel $\emptyset$ auf Seite 56 kombinieren.

(8) Es ist ja $y \in U_2 \iff -y \in U_2$, deshalb wäre auch $U_1 - U_2$ nichts anderes als die Menge *aller* Summen $x + (-y)$ aus einem Element von U_1 und einem von U_2.

(9) Um an einem einfachen Beispiel zu sehen, dass die zweite und dritte Antwort falsch sind, setze man $V = \mathbb{R}^2$ und betrachte als U_1, U_2 und U_3 die beiden Achsen und die Winkelhalbierende.

(10) Die Dimensionsformel sagt doch hier $\dim U_1 + \dim U_2 = n + \dim U_1 \cap U_2$ (Satz 3, S. 64), woraus die dritte Antwort als richtig folgt. Dass die ersten beiden falsch sind, sieht man schon an dem Beispiel $V = U_1 = U_2 = \mathbb{R}$.

TEST 4

1	2	3	4	5	6	7	8	9	10
×		×	×		×				
		×		×			×	×	
	×					×			×

(1) Setzt man $\lambda = \mu = 1$ bzw. $\mu = 0$, so erhält man aus der ersten Aussage die Linearität von f (vergl. Definition Seite 81). Umgekehrt folgt aus der Linearität auch die in der ersten Antwort formulierte Aussage: $f(\lambda x + \mu y) = f(\lambda x) + f(\mu y) = \lambda f(x) + \mu f(y)$. Mit Matrizen haben lineare Abbildungen wohl etwas zu tun (wenn V und W endlichdimensional sind), aber so wie Antwort 2 kann man das nicht formulieren, siehe S. 94. Die dritte Antwort nennt zwar eine Eigenschaft linearer Abbildungen, die allein aber für die Linearität noch nicht ausreicht.

(2) Auch wer nur weiß, was eine lineare Abbildung ist und die Definition von Kern f vergessen hat, kann erraten, dass die ersten beiden Antworten wohl falsch sein werden: Wegen $f(\lambda x) = \lambda f(x)$ ist $f(0) = 0$ (setze $\lambda = 0$), also würde nach den ersten beiden Antworten stets Kern $f = \{0\}$ sein. Vergleiche Notiz 3 und Definition S. 82.

(3) Hier sind einmal zwei Antworten richtig! Die letzte ist natürlich Unfug, weil $f(\lambda)$ gar nicht erklärt ist. $f(-x) = -f(x)$ folgt aus $-v = (-1)v$ (vergl. S. 31 unten).

(4) Die erste Aussage impliziert f bijektiv, also f Isomorphismus (vergl. Übungsaufgabe 1.2). Die dritte Antwort würde richtig, wenn man statt "jedes n-tupel" schreiben würde: "jede Basis" (vergl. Bemerkung 3 auf Seite 85). Die zweite Antwort sagt ja nichts über f aus.

(5) Das kann man natürlich nicht erraten. Vergleiche Definition auf Seite 87.

(6) Seiten 89 und 90 lesen.

(7) Wenn wir (x, y) als Spalte schreiben, so haben wir doch

$$\begin{pmatrix} 1 \\ 0 \end{pmatrix} \mapsto \begin{pmatrix} 1 \\ -1 \end{pmatrix} \quad \text{und} \quad \begin{pmatrix} 0 \\ 1 \end{pmatrix} \mapsto \begin{pmatrix} 1 \\ 1 \end{pmatrix},$$

also ergibt sich die Matrix $\begin{pmatrix} 1 & 1 \\ -1 & 1 \end{pmatrix}$. (Die Spalten der Matrix sind die Bilder der Einheitsvektoren).

(8)

$$
\begin{array}{ccc}
v_i & \overset{f}{\longmapsto} & w_i \\
\cong \Big\uparrow & & \Big\uparrow \cong \\
e_i & \longmapsto & e_i
\end{array}
$$

Definition S. 93 und den nachfolgenden Text lesen.

(9) Die richtige Antwort ist in Notiz 3 (S. 82) begründet. Die erste Antwort hört sich zwar so ähnlich wie in Notiz 5 (S. 88) an, aber dafür müsste vorausgesetzt werden, dass V und W dieselbe endliche Dimension haben.

(10) Die Dimensionsformel für Abbildungen sagt's, denn hier ist $n = 5$ und $\operatorname{rg} f = 3$.

TEST 5

1	2	3	4	5	6	7	8	9	10
×	×	×					×	×	×
			×	×		×			
					×				

(1) Definition der Matrizenaddition auf Seite 110 nachlesen.

(2) Vergleiche Testfrage (8) aus § 4: $\begin{pmatrix} 1 & 0 & 0 \\ 0 & 1 & 0 \\ 0 & 0 & 1 \end{pmatrix}$ ist die Matrix der Identität $\mathbb{K}^3 \to \mathbb{K}^3$, und die Zusammensetzung einer Abbildung mit der Identität ergibt immer diese Abbildung. Wenn man das "matrizenrechnerisch" einsehen will, wende man die Matrizenmultiplikation (Schema auf Seite 113) auf unseren Fall an.

Insbesondere erhält man Gegenbeispiele zu den anderen beiden Antworten, wenn man für B die Matrix der Identität wählt.

(3) Trösten Sie sich, ich muss mir das auch immer erst überlegen. Vielleicht kann man es sich so merken: der erste Index ist der Zeilenindex, und dementsprechend gibt in $M(m \times n, \mathbb{K})$ das m die Zeilenzahl an.

(4) Rechnerische Matrizenmultiplikation! Definition auf Seite 112 ansehen, Text auf Seiten 112 und 113 lesen. Man sollte das aber möglichst bald auswendig wissen.

(5) Klärt sich alles auf, wenn ich daran erinnere, was die drei Worte bedeuten? Assoziativität: $(AB)C = A(BC)$, Kommutativität: $AB = BA$, Distributivität: $A(B + C) = AB + AC$ und $(A + B)C = AC + BC$, jeweils für alle A, B, C, für die diese Produkte und Summen erklärt sind. Noch nicht? Bemerkung 1 auf Seite 114.

(6) $\text{rg}\, A = n$ bedeutet für eine Matrix $A \in M(n \times n, \mathbb{K})$, dass $A : \mathbb{K}^n \to \mathbb{K}^n$ surjektiv ist. (Vergl. Definition auf Seite 116). Nun erinnere man sich daran, dass für lineare Abbildungen von $\mathbb{K}^n$ nach $\mathbb{K}^n$ Injektivität und Surjektivität dasselbe bedeuten (Notiz 5 auf Seite 88).

(7) $\mathrm{rg}\begin{pmatrix} 1 & 1 \\ 2 & 7 \end{pmatrix} = 2$, $\mathrm{rg}\begin{pmatrix} 1 & 4 \\ 2 & 8 \end{pmatrix} = 1$, nun vergleiche Bemerkung 1 auf Seite 118.

(8) Diese Testfrage ist, im Vergleich zu den anderen, ziemlich schwierig, das gebe ich zu. Aus $BA = E$ folgt A injektiv und B surjektiv, weil $Ax = Ay \implies BAx = BAy \iff x = y$, und $y = B(Ay)$. Aber B braucht nicht injektiv und A nicht surjektiv zu sein, und $m > n$ kann wirklich vorkommen, Beispiel: Es sei $m = 3$, $n = 2$, $A(x_1, x_2) := (x_1, x_2, x_3)$ und $B(x_1, x_2, x_3) := (x_1, x_2)$.

(9) Begriff der linearen Unabhängigkeit in §3 wiederholen. Was bedeutet "Maximalzahl linear unabhängiger Spalten"? (Vergl. Definition auf Seite 116).

(10) Rang = Zeilenrang = Maximalzahl linear unabhängiger Zeilen: stets kleiner oder gleich der Zeilenzahl, also $\mathrm{rg}\,A \leqq m$. (Vergl. Definition, Notiz und Satz auf Seite 116).

TEST 6

1	2	3	4	5	6	7	8	9	10
						×	×		×
×	×	×							
			×	×	×			×	

(1) Vergl. Satz 1 und Definition auf Seite 136

(2) $\det A$ bleibt bei Zeilenumformungen vom Typ (3) (vergl. Definition Seite 117) unverändert, aber bei Typ (1) ändert sich das Vorzeichen, und bei Typ (2) (Multiplikation einer Zeile mit $\lambda \neq 0$) wird die Determinante mit λ multipliziert (vergl. Hilfssatz auf Seite 137). Die erste und die dritte Aussage sind demnach richtig.

(3) Vergleiche das Lemma auf Seite 147.

(4) Gegenbeispiel zur ersten Antwort: $A = B = \begin{pmatrix} 1 & 0 \\ 0 & 1 \end{pmatrix}$, dann $\det(A+B)$

$= \det \begin{pmatrix} 2 & 0 \\ 0 & 2 \end{pmatrix} = 4$, aber $\det A + \det B = 2$. Hinweis zur zweiten: $\det \lambda A = \lambda^n \det A$, denn bei Multiplikation nur *einer* Zeile mit λ multipliziert sich schon die Determinante mit λ. Die Richtigkeit der letzten folgt aus Satz 4, Seite 148.

(5) Die erste Antwort gibt immerhin eine richtige Gleichung, aber das nennt man die Entwicklung nach der j-ten Spalte. Vergl. Seite 141 und Notiz auf Seite 145.

(6) Entwickelt man nach der ersten Spalte (vergl. Seite 141), so ergibt sich

$$\det A = 1 \cdot \det \begin{pmatrix} 3 & -1 \\ 1 & 1 \end{pmatrix} - 2 \cdot \det \begin{pmatrix} 0 & 1 \\ 1 & 1 \end{pmatrix} = 1 \cdot 4 - 2 \cdot (-1) = 6.$$

(7) Definition auf Seite 143.

(8)

$$\text{rg} \begin{pmatrix} \lambda & \lambda & \lambda \\ \lambda & \lambda & \lambda \\ \lambda & \lambda & \lambda \end{pmatrix} \leqq 1 \implies \det \begin{pmatrix} \lambda & \lambda & \lambda \\ \lambda & \lambda & \lambda \\ \lambda & \lambda & \lambda \end{pmatrix} = 0.$$

(9) $\cos^2 \varphi + \sin^2 \varphi = 1$.

(10) Gegenbeispiel zur ersten Aussage: $A = \begin{pmatrix} 2 & 1 \\ 1 & 1 \end{pmatrix} \neq \begin{pmatrix} 1 & 0 \\ 0 & 1 \end{pmatrix} = E$, aber $\det A = 2 - 1 = 1$. Für lineare Abbildungen: $A : \mathbb{K}^n \to \mathbb{K}^n$ ist injektiv $\iff$ surjektiv $\iff$ Isomorphismus (vergl. Notiz 5, Seite 88); surjektiv bedeutet $\text{rg} A = n$, und wenn $\text{rg} A < n$ wäre, so wäre $\det A = 0$ (Satz 1 und Definition, Seite 136).

TEST 7

1	2	3	4	5	6	7	8	9	10
			×		×				
	×			×			×		
×		×			×	×		×	×

(1) Die ersten beiden Beispiele sind auch lineare Gleichungssysteme, aber sehr spezieller Art und nicht in der üblichen Form geschrieben. Vergleiche Seite 158.

(2) $A \in M(m \times n, \mathbb{K})$ hat m Zeilen und n Spalten und vermittelt daher nach der Definition auf Seite 89 eine Abbildung $A : \mathbb{K}^n \to \mathbb{K}^m$. Also $Ax \in \mathbb{K}^m$ für $x \in \mathbb{K}^n$, anders gehts nicht.

(3) Vergleiche Seite 159.

(4) Dann ist b in der erweiterten Matrix

$$(A, b) \;=\; \boxed{\quad A \quad \Big|\; b\;}$$

linear überflüssig (vergl. Anfang des Beweises von Spaltenrang = Zeilenrang, Seite 116) und deshalb $\operatorname{rg}(A) = \operatorname{rg}(A, b)$, vergl. nun Bemerkung 1 auf Seite 159. Ist übrigens die j-te Spalte von A gleich b, so ist offenbar $x =$

$$(0, \cdots, 0, \underset{\underset{j\text{-te Stelle}}{\nwarrow}}{1}, \; 0, \cdots, 0 \;)$$

eine Lösung von $Ax = b$.

(5) Warum sollte $Ax = b$ immer lösbar sein? Für $A = 0 \in M(n \times n, \mathbb{K})$ und $b \neq 0$ z.B. sicher nicht! Auch bei n Gleichungen für n Unbekannte ist Bemerkung 1 auf Seite 159 in Kraft.

(6) Für $A \in M(n \times n, \mathbb{K})$ gilt: $\dim \operatorname{Kern} A = 0 \iff \operatorname{rg} A = n \iff A : \mathbb{K}^n \to \mathbb{K}^n$ bijektiv (vergleiche Kommentar zur Frage (6) in Test 5). Dagegen bedeutet $\dim \operatorname{Kern} A = n$ gerade $A = 0$.

(7) Gegenbeispiel zu den ersten beiden Antworten: Sei $A = \begin{pmatrix} 1 & 1 \\ 1 & 1 \end{pmatrix}$. Dann ist $Ax = b$ lösbar für $b = \begin{pmatrix} 2 \\ 2 \end{pmatrix}$, aber unlösbar für $b = \begin{pmatrix} 1 \\ 2 \end{pmatrix}$. Eindeutig lösbar kann $Ax = b$ nur sein, wenn $\operatorname{Kern} A = \{0\}$, vergleiche Bemerkung 2 auf Seite 160.

(8) Auch für $\dim \operatorname{Kern} A = 1$ kann $x_0 + \operatorname{Kern} A$ zwei linear unabhängige Elemente enthalten:

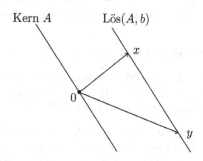

Deshalb kann $\operatorname{rg} A = n - 1$ vorkommen; $\operatorname{rg} A = n$ kann aber nicht vorkommen, sonst wäre ja $Ax = b$ eindeutig lösbar. Also ist die zweite Antwort richtig und die anderen beiden sind falsch.

(9) Auch bei $A = 0$ ist der erste Schritt nicht ausführbar, aber die Unausführbarkeit des ersten Schrittes *bedeutet* nicht $A = 0$, sondern nur das Verschwinden der ersten Spalte.

(10) Die erste Bedingung ist nicht notwendig, die zweite weder notwendig (Beispiel $\begin{pmatrix} 1 & 1 \\ 1 & 0 \end{pmatrix}$) noch hinreichend (Beispiel $\begin{pmatrix} 1 & 1 & 0 \\ 1 & 1 & 1 \\ 0 & 1 & 1 \end{pmatrix}$).

TEST 8

1	2	3	4	5	6	7	8	9	10
×							×		
			×	×		×			×
	×	×			×			×	

(1) Vergleiche Definition auf Seite 178.

(2) Die zweite Aussage ist zwar eine Konsequenz aus der positiven Definitheit, aber nicht gleichbedeutend damit. Vergleiche (iii) auf Seite 179.

(3) Die erste Antwort zu glauben, ist ein von Anfängern scheinbar gern gemachter Fehler. Es gibt noch viele andere Skalarprodukte auf $\mathbb{R}^n$ außer dem durch $\langle x, y \rangle = x_1 y_1 + \cdots + x_n y_n$ gegebenen. Und auch die zweite Aussage ist falsch, weil diese Bedingung *weder* notwendig noch hinreichend ist.

(4) Vergleiche Definition auf Seite 182.

(5) Wegen $\dim \mathbb{R}^2 = 2$ ist die dritte Antwort von vornherein falsch. Für die erste gilt zwar $\langle (1, -1), (-1, -1) \rangle = 0$, aber $\| (1, -1) \| = \| (-1, -1) \| = \sqrt{2} \neq 1$. Vergleiche Definition auf Seite 182.

(6) Außer für die Physiker, die das in §4 als Übungsaufgabe gerechnet haben, ist die Richtigkeit der dritten Antwort nicht so leicht zu sehen. Sie folgt aus $\langle x, y \rangle = \frac{1}{4}(\| x + y \|^2 - \| x - y \|^2)$. Die zweite Antwort ist übrigens auch nicht ganz schlecht. Für solche Abbildungen gilt stets $f(x) = \lambda \varphi(x)$ für alle $x \in V$ für ein geeignetes $\lambda \in \mathbb{R}$ und eine geeignete orthogonale Abbildung φ.

(7) Orthogonale Abbildungen sind stets injektiv (vergleiche Notiz auf Seite 187). Deshalb muss jedenfalls $\operatorname{Kern} P_U = U^\perp = 0$ sein, wenn P_U orthogonal sein soll. Nach dem Korollar auf Seite 186 ist dann $U = V$, und $P_V = \operatorname{Id}_V$ ist tatsächlich orthogonal.

(8) Notiz auf Seite 188.

(9) Die zweite Antwort ist nicht so falsch wie die erste, denn mit der Abwesenheit der negativen Zahlen hat es ja zu tun, dass $(\mathbb{N}, +)$ keine Gruppe ist, aber die Formulierung ist trotzdem nicht akzeptabel, denn der Definitionsbereich $\mathbb{N} \times \mathbb{N}$ wäre schon gut genug für eine Gruppe $(\mathbb{N}, +)$, verletzt ist etwas ganz anderes, nämlich das Axiom (3).

(10) Eine $2k \times 2k$-Matrix ist keine $k \times k$-Matrix, deshalb muss die erste Antwort falsch sein. Die dritte ist auch nur ein Scherz, denn zu $(-1)^{2k} = 1$ kann man hier nur sagen: Na und? $SO(2k) \neq O(2k)$, weil z.B.

$$\begin{pmatrix} -1 & & & \\ & 1 & & \\ & & \ddots & \\ & & & 1 \end{pmatrix} \in O(2k) \smallsetminus SO(2k).$$

TEST 9

1	2	3	4	5	6	7	8	9	10
									×
	×	×		×				×	
×	×		×		×	×	×		

(1) Wenn $f(x) = \lambda x$ einen Sinn haben soll, müssen x und $f(x)$ aus demselben Vektorraum sein. Vergleiche Definition auf Seite 197.

(2) $f(-x) = \lambda x \implies f(-x) = (-\lambda)(-x)$ und $f(x) = (-\lambda)x$, also sind x und $-x$ Eigenvektoren zu $-\lambda$.

(3) $E_\lambda = \text{Kern}(f - \lambda \text{Id})$ enthält nicht nur die Eigenvektoren zu λ, sondern auch den Nullvektor.

(4) $\begin{pmatrix} 2 & 1 \\ 0 & 1 \end{pmatrix} \begin{pmatrix} 2 \\ -2 \end{pmatrix} = \begin{pmatrix} 2 \\ -2 \end{pmatrix}$, also ist $\begin{pmatrix} 2 \\ -2 \end{pmatrix}$ Eigenvektor zum Eigenwert $\lambda = 1$.

(5) Vergleiche Korollar auf Seite 200.

(6) $f(x) = \lambda x \implies x = f^{-1}(\lambda x) = \lambda f^{-1}(x) \implies f^{-1}(x) = \frac{1}{\lambda}x$. Beachte, dass λ ganz von selbst $\neq 0$ ist, sonst wäre f nicht injektiv und könnte daher auch kein Automorphismus sein.

(7) Alle drei Bedingungen implizieren die Diagonalisierbarkeit (vergleiche das Korollar auf Seite 200 und natürlich die Definition auf Seite 198), aber die ersten beiden sind nicht gleichbedeutend mit der Diagonalisierbarkeit, wie das Gegenbeispiel

$$f = \begin{pmatrix} 1 & 0 & 0 \\ 0 & 1 & 0 \\ 0 & 0 & 0 \end{pmatrix} : \mathbb{R}^3 \to \mathbb{R}^3$$

zeigt.

(8) Erst auf Seite 207 unten haben wir $\mathbb{K}$ auf $\mathbb{R}$ oder $\mathbb{C}$ eingeschränkt, um gewissen Schwierigkeiten mit Polynomen über beliebigen Körpern aus dem Wege zu gehen.

(9) $\det \begin{pmatrix} 1 - \lambda & 3 \\ -2 & -\lambda \end{pmatrix} = (1 - \lambda)(-\lambda) - 3(-2) = \lambda^2 - \lambda + 6$.

(10) Man rechnet leicht nach: v ist genau dann Eigenvektor von f zum Eigenwert λ, wenn $\varphi^{-1}(v)$ Eigenvektor von g zum Eigenwert λ ist.

TEST 10

1	2	3	4	5	6	7	8	9	10
		×		×		×	×		×
×	×	×	×		×				
	×							×	

(1) Endomorphismen mit der ersten Eigenschaft heißen orthogonal, während die dritte Eigenschaft gar keine Bedingung an f stellt (Symmetrie des Skalarprodukts).

(2) Die λ_i sind reelle Zahlen, nicht Elemente von V, deshalb ist die erste Aussage unsinnig. Für die Richtigkeit der beiden anderen, vergleiche Notiz 1 auf Seite 213.

(3) Wie in Notiz 2 auf S. 213 zeigt man, dass die ersten beiden Antworten richtig sind: Aus $u \in U$ und $w \in U^\perp$ folgt $\langle f(w), u \rangle = \langle w, f(u) \rangle = 0$ für selbstadjungiertes und $\langle f(w), u \rangle = \langle f^{-1}f(w), f^{-1}(u) \rangle = \langle w, f^{-1}(u) \rangle = 0$ für orthogonales f (beachte, dass im letzteren Falle $f : V \to V$ und $f|U : U \to U$ sogar Isomorphismen sind).

(4) Bei der ersten Matrix ist $a_{14} \neq a_{41}$, bei der dritten $a_{12} \neq a_{21}$.

(5) Weil A und λ reell sind, folgt aus $A(x+iy) = \lambda(x+iy)$ auch $Ax = \lambda x$ und $Ay = \lambda y$. Die zweite Antwort gilt also nur im Spezialfall $\lambda = 0$.

(6) Vergleiche das Korollar S. 219.

(7) $\langle P_U v, w \rangle = \langle P_U v, P_U w \rangle$, weil $P_U v \in U$ und sich w und $P_U w$ nur um den zu U senkrechten Anteil von w unterscheiden. Also auch $\langle P_U v, w \rangle = \langle v, P_U w \rangle$, die erste Antwort ist richtig. Vergl. §8 S. 186.

(8) Das erste Argument ist stichhaltig, deshalb braucht man das zweite nicht erst nachzurechnen. Das dritte ist von vornherein falsch, weil $\begin{pmatrix} 1 & 1 \\ 0 & 1 \end{pmatrix}$ nicht symmetrisch ist.

(9) Die zweite Antwort wäre richtig, wenn zusätzlich noch vorausgesetzt wäre, dass die Eigenwerte $\lambda_1, \ldots, \lambda_n$ alle *verschieden* seien. Sonst ist aber der dritte Schritt im Rezept S. 220 nicht überflüssig.

(10) Durch die Hauptachsentransformation P wird ja A zu $P^{-1}AP = \lambda E$, also auch schon vorher: $A = P\lambda E P^{-1} = \lambda E$. Die zweite Antwort wäre nur für $\lambda = 0$ richtig.

TEST 11

1	2	3	4	5	6	7	8	9	10
					×	×		×	
×	×	×					×		×
			×	×		×			

(1) Es gilt $x \leqq x$ für alle x, und aus $x \leqq y \leqq z$ folgt $x \leq z$, aber aus $x \leq y$ folgt nicht $y \leq x$: die Symmetrieforderung ist nicht erfüllt.

(2) Es gibt genau zwei Äquivalenzklassen: die eine besteht aus den ungeraden, die andere aus den geraden Zahlen.

(3) Die zweite Bedingung besagt, dass A und B äquivalent im Sinne der Definition auf Seite 231 sind, also ist die zweite Antwort nach dem Rangsatz richtig. — Aus der ersten Bedingung würde folgen, dass A und B gleiches Bild, aus der dritten, dass sie gleichen Kern haben, beides lässt sich aus der Gleichheit der Ränge nicht schließen.

(4) Zwar gilt $B = 2A$ und $\operatorname{rg} A = \operatorname{rg} B = 2$, aber beides impliziert nicht $B = P^{-1}AP$. — Wegen $\det(P^{-1}AP - \lambda E) = \det(P^{-1}(A - \lambda E)P) = (\det P)^{-1} \det(A - \lambda E) \det P = \det(A - \lambda E)$ müssen A und $P^{-1}AP$ stets dasselbe charakteristische Polynom haben, aber das charakteristische Polynom von A ist $(1 - \lambda)^2$, das von B ist $(2 - \lambda)^2$.

(5) Das charakteristische Polynom von A ist $P_A(\lambda) = (2 - \lambda)^3$, also ist $\lambda = 2$ der einzige Eigenwert, also kommen nur die drei angegebenen Matrizen als die Jordanschen Normalformen infrage. Die Dimension des Eigenraumes Kern$(A - 2 \cdot E)$ ist aber 1, weil

$$\begin{pmatrix} 0 & 3 & 4 \\ & 0 & 5 \\ & & 0 \end{pmatrix}$$

den Rang 2 hat. Das muss auch für die Jordansche Normalform gelten, also ist nur die dritte Antwort richtig.

(6) Hätte ein Jordankästchen der Jordanschen Normalform von A eine Größe ≥ 2, so wäre A nicht diagonalisierbar, vergl. S. 233 unten. Gerade wegen $O(n) \subset GL(n, \mathbb{R}) \subset GL(n, \mathbb{C})$ ist das Argument sehr wohl stichhaltig. — Die sich gewissermaßen "dumm stellende" dritte Antwort wollen wir nicht gelten lassen: es ist doch klar, dass in der Frage die reellen Matrizen vermöge $\mathbb{R} \subset \mathbb{C}$ auch als komplexe angesehen werden.

(7) Beachte $q(v + w) = b(v + w, v + w) = q(v) + 2b(v, w) + q(w)$.

(8) Schreibt man x_1, x_2, x_3 statt x, y, z, so muss $q(x) = \sum_{i,j=1}^{3} a_{ij} x_i x_j$ sein, was wegen $a_{ij} = a_{ji}$ dasselbe wie

$$\sum_{i=1}^{3} a_{ii} x_i^2 + \sum_{i<j} 2a_{ij} x_i x_j$$

ist. Deshalb sind die Koeffizienten vor den Quadraten schon die Matrixelemente a_{ii}, aber die Koeffizienten vor den gemischten Termen sind $(a_{ij} + a_{ji}) = 2a_{ij}$.

(9) Es ist in der Tat so, wie die erste Antwort sagt, denn wenn S und A beide $q : V \to \mathbb{R}$ bezüglich Basen beschreiben, so gilt ja für die Basisisomorphismen $\Phi, \Psi : \mathbb{R}^n \cong V$, dass $q \circ \Phi = q_S$ und $q \circ \Psi = q_A$ woraus $q_S = q_A \circ \Psi^{-1} \circ \Phi = q_A \circ P$ folgt. Vergl. S. 237.

(10) Ist $\begin{pmatrix} \lambda_1 & \\ & \lambda_2 \end{pmatrix}$ die Diagonalgestalt von A nach der Hauptachsentransformation, so ist $\det A = \lambda_1 \cdot \lambda_2$, also hat A einen positiven und einen negativen Eigenwert, woraus $r = s = 1$ folgt (vergl. S. 241).

Literaturverzeichnis

[1] AITKEN, A.C.: Determinanten und Matrizen, B.I.-Hochschultaschenbücher 293*, Bibliographisches Institut, Mannheim, 1969

[2] BRIESKORN, E.: Lineare Algebra und Analytische Geometrie I und II, Vieweg, Braunschweig 1983 (I), 1985 (II)

[3] FISCHER, G.: Lineare Algebra, 9. Auflage, Vieweg, Braunschweig, 1989

[4] FISCHER, G.: Analytische Geometrie, 5. Auflage, Vieweg, Braunschweig, 1991

[5] HALMOS, P.R.: Finite-dimensional Vector Spaces, D. van Nostrand, Princeton, 1958

[6] KITTEL, CH., KNIGHT, W.D., RUDERMAN, M.A.: Mechanics, Berkeley Physics Course, Vol. I, McGraw-Hill, New York, 1965

[7] KLINGENBERG, W.: Lineare Algebra und Geometrie, 2. Auflage, Springer Hochschultext, Berlin, 1990

[8] KOCHENDÖRFFER, R.: Determinanten und Matrizen, B.G. Teubner Verlagsgesellschaft, Leipzig, 1957

[9] KOECHER, M.: Lineare Algebra und analytische Geometrie, 2. Auflage, Springer Grundwissen Mathematik 2, Berlin, 1985

[10] KOWALSKY, H.-J.: Lineare Algebra, Walter de Gruyter, Berlin, New York, 1970

[11] LANG, S.: Linear Algebra, Second Edition, Addison-Wesley, New York, 1971

[12] LINGENBERG, R.: Lineare Algebra, B.I.-Hochschultaschenbücher 828/828a, Bibliographisches Institut, Mannheim, 1969

[13] LIPSCHUTZ, S.: Lineare Algebra — Theorie und Anwendung, McGraw Hill, New York, 1977

[14] LORENZ, F.: Lineare Algebra I und II, B.-I.-Wissenschaftsverlag, Mannheim, 1988 (I), 1989 (II)

[15] NIEMEYER, H., WERMUTH, E.: Lineare Algebra — Analytische und numerische Behandlung, Vieweg, Braunschweig, 1987

[16] OELJEKLAUS, E., REMMERT, R.: Lineare Algebra I, Heidelberger Taschenbücher 150, Springer, Berlin-Heidelberg, 1974

[17] SCHEJA, G., STORCH, U.: Lehrbuch der Algebra, Teil 1-3, B.G. Teubner, Stuttgart, 1980 (Teil 1), 1988 (Teil 2), 1981 (Teil 3)

[18] SCHWERDTFEGER, H.: Introduction to Linear Algebra and the Theory of Matrices, P. Noordhoff N.V., Groningen, 1961

[19] STEINITZ, E.: Bedingt konvergente Reihen und konvexe Systeme, J. Reine Angew. Math., 143(1913), 128-175

[20] NEUN BÜCHER ARITHMETISCHER TECHNIK: Ein chinesisches Rechenbuch für den praktischen Gebrauch aus der frühen Hanzeit (202 v.Chr. bis 9 n.Chr.), übersetzt und erläutert von Kurt Vogel, Friedr. Vieweg & Sohn, Braunschweig, 1968

[21] WALTER, R.: Einführung in die lineare Algebra, 2. Auflage, Vieweg, Braunschweig, 1986

[22] WALTER, R.: Lineare Algebra und analytische Geometrie, Vieweg, Braunschweig, 1985

[23] ZURMÜHL, R., FALK, S.: Matrizen und ihre Anwendungen, 5. Auflage, Springer, Berlin, 1984 (Teil 1), 1986 (Teil 2)

[24] EBBINGHAUS, H.D., HERMES, H., HIRZEBRUCH, F., KOECHER, M., MAINZER, K., NEUKIRCH, J., PRESTEL, A., REMMERT, R.: Zahlen, 2. Auflage, Grundwissen Mathematik 1, Springer, 1988

Register